Dirk Blume
Jürgen Schlabbach
Thomas Stephanblome

Spannungsqualität in elektrischen Netzen

# Energieversorgung mit Zukunft

**Elektrischer Eigenbedarf**
Energietechnik in Kraftwerken und Industrie
Herausgeber:
Albert, K. / Apelt, O. / Bär, G. / Koglin, H.-J.
2. Auflage 1996, 768 S., DIN A5, gebunden
ISBN 3-8007-2179-1
84,– DM / 76,– sFr / 613,– öS*

Dieses Buch stellt das Zusammenwirken von Energieerzeugung, Netzen und Verbrauchern dar und zeigt Abhängigkeiten, Zwänge sowie technische, physikalische und wirtschaftliche Grenzen auf, die für die Planung und den Betrieb elektrischer Eigenbedarfsanlagen in Kraftwerken und Industrieanlagen ausschlaggebend sind.

**Energieversorgung der Zukunft**
Herausgeber:
Fette, M. / Schwarze, R. / Voß, J.
1996, 94 S., DIN A5, kart.
ISBN 3-8007-2174-0
19,80 DM / 19,– sFr / 144,– öS*

Die zukünftige Energieversorgung ist eines der Themen unserer Zeit. Dieses sehr komplexe Thema globaler Dimensionen erfordert jedoch zur Lösung ein ganzes Bündel an Maßnahmen und notwendige Energieumwandlungsmethoden. Dieses Buch leistet einen wichtigen Beitrag zur Versachlichung der zum Teil kontroversen Diskussionen.

Kloss, A.
**Oberschwingungen**
Netzrückwirkungen der Leistungselektronik
2. Auflage 1996, 228 S., DIN A5, kartoniert
ISBN 3-8007-2157-0
38,– DM / 35,– sFr / 277,– öS*

Die zunehmende Verbreitung leistungselektronischer Einrichtungen – Gleichrichter, Wechselrichter und Umrichter – stellt Betreiber und Benutzer vor eine Vielzahl Probleme. Das Buch vermittelt die wichtigsten Erkenntnisse auf diesem Gebiet. Kurz und bündig werden die Ergebnisse der Forschung und der industriellen Praxis zusammengestellt, wobei das Hauptgewicht auf dem physikalischen Verständnis liegt.

Lippmann, H.-J.
**Schalten im Vakuum**
Physik und Technik der Vakuumschalter
1999, ca. 220 S., DIN A5, kart.
ISBN 3-8007-2317-4
ca. 98,– DM / ca. 89,– sFr / ca. 715,– öS*
**(Erscheint im 1. Halbjahr 1999)**

Dies ist die erste Veröffentlichung über Vakuumschalter in deutscher Sprache. Neben der Physik des Vakuumbogens bei kleinen und großen Strömen enthält das Fachbuch technisch-ingenieurwissenschaftliche Abschnitte. Ausführlich beschrieben wird Chromkupfer, das zum wichtigsten Kontaktwerkstoff der Vakuumschalttechnik geworden ist.

Oswald, B.
**Netzberechnung 2**
Berechnung transienter Vorgänge in Elektroenergieversorgungsnetzen
1996, 240 S., DIN A5, kart.
ISBN 3-8007-2020-5
75,– DM / 68,– sFr / 548,– öS*

In diesem Band werden die Methoden für die Berechnung transienter Vorgänge mit Rücksicht auf die topologischen und dynamischen Eigenschaften der Energieversorgungsnetze behandelt. Zahlreiche beschriebene Modelle werden mit Computersimulationen und Übungsaufgaben mit Antworten dargestellt.

Winter, C.-J.
**Sonnenenergie nutzen**
Technik, Wirtschaft, Umwelt, Klima
1997, 172 S., DIN A5, kart.
ISBN 3-8007-2237-2
29,80 DM / 27,50 sFr / 218,– öS*

Dieser Titel vermittelt einen fundierten Überblick über den aktuellen Stand der Entwicklung, die Zukunftsperspektiven, aber auch die Risiken dieser Energieform in einer Welt sich dramatisch verknappender Rohstoffe.

Bestellungen über den Buchhandel bzw. direkt beim Verlag.
* Persönliche VDE-Mitglieder erhalten bei Bestellung unter Angabe der Mitgliedsnummer 10 % Rabatt.
Preisänderungen und Irrtümer vorbehalten.

**VDE-VERLAG GMBH**
Postfach 12 01 43 · D-10591 Berlin
Telefon: (030) 34 80 01-0
**Fax: (030) 341 70 93**
Internet: http://www.vde-verlag.de

Fordern Sie bitte für weitere Informationen zum Programm des VDE-VERLAGs das aktuelle **Verlagsverzeichnis** an.

Dr.-Ing. Dirk Blume
Prof. Dr.-Ing. Jürgen Schlabbach
Dr.-Ing. Thomas Stephanblome

# Spannungsqualität in elektrischen Netzen

Ursachen, Messung, Bewertung von
Netzrückwirkungen und Verbesserung
der Spannungsqualität

**VDE-VERLAG GMBH** • Berlin • Offenbach

Die Wiedergabe von Normen erfolgt mit Erlaubnis des DIN Deutsches Institut für Normung e.V. und des VDE Technisch-Wissenschaftlicher Verband der Elektrotechnik Elektronik Informationstechnik e.V. Maßgebend für das Anwenden der Normen sind deren Fassungen mit dem neuesten Ausgabedatum, die bei der VDE-VERLAG GmbH, Bismarckstraße 33, 10625 Berlin, und der Beuth-Verlag GmbH, Burggrafenstraße 6, 10787 Berlin, erhältlich sind. Die Autoren geben nach ihrem besten Wissen ihre Lesart der Normen wieder, die nicht vom Herausgeber der Normen oder den zuständigen Normungsgremien autorisiert ist.

Titelillustration: Manfred Zapp

Die Deutsche Bibliothek – CIP-Einheitsaufnahme

**Blume, Dirk:** Spannungsqualität in elektrischen Netzen : Ursachen, Messung, Bewertung von Netzrückwirkungen und Verbesserung der Spannungsqualität / Dirk Blume ; Jürgen Schlabbach ; Thomas Stephanblome. - Berlin ; Offenbach : VDE-VERLAG, 1999
  ISBN 3-8007-2265-8

© 1999 VDE-VERLAG GMBH, Berlin und Offenbach
     Bismarckstraße 33, D-10625 Berlin

Alle Rechte vorbehalten

Druck: Druckhaus Beltz, Hemsbach                              9901

# Vorwort

Die Problematik der Spannungsqualität gewinnt durch den vermehrten Einsatz von Leistungselektronik (zunehmende Störaussendung) einerseits und die Reduzierung der Signalpegel in elektronischen Geräten (erhöhte Störempfindlichkeit) andererseits immer mehr an Bedeutung. Dabei setzt sich Spannungsqualität aus verschiedenen Phänomenen der Netzrückwirkungen zusammen, von denen im Zusammenhang dieses Buchs die leitungsgebundenen Störgrößen betrachtet werden.

Das vorliegende Buch behandelt die Thematik der Spannungsqualität praxisnah, ohne auf die mathematischen Zusammenhänge zu verzichten. Dazu werden zahlreiche konkrete Beispiele aus der betrieblichen Praxis in ihrer Problemstellung beschrieben und der oder die Wege zur Problemlösung gezeigt. Praxisnahe Aufgaben und Anwendungsbeispiele vertiefen die Beschäftigung mit der Thematik in den einzelnen Kapiteln.

Die Normen werden in diesem Buch nicht unter Angabe der EN-Nummern, sondern mit der VDE-Klassifikation bezeichnet. Ein eigenes Kapitel stellt die Zuordnung zwischen VDE-Klassifikation und EN-Nummern bzw. DIN-Nummern her. Die Besonderheiten der Normung werden dabei kapitelweise behandelt, soweit dies sinnvoll erscheint.

Kapitel 1 gibt eine allgemeine Einführung in die Thematik. Außerdem werden die mathematischen Grundlagen aufgefrischt, die im Zusammenhang mit dem Thema Spannungsqualität benötigt werden.

Kapitel 2 schildert detailliert Entstehung, Berechnung und Auswirkungen von Oberschwingungen und Zwischenharmonischen in Netzen.

Kapitel 3 behandelt Spannungsschwankungen und Flicker. Dabei werden die Flicker sowohl nach Faustformeln für periodische Änderungen als auch für stochastische Signale berechnet.

Kapitel 4 befaßt sich mit Ursachen, Beschreibung und Auswirkungen von Unsymmetrien.

Messen und Bewerten von Netzrückwirkungen werden detailliert in Kapitel 5 dargestellt, wobei allgemeine Auswahlkriterien für Meßverfahren und Meßsysteme erarbeitet werden.

Kapitel 6 schildert Maßnahmen zum Verbessern der Spannungsqualität. Dabei werden nicht nur klassische Verfahren behandelt, sondern insbesondere Einsatzmöglichkeiten innovativer Verfahren und Geräte geschildert.

Kapitel 7 umfaßt Anleitungen zur praxisorientierten Vorgehensweise, die ausnahmslos auf der umfangreichen Praxis der Autoren basieren.

Das Buch wendet sich an Ingenieure der Praxis aus Industrie, EVU und Ingenieurunternehmen, in deren Aufgabenbereich Fragestellungen zu Netzrückwirkungen auftreten. Teile des Buches sind als studienbegleitende Unterlage für Lehrende und Studierende geeignet.

Der Dank der Autoren gilt allen Unternehmen, in deren Netzen und Anlagen Messungen durchgeführt werden konnten, deren Ergebnisse Eingang in die Anwendungsbeispiele gefunden haben. Herrn Dipl.-Ing. Roland Werner und dem VDE-VERLAG sei für die kooperative und unkomplizierte Zusammenarbeit gedankt.

Herten, Bielefeld, Gelsenkirchen, im November 1998

# Inhalt

| | | |
|---|---|---|
| **1** | **Einführung** | 11 |
| 1.1 | Elektromagnetische Verträglichkeit in elektrischen Netzen | 11 |
| 1.2 | Klassifizierung von Netzrückwirkungen | 14 |
| 1.3 | EU-Richtlinien, VDE-Bestimmungen, Normung | 16 |
| 1.4 | Mathematische Grundlagen | 21 |
| 1.4.1 | Komplexe Rechnung, Zählpfeile und Zeigerdiagramme | 21 |
| 1.4.2 | Fourier-Analyse und -Synthese | 25 |
| 1.4.3 | Symmetrische Komponenten | 28 |
| 1.4.4 | Leistungsbetrachtungen | 33 |
| 1.4.5 | Reihen- und Parallelschwingkreis | 36 |
| 1.5 | Netzbedingungen | 39 |
| 1.5.1 | Spannungsebenen und Impedanzen | 39 |
| 1.5.2 | Merkmale der Spannung in Netzen | 41 |
| 1.5.3 | Impedanzen von Betriebsmitteln | 44 |
| 1.5.4 | Kenndaten typischer Betriebsmittel | 48 |
| 1.6 | Rechenbeispiele | 52 |
| 1.6.1 | Grafische Ermittlung der symmetrischen Komponenten | 52 |
| 1.6.2 | Rechnerische Ermittlung der symmetrischen Komponenten | 54 |
| 1.6.3 | Berechnung von Betriebsmitteln | 55 |
| 1.7 | Literatur | 56 |
| | | |
| **2** | **Oberschwingungen und Zwischenharmonische** | 57 |
| 2.1 | Entstehung und Ursachen | 57 |
| 2.1.1 | Allgemeines | 57 |
| 2.1.2 | Entstehung durch Netzbetriebsmittel | 57 |
| 2.1.3 | Entstehung durch leistungselektronische Betriebsmittel | 60 |
| 2.1.3.1 | Grundlagen | 60 |
| 2.1.3.2 | Zweiweggleichrichter mit kapazitiver Glättung | 62 |
| 2.1.3.3 | Drehstrombrückenschaltungen | 65 |
| 2.1.3.4 | Umrichter | 70 |
| 2.1.4 | Entstehung durch stochastisches Verbraucherverhalten | 73 |
| 2.1.5 | Rundsteuersignale | 76 |
| 2.2 | Beschreibung und Berechnung | 77 |
| 2.2.1 | Kenngrößen und Parameter | 77 |
| 2.3 | Oberschwingungen und Zwischenharmonische in Netzen | 80 |

| | | |
|---|---|---|
| 2.3.1 | Berechnung von Netzen und Betriebsmitteln | 80 |
| 2.3.2 | Modellierung von Betriebsmitteln | 81 |
| 2.3.3 | Resonanzen in elektrischen Netzen. | 82 |
| 2.4 | Auswirkungen von Oberschwingungen und Zwischenharmonischen | 87 |
| 2.4.1 | Allgemeines. | 87 |
| 2.4.2 | Energietechnische Betriebsmittel | 87 |
| 2.4.3 | Netzbetrieb | 91 |
| 2.4.4 | Elektronische Betriebsmittel | 91 |
| 2.4.5 | Schutz-, Meß- und Automatisierungsgeräte | 92 |
| 2.4.6 | Lasten und Verbraucher | 95 |
| 2.4.7 | Bewertung von Oberschwingungen | 96 |
| 2.5 | Normung | 99 |
| 2.5.1 | Grundsätzliches | 99 |
| 2.5.2 | Störaussendung | 100 |
| 2.5.3 | Verträglichkeitspegel | 103 |
| 2.5.4 | Störfestigkeitspegel | 105 |
| 2.6 | Meß- und Rechenbeispiele | 106 |
| 2.6.1 | Oberschwingungsresonanz durch Blindstromkompensation | 106 |
| 2.6.2 | Bewertung eines Oberschwingungserzeugers. | 108 |
| 2.6.3 | Impedanzberechnung in einem Mittelspannungsnetz | 110 |
| 2.6.4 | Typische Oberschwingungsspektren von NS-Verbrauchern | 113 |
| 2.7 | Literatur. | 116 |
| | | |
| **3** | **Spannungsschwankungen und Flicker** | **117** |
| 3.1 | Definitionen. | 117 |
| 3.2 | Entstehung und Ursachen | 118 |
| 3.2.1 | Spannungsschwankungen | 118 |
| 3.2.2 | Flicker | 119 |
| 3.3 | Flickerberechnung nach Faustformeln | 120 |
| 3.3.1 | Vorbemerkungen. | 120 |
| 3.3.2 | Berechnen des Spannungsfalls in allgemeiner Form | 121 |
| 3.3.3 | $A_{st}/P_{st}$-Berechnung | 125 |
| 3.4 | Flickerberechnung für stochastische Signale | 128 |
| 3.4.1 | Mathematische Beschreibung des Flickeralgorithmus | 128 |
| 3.4.2 | Das $P_{st}$-Störbewertungsverfahren | 129 |
| 3.5 | Auswirkungen von Spannungsschwankungen | 130 |
| 3.6 | Normung | 131 |
| 3.7 | Meß- und Rechenbeispiele | 133 |

| | | |
|---|---|---|
| 3.7.1 | Flickermessung im Niederspannungsnetz | 133 |
| 3.7.2 | Berechnung einer Industrieanlage zur Widerstandsheizung | 134 |
| 3.8 | Literatur | 137 |
| | | |
| **4** | **Spannungsunsymmetrien** | **139** |
| 4.1 | Entstehung und Ursachen | 139 |
| 4.2 | Beschreibung von Unsymmetrien | 139 |
| 4.2.1 | Vereinfachte Betrachtung | 139 |
| 4.2.2 | Symmetrische Komponenten | 140 |
| 4.3 | Auswirkungen von Spannungsunsymmetrien | 141 |
| 4.4 | Normung | 141 |
| 4.5 | Meß- und Rechenbeispiel | 141 |
| 4.5.1 | Unsymmetriemessung in industriell geprägtem 20-kV-Netz | 141 |
| 4.5.2 | Unsymmetriebestimmung einer Industrieanlage | 142 |
| 4.6 | Literatur | 142 |
| | | |
| **5** | **Messung und Bewertung von Netzrückwirkungen** | **143** |
| 5.1 | Vorbemerkungen | 143 |
| 5.2 | Abtastsysteme | 144 |
| 5.2.1 | Allgemeine Kenngrößen | 144 |
| 5.2.2 | Grundstruktur eines digitalen Meßgeräts | 145 |
| 5.2.3 | Transientenrecorder | 147 |
| 5.2.4 | Oberschwingungsanalysatoren | 148 |
| 5.2.5 | Flickermeter | 149 |
| 5.2.6 | Kombinationsgeräte | 151 |
| 5.3 | Meßwertverarbeitung | 152 |
| 5.3.1 | Statistische Verfahren | 152 |
| 5.3.2 | Meß- und Auswertemöglichkeiten | 157 |
| 5.4 | Genauigkeitsbetrachtungen | 158 |
| 5.4.1 | Algorithmen und Auswertung | 158 |
| 5.4.2 | Meß- und Schutzwandler, Strommeßzangen | 159 |
| 5.5 | Einsatz und Anschluß von Meßgeräten | 162 |
| 5.5.1 | Niederspannungsnetz | 162 |
| 5.5.2 | Mittel- und Hochspannungsnetze | 163 |
| 5.6 | Normung | 165 |
| 5.7 | Kennzeichen von Meßgeräten | 165 |
| 5.8 | Durchführen von Messungen | 168 |
| 5.9 | Literatur | 168 |

| | | |
|---|---|---|
| 6 | **Abhilfemaßnahmen** | 169 |
| 6.1 | Zuordnen der Abhilfemaßnahmen | 169 |
| 6.2 | Reduktion der Störaussendung des Verbrauchers | 169 |
| 6.3 | Verbraucherseitige Maßnahmen | 173 |
| 6.3.1 | Filterkreise | 173 |
| 6.3.2 | Dynamische Blindleistungskompensation | 178 |
| 6.3.3 | Symmetrierschaltungen | 178 |
| 6.3.4 | Aktives Filtern | 179 |
| 6.3.4.1 | Hochleistungsbatterien | 182 |
| 6.3.4.2 | Supraleitende magnetische Energiespeicher | 183 |
| 6.3.4.3 | Schwungmassenspeicher | 186 |
| 6.3.4.4 | Vergleich der verschiedenen Energiespeicher | 188 |
| 6.4 | Netz-/EVU-seitige Maßnahmen | 189 |
| 6.4.1 | Maßnahmen im Bereich Netzplanung: Netzverstärkungen | 189 |
| 6.4.2 | Maßnahmen im Bereich Netzbetrieb: Kurzschlußstrom-Begrenzung | 190 |
| 6.5 | Kostenanalyse | 194 |
| 6.6 | Anwendungsbeispiel: Projektieren eines aktiven Filters UPCS | 195 |
| 6.6.1 | Dimensionierung des UPCS | 196 |
| 6.6.1.1 | Dimensionieren des UPCS für die Kompensation von Oberschwingungen | 196 |
| 6.6.1.2 | Dimensionieren des UPCS bezüglich Spannungseinbrüchen und Flicker | 203 |
| 6.6.2 | Beispielhafte Netzplanung unter Berücksichtigung aktiver Netzfilter | 211 |
| 6.6.2.1 | Netzanschlußvarianten eines industriellen Großkunden | 213 |
| 6.6.2.2 | Optimieren des Einsatzorts aktiver Filter | 222 |
| 6.6.3 | Bewerten aktiver Netzfilter aus Sicht der Netzplanung | 222 |
| 6.7 | Literatur | 223 |
| | | |
| 7 | **Anleitung zum praxisorientierten Vorgehen** | 225 |
| 7.1 | Bestandsaufnahme der Spannungsqualität (Oberschwingungen) in MS-Netzen | 225 |
| 7.2 | Anschluß neuer oberschwingungserzeugender leistungsstarker Verbraucher | 231 |
| 7.3 | Ermitteln von Bezugswerten für Planungsrechnungen in einem Ringkabelnetz | 237 |
| 7.3.1 | Ringkabelnetzmessung 35 kV | 237 |

| | | |
|---|---|---|
| 7.4 | Störungsaufklärung | 240 |
| 7.4.1 | Störungsanalyse im Kraftwerkseigenbedarfsnetz I | 240 |
| 7.4.2 | Störungsanalyse im Kraftwerkseigenbedarfsnetz II | 243 |
| 7.4.3 | Netzresonanz im Niederspannungsnetz | 246 |
| 7.4.4 | Blindstromkompensationsanlage in einem 500-V-Netz | 250 |
| 7.5 | Literatur | 254 |
| **8** | **Anhang** | 255 |
| 8.1 | Formelzeichen und Indizes | 255 |
| 8.1.1 | Formelzeichen | 255 |
| 8.1.2 | Indizes, tiefgestellt | 256 |
| 8.1.3 | Indizes, hochgestellt | 258 |
| 8.2 | Zitierte VDE-Bestimmungen, DIN- und IEC-Normen | 259 |
| **Stichwortverzeichnis** | | 263 |

# 1 Einführung

## 1.1 Elektromagnetische Verträglichkeit in elektrischen Netzen

Aufgrund der „Verordnung über Allgemeine Bedingungen für die Elektrizitätsversorgung von Tarifkunden (AVBEltV)" sowie der „Technischen Anschlußbedingungen für den Anschluß an das Netz (TAB)" und der Verträge für Sondervertragskunden sind

*„Anlagen und Verbrauchsgeräte so zu betreiben, daß Störungen anderer Kunden und störende Rückwirkungen auf Einrichtungen des Elektrizitätsversorgungsunternehmens oder Dritter ausgeschlossen sind."*

Diese Aussage wird ergänzt durch die Definition des Begriffs der elektromagnetischen Verträglichkeit (EMV) nach VDE 0870 als

*„Fähigkeit einer elektrischen Einrichtung (Betriebsmittel, Gerät oder System), in seiner elektromagnetischen Umgebung zufriedenstellend zu arbeiten, ohne unzulässige elektromagnetische Störungen gegenüber irgendeinem Teil in diese Umgebung, zu der auch andere Einrichtungen gehören, einzuführen."*

Dabei wird die Problematik der elektromagnetischen Verträglichkeit nicht erst in der heutigen Zeit erkannt. Bereits im Jahr 1892 wurde im Deutschen Reich ein Gesetz erlassen, das als erstes EMV-Gesetz [1.1] angesehen werden kann:

*„Elektrische Anlagen sind, wenn eine Störung des Betriebs der einen Leitung durch eine andere eingetreten oder zu befürchten ist, auf Kosten desjenigen Theiles, welcher durch die spätere Anlage oder durch eine später eintretende Aenderung seiner bestehenden Anlage diese Störung oder die Gefahr derselben veranlaßt, nach Möglichkeit so auszuführen, daß sie sich nicht störend beeinflussen."*

Es ist eine weitverbreitete Ansicht, daß zum Erreichen der EMV die definierte Anwendung der in den Normen gegebenen Prozeduren genügt, dies also zu einem sicheren Betrieb von elektrotechnischen Systemen bezüglich elektromagnetischer Störeinflüsse führt. Das ist nur bedingt korrekt, da die Normung lediglich die zu erfüllenden Anforderungen für Standardfälle festlegt. Technische Systeme sind aber hinsichtlich ihrer Auslegung und ihres Betriebs so komplex und vielfältig, daß die in den Normen gegebenen Vorgaben zu kurz greifen und somit interpretiert werden müssen.

Die elektrische Energie und dabei insbesondere die Spannung hat an der Übergabestelle zum Kunden viele veränderliche Merkmale, die einen zum Teil erheblichen störenden Einfluß auf die Nutzungsmöglichkeit haben. Einen wesentlichen Bereich dieser Störungen der Spannung stellen Netzrückwirkungen dar. Sie ergeben sich, wenn Betriebsmittel mit nichtlinearer Strom-Spannungs-Kennlinie oder mit nichtstationärem Betriebsverhalten an einem Netz mit endlicher Kurzschlußleistung, d. h. an einem Netz mit endlicher Impedanz, betrieben werden.

Die Problematik der Netzrückwirkungen gewinnt durch den vermehrten Einsatz von Leistungselektronik (vermehrte Störaussendung) einerseits und durch die Reduzierung der Signalpegel in elektronischen Geräten (erhöhte Störempfindlichkeit) andererseits immer mehr an Bedeutung. In diesem Zusammenhang seien einige typische Werte von Signalpegeln von Geräten der Meß-, Steuer- und Regeltechnik genannt:

elektromechanische Geräte $\quad 10^{-1}$ bis $10^1$ W
analoge elektronische Geräte $\quad 10^{-3}$ bis $10^{-1}$ W
digitale Geräte $\quad 10^{-5}$ bis $10^{-3}$ W

Beim Betrachten der Netzrückwirkungen ist prinzipiell davon auszugehen, daß die Interessenlagen der Verbraucher und der Netzbetreiber in Einklang gebracht werden müssen. Dabei sind wirtschaftliche Aspekte ebenso zu berücksichtigen wie technische Randbedingungen der Betriebsmittel und der Verbraucher.

So ist es generell nicht möglich, die Kurzschlußleistung des Netzes beliebig zu erhöhen und damit die Impedanz beliebig zu verkleinern, um so die Netzrückwirkungen klein zu halten. Wirtschaftliche und technische Grenzen sind hier maßgebend. Auf der anderen Seite können die im Netz zu betreibenden Geräte nicht mit einer beliebig hohen Störfestigkeit ausgestattet werden; die Kosten hierfür wachsen mit höherer Störfestigkeit stark an.

Zwischen diesen Randbedingungen muß ein für alle Verbraucher verläßlicher Kompromiß gefunden werden, der insbesondere auch für zukünftige Netzänderungen Bestand hat und das ordnungsgemäße Funktionieren der Betriebsmittel und Anlagen auch in der Zukunft erlaubt.

Die einzelnen Phänomene der Netzrückwirkungen sind dabei jeweils getrennt zu untersuchen, wobei Fragen der Meßbarkeit, der Analyse möglicher Auswirkungen auf Betriebsmittel sowie die Festlegung geeigneter Abhilfemaßnahmen zu jeweils unterschiedlichen Lösungen führen können.

Die zukünftige Entwicklung erfordert ein ständiges Beobachten der Netzrückwirkungen. Gründe hierfür sind:

- Netzveränderungen und -umstrukturierungen (z. B. Erhöhen des Kabelanteils in Netzen) sowie der verstärkte Einsatz von Anlagen zur Blindleistungskompensation führen zu niedrigeren Resonanzfrequenzen des Netzes.
- Änderungen der Verbraucherzusammensetzung (Ersatz von ohmschen Verbrauchern durch elektronische Betriebsmittel z. B. in der industriellen Wärmetechnik) und geändertes Verbraucherverhalten (vermehrte Nutzung von elektronischen Kleingeräten) führen zu höheren Störpegeln.
- Maßnahmen der Verbrauchsminderung durch Ersatz konventioneller Beleuchtungseinrichtungen durch Kompaktleuchtstofflampen führen zu erhöhten Störpegeln.
- Einsatz nichtkonventioneller Strom- und Spannungswandler (Lichtwellenleiter) führt zur Verbesserung der Messung von Netzrückwirkungen.

- Entwickeln neuer Kompensations- und Abhilfemaßnahmen erlaubt kostengünstige Lösungen zur Verbesserung der Spannungsqualität.

Wegen der zeit- und ortsabhängig unterschiedlichen Überlagerung und des stochastischen Verhaltens der Störgrößen im elektrischen Versorgungsnetz, wie in **Bild 1.1** dargestellt, kann der Pegel einer Störgröße lediglich als Häufigkeitsverteilung angegeben werden. Ebenso ist die Störfestigkeit der Einzelgeräte statistisch verteilt. Nur im Überlappungsbereich hat man mit Funktionsbeeinträchtigungen oder Ausfällen von Betriebsmitteln zu rechnen.

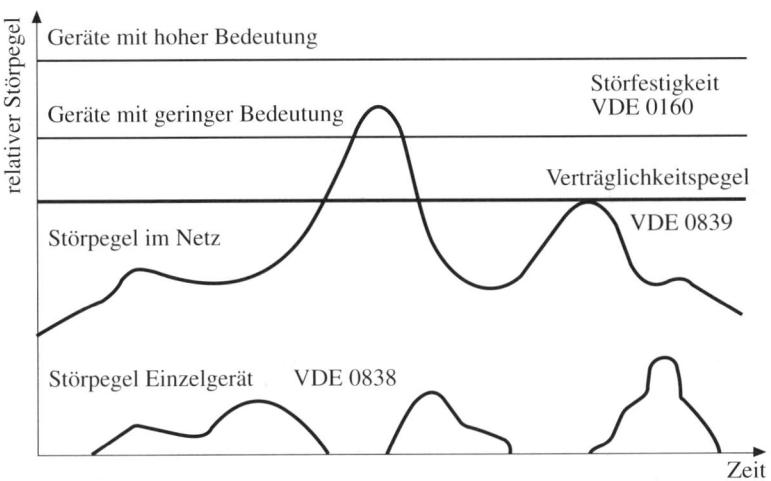

**Bild 1.1** Stochastischer zeitlicher Verlauf einer Störgröße

Störaussendungspegel, z. B. VDE 0838 Teil 2 (EN 61000 3-2: Oberschwingungsströme $I_r < 16$ A) und Störfestigkeitsprüfpegel, z. B. VDE 0160 (EN 50178: Ausrüstung von Starkstromanlagen mit elektronischen Betriebsmitteln) werden auf Basis dieser Wahrscheinlichkeit festgelegt. Orientierungswert ist der Verträglichkeitspegel z. B. nach VDE 0839 Teil 2-2 (EN 61000 2-2; IEC 1000-2-2) für öffentliche NS-Netze, also ein festgelegter Pegel im Netz, für den eine bestimmte Wahrscheinlichkeit der elektromagnetischen Verträglichkeit besteht, wie in **Bild 1.2** dargestellt. Daraus muß gefolgert werden, daß mit einer bestimmten Wahrscheinlichkeit Störpegel auftreten können, die den Verträglichkeitspegel überschreiten. Diese Wahrscheinlichkeit kann für unterschiedliche Störphänomene zeitlich und betragsmäßig unterschiedlich sein.

Das Phänomen der Störgröße ist sowohl auf der erzeugenden Seite (Störaussendung) als auch auf der gestörten Seite (Störempfindlichkeit) sowie durch Ändern der Störübertragung zu beeinflussen. Wesentliche Voraussetzung für die Analyse der Störphänomene und möglicher Abhilfemaßnahmen stellt die Kenntnis der Übertra-

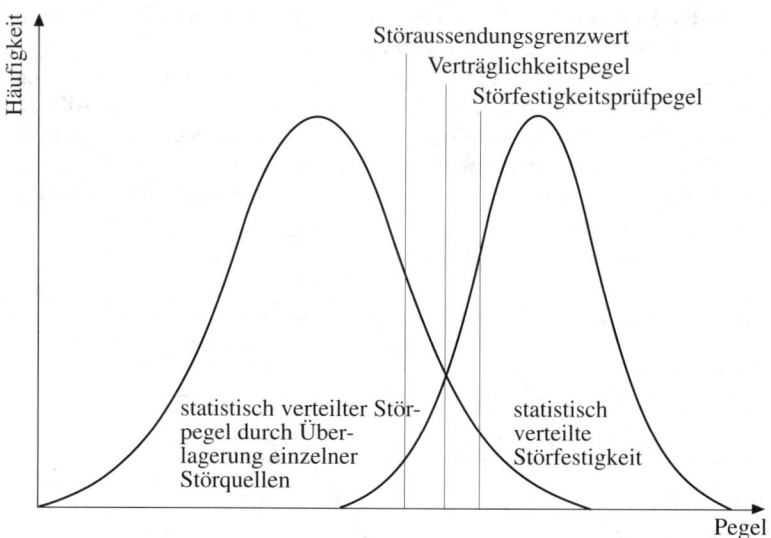

**Bild 1.2** Häufigkeitsverteilung von Störaussendungs- und Störfestigkeitspegeln

gungsmechanismen zwischen Störquelle und Störsenke dar. Die grundlegenden Zusammenhänge der Kopplungsmechanismen sind in **Bild 1.3** zusammengefaßt.

Hierbei sind induktive, kapazitive und galvanische Kopplungen zu betrachten, falls die Laufzeiten der Störgrößen innerhalb des betrachteten Systems vernachlässigt werden können, also die Wellenlänge der Störgröße groß gegen die Systemabmessungen ist. Diese quasistationäre Behandlung trifft für Netzrückwirkungen im Bereich elektrischer Energieversorgungsnetze zu.

Dagegen sind durch Modelle der Wellenausbreitung oder der Strahlungsbeeinflussung beschriebene Kopplungen zu betrachten, falls die Wellenlänge der Störgröße kleiner als die Systemabmessung ist wie etwa im Bereich der EMV-Probleme von elektronischen Leiterplatten. Gleiches gilt für den Fall, daß die Anstiegszeiten der Störgrößen in der Größenordnung der Signallaufzeiten liegen. Dies ist bei der Betrachtung impulsförmiger Vorgänge der Fall.

## 1.2 Klassifizierung von Netzrückwirkungen

Netzrückwirkungen treten als Oberschwingungsspannungen, Spannungen bei zwischenharmonischen Frequenzen, Flicker, Spannungsänderungen, Spannungsänderungsverläufen, Spannungsschwankungen sowie als Spannungsunsymmetrien auf [1.2]. Der für das Betrachten von Netzrückwirkungen maßgebliche Frequenzbereich spannt sich dabei von Gleichgrößen ($f$ = 0 Hz) bis zu Frequenzen von

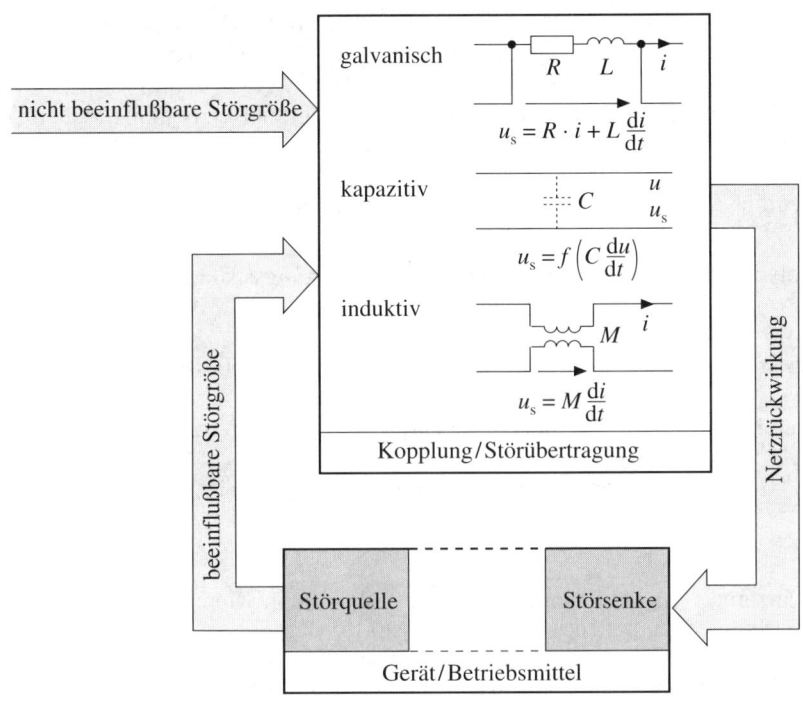

**Bild 1.3** Grundlegende Zusammenhänge bei der Betrachtung von Kopplungen und Übertragung von Störgrößen

$f \approx 10$ kHz. Beim Betrachten der einzelnen Arten der Netzrückwirkungen wird auf den jeweiligen Frequenzbereich näher eingegangen. Die einzelnen Phänomene der Netzrückwirkungen sind wie folgt definiert:

| | |
|---|---|
| Oberschwingung | sinusförmige Schwingung, deren Frequenz ein ganzzahliges Vielfaches der Grundfrequenz ist |
| Zwischenharmonische | sinusförmige Schwingung, deren Frequenz kein ganzzahliges Vielfaches der Grundfrequenz ist |
| Flicker | subjektiver Eindruck von Leuchtdichteschwankungen von Glühlampen oder Leuchtstofflampen |
| Spannungsänderung | Änderung des Effektivwerts der Spannung |
| Spannungsänderungsverlauf | Zeitfunktion der Differenz zwischen dem Effektivwert der Spannung zu Beginn der Spannungsänderung und den nachfolgenden Effektivwerten |
| Spannungsschwankung | Folge von Spannungsänderungen oder Spannungsänderungsverläufen |

Spannungsunsymmetrie  Abweichung der drei Spannungen des Drehstromsystems in ihrer Amplitude bzw. Abweichung von der Phasendifferenz 120°

Frequenzschwankungen, also Abweichungen der definierten Netznominalfrequenz, sind dagegen ein globales Phänomen, solange quasistationäre Zustände betrachtet werden.

Abweichend oder ergänzend zu den eingangs erwähnten Phänomenen sind in IEC 1000-2-1 folgende Störphänomene definiert:

| | |
|---|---|
| short supply interruptions | Ausbleiben der Versorgungsspannung für maximal 1 Minute; Interpretation als „voltage dip" mit 100 % Amplitude |
| d. c. component | Gleichanteil in der Spannung, in IEC derzeit in der Diskussion |
| mains signalling | höherfrequente Übertragungssignale auf Hochspannungsleitungen |
| | Tonfrequenzrundsteuerungen bis 2 kHz |
| | PLC-Übertragung bis 20 kHz |
| | Telefonanlagen bis 500 kHz |

Dabei ist anzumerken, daß Spannungsausfälle („short supply interruptions") keine Netzrückwirkungen darstellen, sondern als gestörter Betriebszustand einzuordnen sind. Spannungsausfälle werden daher im Zusammenhang dieses Buchs nicht behandelt. Das schließt nicht aus, daß Maßnahmen zum Verringern von Netzrückwirkungen auch als Maßnahmen gegen Spannungsausfälle einsetzbar sind.

Gleichanteile der Spannung werden nicht behandelt, da z. Z. weder im Bereich der internationalen noch der nationalen Normung Aussagen zum Behandeln von Gleichanteilen der Spannung getroffen werden.

Die Verwendung von höherfrequenten Signalen auf Leitungen der elektrischen Energieversorgung zum Zweck der Signalübertragung wird im Zusammenhang mit der Thematik der Oberschwingungen und Zwischenharmonischen betrachtet. Hier ist im Hinblick auf Netzrückwirkungen der Bereich der Tonfrequenzrundsteueranlagen von Interesse.

## 1.3 EU-Richtlinien, VDE-Bestimmungen, Normung

Die Thematik der Netzrückwirkungen ist heute in einem umfangreichen Normen- und Vorschriftenkatalog behandelt und stellt einen Teilbereich der elektromagnetischen Verträglichkeit dar. Sie ist dabei im nationalen Bereich in Gesetze wie dem EMV-Gesetz vom 9. 11. 1992, dem 1. EMV-Änderungsgesetz vom 30. 11. 1995 und dem Bundes-Immissionsschutzgesetz vom Juni 1996 mit z. Z. 26 Durchführungsverordnungen eingebunden.

Elektromagnetische Verträglichkeit wird im europäischen Rahmen durch Richtlinien der EU-Kommission behandelt, wobei hier zwei Richtlinien zu nennen sind. Die EU-Richtlinie 85/374, Juli 1995, beschreibt die elektrische Energie als Produkt, für das eine Produkthaftung gegeben ist, woraus die Notwendigkeit abgeleitet wird, Qualitätsmerkmale festzulegen. Die EU-Richtlinie 89/336, Mai 1989, definiert Vorgaben für die EMV-Aussendungen elektrischer Netze.

Auf Grundlage dieser Richtlinien, Gesetze und Verordnungen findet die Normungsarbeit im Bereich der elektromagnetischen Verträglichkeit statt. Die bisher freiwillig anzuwendenden VDE-Bestimmungen erhalten nach Harmonisierung im Rahmen des EMV-Gesetzes und der entsprechenden Europanormen ein anderes Gewicht. Als äußeres Kennzeichen für die EMV-Konformität von Geräten muß daher seit 1. 1. 1996 das CE-Zeichen auf allen in der EU zu verkaufenden Geräten angebracht werden. Dabei darf der Hersteller nach eigener Prüfung das CE-Zeichen selbst anbringen. Sind beim Hersteller keine ausreichenden Prüfmöglichkeiten vorhanden oder liegen keine einschlägigen Normen vor, kann eine für die Vergabe des CE-Zeichens berechtigte Zertifizierungsstelle das CE-Zeichen vergeben.

Normen werden in unterschiedlichen Gremien der IEC, des CENELEC und der CISPR erarbeitet. Das TC77 der IEC entwickelt Normen für Meß- und Prüfmethoden und Störfestigkeit für den gesamten Frequenzbereich, wobei der Bereich der Normung von Störaussendungsgrenzwerten für den Frequenzbereich 0 Hz bis 9 kHz durch das Unterkomitee SC77A und für den Frequenzbereich größer 9 kHz durch CISPR bearbeitet wird. Das TC110 der CENELEC schließlich erarbeitet produktübergreifende Normen (sogenannte Fachgrundnormen) zum Nachweis der EMV-Verträglichkeit.

Bei der Umwandlung der Normungsdokumente in europäische Normen werden folgende Numerierungsänderungen vorgenommen:

CENELEC nn  → EN 50000 + nn
CISPR nn    → EN 55000 + nn
IEC nn      → EN 60000 + nn

Für den Bereich der CENELEC basieren die für EMV erarbeiteten Normen auf einer Hierarchie aus Grundnormen, Fachgrundnormen und Produktnormen:

**Grundnormen (basic norms)**

beschreiben phänomenbezogene Meß- und Prüfmethoden zum Nachweis der EMV; Festlegungen für Meßinstrumente und Prüfaufbauten sind ebenso enthalten wie die Empfehlung von Störfestigkeitsprüfpegeln, die aber erst in Fachgrundnormen oder Produktnormen als verbindliche Grenzwerte einfließen.

**Fachgrundnormen (generic norms)**

enthalten wichtige allgemeine Grenzwerte zur Beurteilung von Produkten, für die es keine produktspezifischen Normen gibt. Für die EMV-Umgebung wird dabei unterschieden zwischen dem industriellen Bereich (EN-Normen erhalten die Erweiterung ...-2) sowie die Umgebung in Kleinbetrieben, des Wohn-, Gewerbe- und Geschäftsbereichs (EN-Normen erhalten die Erweiterung ...-1).

**Produkt- oder Produktfamiliennormen (product norms)**
beschreiben spezifische Umgebungsbedingungen und haben Vorrang vor den Fachgrundnormen. Grenzwerte werden auf Basis der zitierten Fachgrundnormen vorgeschrieben, Prüfmethoden und -verfahren werden meist für Produktfamilien festgelegt.
Zusätzlich zu den Normen existieren noch verschiedene Empfehlungen, z. B. vom VDEW, die als Übergangslösung für die Bereiche anzusehen sind, in denen es keine Produktnormen gibt. Im Zusammenhang mit der Thematik der Netzrückwirkungen sind als Beispiel folgende VDEW-Empfehlungen zu nennen:
- Grundsätze für die Beurteilung von Netzrückwirkungen
- Empfehlung für digitale Stationsleittechnik
- Empfehlungen zur Vermeidung von unzulässigen Rückwirkungen auf die Tonfrequenz-Rundsteuerung

Im internationalen Bereich wird die Normung durch IEC betrieben, die eine umfangreiche Normungsreihe zum Thema Netzrückwirkungen erarbeitet hat. Diese Reihe wird zum Teil durch Übersetzen der entsprechenden IEC-Schriftstücke in nationale Normen umgesetzt.

Die Normungsreihe IEC 1000 umfaßt dabei alle Bereiche der elektromagnetischen Verträglichkeit. Hierbei ist zu unterscheiden zwischen den leitungsgebundenen Störgrößen (Frequenzbereich bis zu einigen zehn Kilohertz) und den nicht leitungsgebundenen Störgrößen im höheren Frequenzbereich.

Die in IEC 1000 vorhandene klare Strukturierung der EMV-Normen gibt die nachstehende Übersicht wieder, deren weitere Unterteilung sich hier auf die niederfrequenten Vorgänge konzentriert. In der VDE-Klassifikation finden sich die entsprechenden Bestimmungen vornehmlich als Teile unter den Klassifikationsnummern 0839 bis 0847.

| | | |
|---|---|---|
| IEC 1000-1 | | Übersicht über die Normenreihe, Definitionen |
| IEC 1000-2 | | Verträglichkeitspegel, Beschreibung der Umgebung |
| | -1 | Beschreibung der Phänomene |
| | -2 | Verträglichkeitspegel für öffentliche NS-Netze |
| | -4 | Verträglichkeitspegel für industrielle Netze |
| | -5 | Klassifizierung der EMV-Umgebung |
| | -6 | Empfehlungen für niederfrequente Störaussendungen in Industrienetzen |
| | -7 | Niederfrequente magnetische Felder |
| | -12 | Verträglichkeitspegel für öffentliche MS-Netze |
| IEC 1000-3 | | Störaussendungsgrenzwerte für Spannungsschwankungen, Oberschwingungen und Flicker |
| | -1 | Allgemeine Übersicht |
| | -2 | Grenzwerte für Oberschwingungsströme $I_1 \leq 16$ A |

|  |  |  |
|---|---|---|
|  | -3 | Grenzwerte für Spannungsschwankungen und Flicker $I_1 \leq 16$ A |
|  | -4 | Grenzwerte für Oberschwingungsströme $I_1 > 16$ A |
|  | -5 | Grenzwerte für Spannungsschwankungen und Flicker $I_1 > 16$ A |
|  | -6 | Grenzwerte für Oberschwingungsströme im MS- und HS-Bereich |
|  | -7 | Grenzwerte für Spannungsschwankungen und Flicker im MS- und HS-Bereich |
| IEC 1000-4 |  | Verfahren für Störaussendungs- und Störfestigkeitsprüfungen |
|  | -1 | Allgemeine Übersicht |
|  | -7 | Empfehlungen zur Messung von Oberschwingungen |
|  | -11 | Störfestigkeit gegen Spannungseinbrüche und -unterbrechungen |
|  | -13 | Störfestigkeit gegen Oberschwingungen und Zwischenharmonische |
|  | -14 | Störfestigkeit gegen Spannungsschwankungen, Unsymmetrie und Frequenzabweichungen |
|  | -15 | Funktionsbeschreibung Flickermeter |
|  | -16 | Leitungsgeführte kontinuierliche Störgrößen ($f = 0...150$ kHz) |
| IEC 1000-5 |  | Beschreibung von Abhilfemaßnahmen |
| IEC 1000-6 |  | Störfestigkeitsanforderungen, Störaussendungsbegrenzungen |
| IEC 1000-9 |  | Verschiedenes |

Im Bereich der VDE-Bestimmungen gliedert sich der Aufbau der Normen (hier Angabe der VDE-Klassifikationsnummer) mit Bezug auf die elektrische Energieversorgung generell wie folgt:

|  |  |
|---|---|
| VDE 0838 | Rückwirkungen in Stromversorgungsnetzen |
|    Teil 1 | Allgemeines, Definitionen |
|    Teil 2 | Oberschwingungen |
|    Teil 3 | Spannungsschwankungen |
| VDE 0839 | Elektromagnetische Verträglichkeit |
|    Teil 2-2 | Verträglichkeitspegel in öffentlichen Niederspannungsnetzen |
|    Teil 2-4 | Verträglichkeitspegel in Industrieanlagen |
|    Teil 10 | Beurteilung der Störfestigkeit |
|    Teil 81-1 | Störaussendung: Wohnbereich, Kleinbetriebe |
|    Teil 81-2 | Störaussendung: Industriebereich |
|    Teil 82-1 | Störfestigkeit: Wohnbereich, Kleinbetriebe |
|    Teil 82-2 | Störfestigkeit: Industriebereich |
|    Teil 88 | Verträglichkeitspegel in öffentlichen Mittelspannungsnetzen |
|    Teil 160 | Merkmale der Spannung in öffentlichen Netzen |
|    Teil 217 | Störaussendungsmessungen am Aufstellungsort |

| | | |
|---|---|---|
| VDE 0843 | | Elektromagnetische Verträglichkeit von MSR-Einrichtungen in der industriellen Meßtechnik |
| | Teil 1 | |
| | Teil 2 | Störfestigkeit gegen Entladung statischer Elektrizität |
| | Teil 3 | Störfestigkeit gegen elektromagnetische Felder |
| | Teil 5 | Störfestigkeit gegen Stoßspannungen |
| | Teil 6 | Störfestigkeit gegen leitungsgeführte Störgrößen (HF-Felder) |
| | Teil 20 . . Teil 23 | EMV-Anforderungen für elektrische Betriebsmittel für Leittechnik und Laboreinsatz |
| VDE 0845 | | Schutz von Fernmeldeanlagen gegen Blitzeinwirkungen, statische Aufladungen und Überspannungen aus Starkstromanlagen |
| VDE 0846 | | Meßgeräte zur Beurteilung der EMV |
| | Teil 0 | Flickermeter, Beurteilung der Flickerstärke |
| | Teil 1 | Oberschwingungen bis 2500 Hz |
| | Teil 2 | Flickermeter, Funktionsbeschreibung |
| | Teil 11 | Prüfgeneratoren |
| | Teil 12 | Kopplungseinrichtungen |
| | Teil 13 | Meßhilfsmittel |
| | Teil 14 | Leistungsverstärker |
| VDE 0847 | | Meßverfahren zur Beurteilung der EMV |
| | Teil 1 | Messung leitungsgeführter Störgrößen |
| | Teil 2 | Störfestigkeit gegen leitungsgeführte Störgrößen |
| | Teil 4-7 | Verfahren und Messung von Harmonischen und Zwischenharmonischen |
| | Teil 4-8 bis Teil 136 | Störfestigkeitsprüfungen |

## 1.4 Mathematische Grundlagen

### 1.4.1 Komplexe Rechnung, Zählpfeile und Zeigerdiagramme

Bei der Behandlung von Wechsel- und Drehstromnetzen ist zu beachten, daß Ströme und Spannungen im allgemeinen nicht mehr in Phase sind. Die Phasenlage hängt dabei ab vom Anteil der Induktivitäten, Kapazitäten und ohmschen Widerstände an der Impedanz.

Der Zeitverlauf z.B. eines Stroms oder einer Spannung nach

$$u(t) = \sqrt{2}\, U \sin(\omega t + \varphi_U) \tag{1.1a}$$

$$i(t) = \sqrt{2}\, I \sin(\omega t + \varphi_I) \tag{1.1b}$$

kann dabei als Liniendiagramm wie in **Bild 1.4** gezeichnet werden. Im Fall sinusförmiger Größen können diese in der komplexen Zahlenebene durch Drehzeiger dargestellt werden, die im mathematisch positiven Sinn (entgegen der Uhrzeigerrichtung) mit der Winkelgeschwindigkeit $\omega$ rotieren:

$$\underline{U} = \sqrt{2}\, U\, e^{(j\omega t + \varphi_U)} \tag{1.2a}$$

$$\underline{I} = \sqrt{2}\, I\, e^{(j\omega t + \varphi_I)} \tag{1.2b}$$

Der Zeitverlauf ergibt sich dabei als Projektion auf die reelle Achse, siehe Bild 1.4.

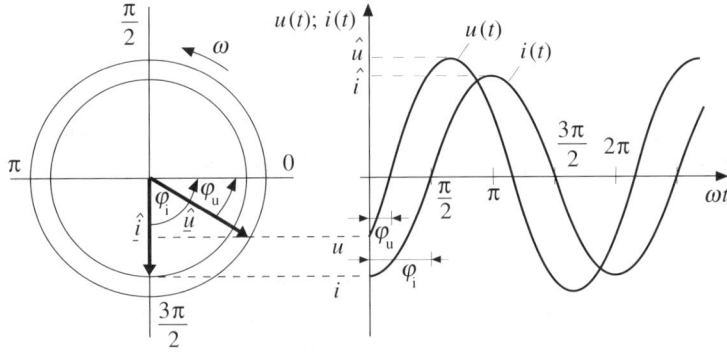

**Bild 1.4** Liniendiagramm und Zeigerdiagramm einer Spannung
links: Zeigerdiagramm (Scheitelwertzeiger)
rechts: Liniendiagramm

DIN 40110 (VDE 0110) legt Begriffe für die Benennungen der Widerstände und Leitwerte fest. Danach gilt

| | |
|---|---|
| Resistanz $R$ | Wirkwiderstand |
| Reaktanz $X$ | Blindwiderstand |
| Konduktanz $G$ | Wirkleitwert |
| Suszeptanz $B$ | Blindleitwert |

Der Oberbegriff für Widerstände wird als Impedanz oder Scheinwiderstand,

$$\underline{Z} = R + jX, \tag{1.3a}$$

der Oberbegriff für Leitwerte als Admittanz oder Scheinleitwert

$$\underline{Y} = G + jB \tag{1.3b}$$

bezeichnet.

Die Reaktanz ist abhängig von der jeweils betrachteten Frequenz und kann berechnet werden für Kapazitäten bzw. Induktivitäten aus

$$X_C = 1/\omega C \tag{1.4a}$$

$$X_L = \omega L \tag{1.4b}$$

Für sinusförmige Größen kann der Strom durch einen Kondensator bzw. für die Spannung an einer Induktivität berechnet werden:

$$i(t) = C \cdot du(t)/dt \tag{1.5a}$$

$$u(t) = L \cdot di(t)/dt \tag{1.5b}$$

Die Ableitung für sinusförmige Größen ergibt, daß der Strom durch eine Induktivität seinen Maximalwert eine Viertelperiode nach der Spannung erreicht. Beim Betrachten des Vorgangs in der komplexen Ebene eilt der Zeiger der Spannung dem Zeiger des Stroms um 90° voraus. Dies entspricht einer Multiplikation mit +j.

Bei einer Kapazität dagegen erreicht die Spannung ihren Maximalwert erst eine Viertelperiode nach dem Strom, der Zeiger der Spannung eilt dem Strom um 90° nach, was einer Multiplikation mit –j entspricht.

Damit lassen sich die Zusammenhänge zwischen Strom und Spannung bei Induktivitäten und Kapazitäten in komplexer Schreibweise darstellen:

$$\underline{U} = j\omega L \cdot \underline{I} \tag{1.6a}$$

$$\underline{I} = (1/(j\omega C)) \cdot \underline{U} \tag{1.6b}$$

Mit Zählpfeilen beschreibt man elektrische Vorgänge. Sie werden deshalb in Gleich-, Wechsel- und Drehstromsystemen verwendet. Zählpfeilsysteme sind definitionsgemäß beliebig wählbar, dürfen jedoch während einer Analyse bzw. Berechnung nicht gewechselt werden. Weiterhin ist zu beachten, daß die geschickte Wahl des Zählpfeilsystems das Beschreiben und Berechnen spezieller Aufgaben wesentlich erleichtert. Um die Notwendigkeit von Zählpfeilsystemen zu verdeutlichen, sei an die Kirchhoffschen Gesetze erinnert, für die die positive Richtung der Ströme und Spannungen festgelegt werden muß. Dadurch sind dann auch die positiven Richtungen von Wirk- und Blindleistung festgelegt.

Das Zählpfeilsystem für das Drehstromnetz (RST-Komponenten) ist aus Gründen der Vergleichbarkeit und Übertragbarkeit auch bei anderen Komponentensystemen (z.B. bei symmetrischen Komponenten) anzuwenden, die das Drehstromnetz beschreiben.

Trägt man Zählpfeile wie in **Bild 1.5** gezeichnet ein, sind die abgegebene Wirkleistung und die z. B. von einem Generator im übererregten Betrieb abgegebene Blindleistung positiv. Dieses Zählpfeilsystem bezeichnet man als Erzeugerzählpfeilsystem. Demgegenüber werden bei Wahl des Verbraucherzählpfeilsystems die vom Verbraucher aufgenommene Wirk- und Blindleistung positiv.

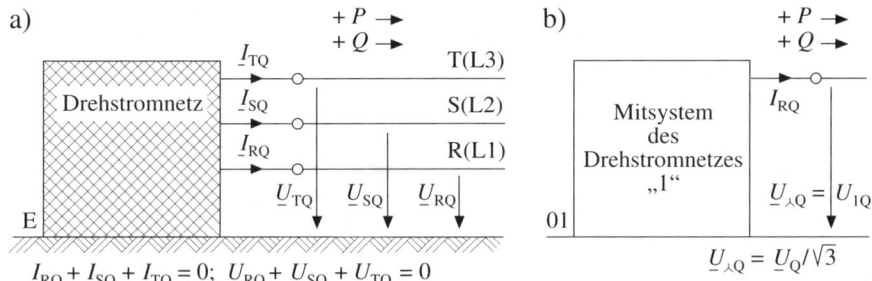

**Bild 1.5** Zählpfeilfestlegungen
a) Netzersatzschaltbild
b) Ersatzschaltbild für symmetrische Vorgänge

Beim Beschreiben elektrischer Netze zeichnet man Spannungszählpfeile vom Außenleiter (L1, L2, L3 oder auch R, S, T) gegen Erde (E) ein. Auch in anderen Komponentensystemen, also z. B. beim System der symmetrischen Komponenten (Abschnitt 1.4.3) wird der Spannungszählpfeil vom Leiter gegen die jeweilige Bezugsschiene dargestellt. Demgegenüber stellt man Zählpfeile in Zeigerdiagrammen in umgekehrter Richtung dar. Der Zählpfeil einer Spannung Leiter gegen Erde wird im Zeigerdiagramm also vom Erdpotential zum Leiterpotential dargestellt.

Basierend auf der Festlegung des Zählpfeilsystems, können die Spannungs- und Stromverhältnisse eines elektrischen Netzes in Zeigerdiagrammen wiedergegeben werden. Soweit es sich dabei um Darstellungen des stationären bzw. quasistionären Betriebs handelt, verwendet man meist Effektivwertzeiger. **Bild 1.6** zeigt das Zeigerdiagramm eines ohmsch-induktiven Verbrauchers im Erzeuger- und im Verbraucherzählpfeilsystem.

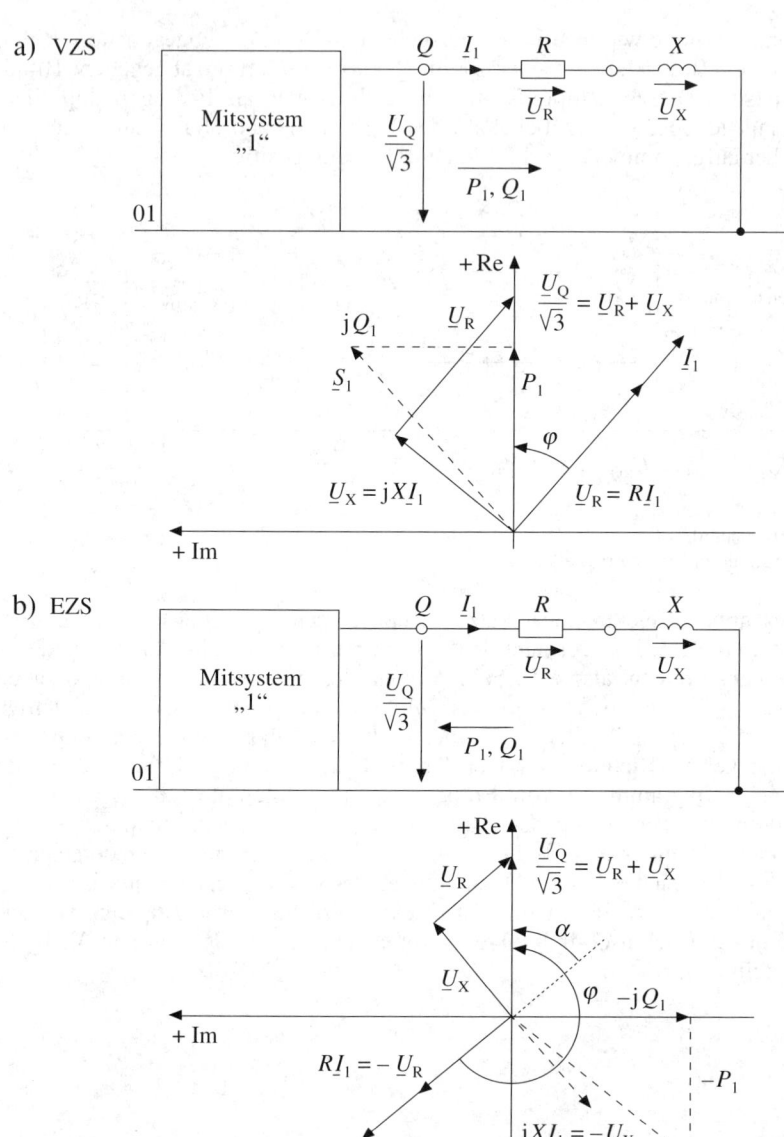

**Bild 1.6** Zeigerdiagramm eines Verbrauchers
a) Verbraucherzählpfeilsystem
b) Erzeugerzählpfeilsystem

## 1.4.2 Fourier-Analyse und -Synthese

Die bisher betrachteten Vorgänge in linearen Netzen, bei denen Ströme und Spannungen mit lediglich einer Frequenz auftreten, lassen sich auch auf Netze mit beliebigem Strom- und Spannungsverlauf übertragen. Dabei wird die bekannte Tatsache zugrunde gelegt, daß sich ein beliebiges, mit der Periodendauer $T$ periodisches Signal mit einer Fourier-Reihe gemäß Gl. (1.7) darstellen läßt:

$$f(t) = \frac{a_0}{2} + \sum_{h=1}^{\infty} (a_h \cos(h\omega_1 t) + b_h \sin(h\omega_1 t)) \qquad (1.7)$$

Der Zusammenhang zwischen der Periodendauer $T$ und der Grundkreisfrequenz $\omega_1$ ist gegeben durch

$$\omega_1 T = 2\pi \qquad (1.8)$$

Eine besonders einfache und der Berechnung mit komplexen Zahlen angepaßte Darstellung der Fourier-Koeffizienten erhält man durch Zusammenfassen der Koeffizienten $a_h$ und $b_h$:

$$c_h = (a_h - jb_h) \qquad (1.9a)$$

mit der Amplitude der Oberschwingungskomponente $c_h$ und der Phasenlage $\varphi_h$ nach

$$\varphi_h = \arctan(a_h/b_h) \qquad (1.9b)$$

Der Anteil mit $h = 1$ bildet die Grundschwingung, die Anteile mit $h > 1$ bilden die Oberschwingungen.

Die Koeffizienten $a_h$ und $b_h$ lassen sich bestimmen nach

$$a_h = \frac{1}{\pi} \int_0^{2\pi} f(t) \cos(h\omega_1 t) \, d\omega t \qquad (1.10a)$$

$$b_h = \frac{1}{\pi} \int_0^{2\pi} f(t) \sin(h\omega_1 t) \, d\omega t \qquad (1.10b)$$

Diese Integrale sind im allgemeinen nur numerisch auswertbar.

Im Fall der Abtastung eines Signals (periodisch in $2\pi$) können die Fourier-Koeffizienten näherungsweise durch eine Summenbildung berechnet werden. Als Beispiel wird der Funktionsverlauf $f(t)$ nach **Bild 1.7** betrachtet.

Für das Abtasten in äquidistanten Zeitabständen (Unterteilen des Periodenintervalls $0 \leq x \leq 2\pi$ in eine ungerade Anzahl $n = 2N + 1$ Teilintervalle der Länge $l = 2\pi/n$)

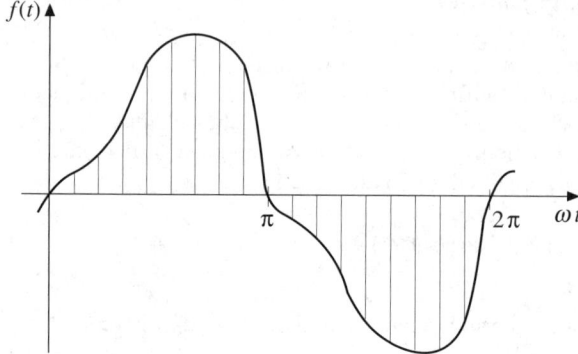

**Bild 1.7** Zeitverlauf einer Funktion $f(t)$ mit der Periodendauer $T$ bzw. $2\pi$. Anzahl der Abtastintervalle $n = 18$

erhält man für die Fourier-Koeffizienten die Näherungswerte $a_h$ und $b_h$ für $h = 0, 1, ..., N$ nach

$$a_h(l) = \frac{1}{\pi} \sum_{k=0}^{2N} f_k \cos(hkl) \qquad (1.11a)$$

$$b_h(l) = \frac{1}{\pi} \sum_{k=0}^{2N} f_k \sin(hkl) \qquad (1.11b)$$

mit $f_k = f(kl)$. Es ist dann

$$f(x;l) = 0{,}5 a_0 + \sum_{h=1}^{N} a_h(l)\cos(hx) + \sum_{h=1}^{N} b_h(l)\sin(hx) \qquad (1.12)$$

das trigonometrische Näherungspolynom $N$-ter Ordnung für $f(x)$, das an den Stellen $x = hl$ mit $f(x)$ übereinstimmt.

Bei Unterteilung des Intervalls in eine gerade Anzahl $n = 2N$ von Teilintervallen der Länge $l = 2\pi/n$ ist zur Erhaltung der Interpolationseigenschaft das Glied $a_N$ mit dem Faktor 0,5 zu versehen. Für die Fourier-Koeffizienten erhält man die Näherungswerte $a_h$ und $b_h$ für $h = 0, 1, ..., N$ nach

$$a_h(l) = \frac{1}{\pi} \sum_{k=0}^{2N-1} f_k \cos(hkl) \qquad (1.13a)$$

und für $h = 1, ..., N-1$ nach

$$b_h(l) = \frac{1}{\pi} \sum_{k=1}^{2N-1} f_k \sin(hkl) \qquad (1.13b)$$

Das trigonomerische Näherungspolynom ist dann

$$f(x;l) = 0{,}5 a_0 + \sum_{h=1}^{2N-1} a_h(l)\cos(hx) + \sum_{h=1}^{2N-1} b_h(l)\sin(hx) +$$

$$+ 0{,}5 a_N(l)\cos(hx) \tag{1.14}$$

Dabei bedeuten $h$ die Ordnung der Oberschwingung und $n = 2N$ bzw. $n = 2N + 1$ die Anzahl der Abtastwerte pro Periode der Grundschwingung. Man erkennt aus den Gleichungen, daß zum Darstellen des Anteils mit der Ordnung $h$ der Oberschwingung mindestens die Anzahl von $2h$ Abtastwerten pro Periode der Grundfrequenz benötigt wird. Daraus folgt, daß bei fester Abtastfrequenz eines Signals die höchste darstellbare Oberschwingung diejenige mit der halben Frequenz des Abtastsignals ist (Abtasttheorem von Shannon).

Zum Ermitteln der Fourier-Koeffizienten (Diskrete Fourier-Transformation) können verschiedene Verfahren wie direkte Berechnung, Primfaktor-Algorithmus, Butterfly-Algorithmus usw. verwendet werden. Die Bedeutung der Auswahl eines mathematischen Verfahrens geht durch die Verfügbarkeit von Signalprozessoren zurück. Diese liefern aus den Abtastwerten die für die Weiterverarbeitung notwendigen Fourier-Koeffizienten.

Falls die zu analysierende Funktion Symmetrieeigenschaften aufweist, vereinfacht sich die Berechnung der Fourier-Koeffizienten erheblich [1.4]. Unter der Voraussetzung, daß die Funktion $f(t)$ ungerade ist, d. h.

$$f(t) = -f(-t) \tag{1.15}$$

(siehe auch **Bild 1.8**), werden alle Koeffizienten $c_h$ rein imaginär, die Fourier-Koeffizienten $a_h$ sind gleich null.

Bei einer Funktion $f(t)$, die ungerade mit der halben Periode gemäß Bild 1.8 ist, gilt

$$f(t) = -f(t - (T/2)) \tag{1.16}$$

Hier werden alle geradzahligen Koeffizienten zu null. Ist die Funktion $f(t)$ z.B. die Spannung $u(t)$ an einem nichtlinearen Widerstand, durch den der sinusförmige Strom $i(t)$ fließt, weist die Spannung Oberschwingungen ungeradzahliger Ordnung auf. Man nennt diese Kennlinie zentralsymmetrisch. Solche Kennlinien sind in Netzen der elektrischen Energieversorgung häufig anzutreffen.

a)

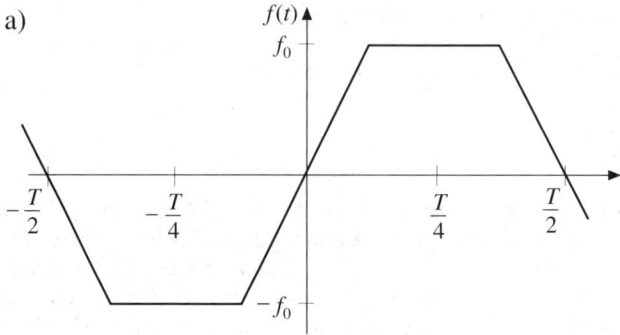

b)

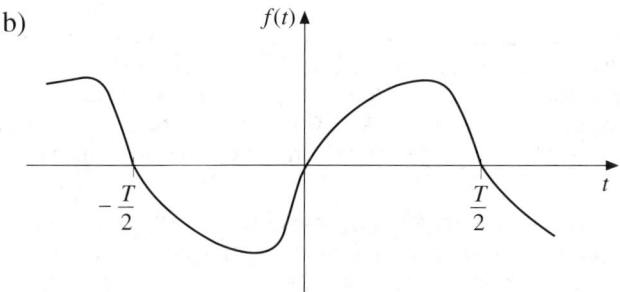

**Bild 1.8** Zeitverlauf einer Funktion
a) gerade Funktion
b) ungerade Funktion mit halber Periode

### 1.4.3  Symmetrische Komponenten

Die Beziehungen zwischen Spannungen und Strömen eines Drehstromsystems können durch eine Matrizengleichung, z. B. mit Hilfe der Impedanz- oder der Admittanzmatrix, dargestellt werden. Die Ersatzschaltbilder elektrischer Betriebsmittel, wie Leitungen, Kabel, Transformatoren und Maschinen, weisen dabei im Drehstromsystem Kopplungen induktiver, kapazitiver und galvanischer Art auf. Dies soll am Beispiel eines beliebig kurzen Elements einer Freileitung gemäß **Bild 1.9** erläutert werden, siehe auch [1.2].

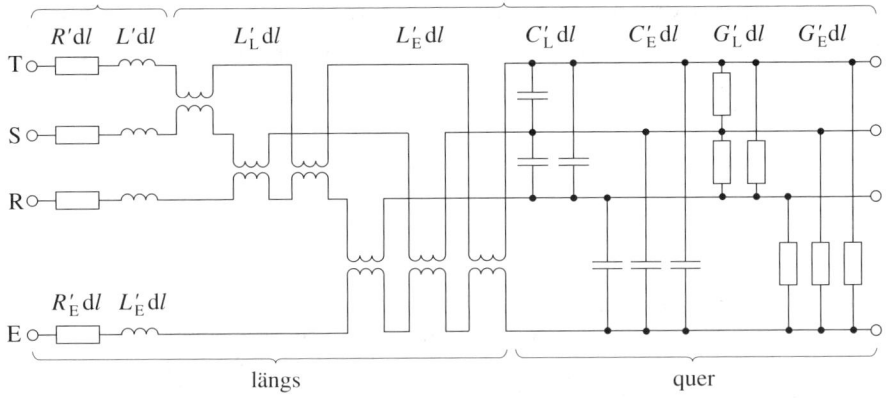

**Bild 1.9** Differentielles Teilstück einer homogenen Drehstromleitung

Die Beziehung der Ströme und Spannungen des RST-Systems lautet:

$$\begin{bmatrix} \underline{U}_R \\ \underline{U}_S \\ \underline{U}_T \end{bmatrix} = \begin{bmatrix} \underline{Z}_{RR} & \underline{Z}_{RS} & \underline{Z}_{RT} \\ \underline{Z}_{SR} & \underline{Z}_{SS} & \underline{Z}_{ST} \\ \underline{Z}_{TR} & \underline{Z}_{TS} & \underline{Z}_{TT} \end{bmatrix} \cdot \begin{bmatrix} \underline{I}_R \\ \underline{I}_S \\ \underline{I}_T \end{bmatrix} \qquad (1.17)$$

Die Werte dieser Impedanzmatrix können im allgemeinen alle unterschiedlich sein. Bedingt durch den zyklisch-symmetrischen Aufbau der Drehstromnetze, sind jedoch nur die Eigenimpedanz und zwei Koppelimpedanzen zu berücksichtigen. Man erhält damit eine zyklisch symmetrische Matrix:

$$\begin{bmatrix} \underline{U}_R \\ \underline{U}_S \\ \underline{U}_T \end{bmatrix} = \begin{bmatrix} \underline{Z}_A & \underline{Z}_B & \underline{Z}_C \\ \underline{Z}_C & \underline{Z}_A & \underline{Z}_B \\ \underline{Z}_B & \underline{Z}_C & \underline{Z}_A \end{bmatrix} \cdot \begin{bmatrix} \underline{I}_R \\ \underline{I}_S \\ \underline{I}_T \end{bmatrix} \qquad (1.18)$$

Die Vielzahl der Kopplungen zwischen den einzelnen Komponenten des Drehstromsystems kompliziert Lösungsverfahren insbesondere beim Berechnen ausgedehnter Netze sehr. Daher wird eine mathematische Transformation gesucht, die die RST-Komponenten in ein anderes System überführt. Für die Transformation soll gelten:
- Die transformierten Spannungen sollen nur noch von einem transformierten Strom abhängen.
- Bei symmetrischem Betrieb soll nur eine Komponente ungleich null sein.
- Der lineare Zusammenhang zwischen Strom und Spannung soll erhalten bleiben, d. h., die Transformation soll linear sein.

- Bei symmetrischem Betrieb sollen Strom und Spannung der Bezugskomponente erhalten bleiben (bezugskomponenteninvariant).

Die gesuchte Transformation soll dabei das Entkoppeln der drei Systeme in der Weise ermöglichen, daß die drei Komponenten untereinander in folgender Weise entkoppelt sind:

$$\begin{bmatrix} \underline{U}_0 \\ \underline{U}_1 \\ \underline{U}_2 \end{bmatrix} = \begin{bmatrix} \underline{Z}_0 & 0 & 0 \\ 0 & \underline{Z}_1 & 0 \\ 0 & 0 & \underline{Z}_2 \end{bmatrix} \cdot \begin{bmatrix} \underline{I}_0 \\ \underline{I}_1 \\ \underline{I}_2 \end{bmatrix} \qquad (1.19)$$

Diese Anforderungen erfüllt die Transformation in die symmetrischen Komponenten, die für Spannungen und Ströme durch die Transformationsmatrix $\underline{T}$ nach Gl. (1.20), dargestellt für die Spannungen, realisiert wird. Man beachte, daß der Faktor 1/3 Teil der Transformation ist und daher zur Matrix $\underline{T}$ gehört.

$$\begin{bmatrix} \underline{U}_0 \\ \underline{U}_1 \\ \underline{U}_2 \end{bmatrix} = \frac{1}{3} \begin{bmatrix} 1 & 1 & 1 \\ 1 & \underline{a} & \underline{a}^2 \\ 1 & \underline{a}^2 & \underline{a} \end{bmatrix} \cdot \begin{bmatrix} \underline{U}_R \\ \underline{U}_S \\ \underline{U}_T \end{bmatrix} \qquad (1.20)$$

Die Rücktransformation vom 012-System ins RST-System erfolgt durch die Matrix $\underline{T}^{-1}$ nach Gl. (1.21):

$$\begin{bmatrix} \underline{U}_R \\ \underline{U}_S \\ \underline{U}_T \end{bmatrix} = \frac{1}{3} \begin{bmatrix} 1 & 1 & 1 \\ 1 & \underline{a}^2 & \underline{a} \\ 1 & \underline{a} & \underline{a}^2 \end{bmatrix} \cdot \begin{bmatrix} \underline{U}_0 \\ \underline{U}_1 \\ \underline{U}_2 \end{bmatrix} \qquad (1.21)$$

Für die beiden Transformationsmatrizen $\underline{T}$ und $\underline{T}^{-1}$ gilt:

$$\underline{T} \cdot \underline{T}^{-1} = \underline{E} \qquad (1.22)$$

mit der Einheitsmatrix $\underline{E}$. Die komplexen Drehoperatoren $\underline{a}$ und $\underline{a}^2$ bedeuten:

$$\underline{a} = e^{j120°} = -1/2 + j(1/2)\sqrt{3} \qquad (1.23a)$$

$$\underline{a}^2 = e^{j240°} = -1/2 - j(1/2)\sqrt{3} \qquad (1.23b)$$

$$1 + \underline{a} + \underline{a}^2 = 0 \qquad (1.23c)$$

Für die Transformation der Impedanzmatrix gelten die Gln. (1.24) nach den Gesetzen der Matrizenmultiplikation unter Berücksichtigung der Gln. (1.20) und (1.22)

$$\underline{T}\,\underline{U}_{RST} = \underline{T}\,\underline{Z}_{RST}\,\underline{T}^{-1}\,\underline{T}\,\underline{I}_{RST} \qquad (1.24a)$$

$$\underline{U}_{012} = \underline{Z}_{012}\quad \underline{I}_{012} \qquad (1.24b)$$

und somit für die Umrechnung der Impedanzen des Drehstromsystems in das 012-System die Gln. (1.25):

$$\underline{Z}_0 = \underline{Z}_A + \underline{Z}_B + \underline{Z}_C \qquad (1.25a)$$

$$\underline{Z}_1 = \underline{Z}_A + \underline{a}^2\, \underline{Z}_B + \underline{a}\, \underline{Z}_C \qquad (1.25b)$$

$$\underline{Z}_2 = \underline{Z}_A + \underline{a}\, \underline{Z}_B + \underline{a}^2\, \underline{Z}_C \qquad (1.25c)$$

Die Impedanzwerte des Mit- und des Gegensystems sind im allgemeinen gleich. Das trifft auf alle nichtrotierenden Betriebsmittel zu. Die Nullimpedanz hat meist einen anderen Wert als die Mit- bzw. die Gegenimpedanz. Fehlt die gegenseitige Kopplung, wie etwa bei drei zu einem Drehstromtransformator zusammengeschlossenen einpoligen Transformatoren, ist die Nullimpedanz gleich der Mit- bzw. Gegenimpedanz.

Der Spannungsvektor des RST-Systems ist linear mit dem Spannungsvektor des 012-Systems verknüpft (Analoges gilt für die Ströme).

Existiert nur ein Nullsystem, gilt

$$\begin{bmatrix} \underline{U}_R \\ \underline{U}_S \\ \underline{U}_T \end{bmatrix} = \begin{bmatrix} 1 & 1 & 1 \\ 1 & \underline{a}^2 & \underline{a} \\ 1 & \underline{a} & \underline{a}^2 \end{bmatrix} \cdot \begin{bmatrix} \underline{U}_0 \\ 0 \\ 0 \end{bmatrix} = \begin{bmatrix} \underline{U}_0 \\ \underline{U}_0 \\ \underline{U}_0 \end{bmatrix} \qquad (1.26)$$

Zwischen den drei Wechselstromsystemen der Leiter RST existiert keine Phasenverschiebung. Das Nullsystem ist also ein Wechselstromsystem. **Bild 1.10** zeigt das Zeigerdiagramm der Spannungen des RST-Systems und der Spannung des Nullsystems.

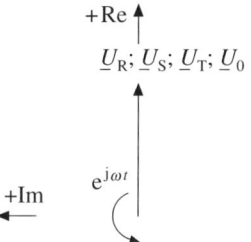

**Bild 1.10** Zeigerdiagramm der Spannungen des RST-Systems und des Nullsystems für fehlendes Mit- und Gegensystem

Für den Fall, daß nur ein Mitsystem existiert, gilt

$$\begin{bmatrix} \underline{U}_R \\ \underline{U}_S \\ \underline{U}_T \end{bmatrix} = \begin{bmatrix} 1 & 1 & 1 \\ 1 & \underline{a}^2 & \underline{a} \\ 1 & \underline{a} & \underline{a}^2 \end{bmatrix} \cdot \begin{bmatrix} 0 \\ \underline{U}_1 \\ 0 \end{bmatrix} = \begin{bmatrix} \underline{U}_1 \\ \underline{a}^2 \underline{U}_1 \\ \underline{a} \underline{U}_1 \end{bmatrix} \qquad (1.27)$$

Es ergibt sich ein Drehstromsystem mit positiv umlaufender Phasenfolge R, S, T, das Mitsystem. **Bild 1.11** zeigt das Zeigerdiagramm der Spannungen des RST-Systems und der Spannung des Mitsystems.

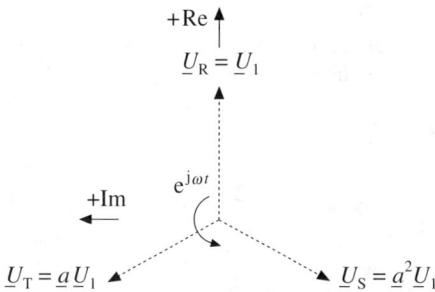

**Bild 1.11** Zeigerdiagramm der Spannungen des RST-Systems und des Mitsystems für fehlendes Null- und Gegensystem

Für den Fall, daß nur ein Gegensystem existiert, gilt

$$\begin{bmatrix} \underline{U}_R \\ \underline{U}_S \\ \underline{U}_T \end{bmatrix} = \begin{bmatrix} 1 & 1 & 1 \\ 1 & \underline{a}^2 & \underline{a} \\ 1 & \underline{a} & \underline{a}^2 \end{bmatrix} \cdot \begin{bmatrix} 0 \\ 0 \\ \underline{U}_2 \end{bmatrix} = \begin{bmatrix} \underline{U}_2 \\ \underline{a} \underline{U}_2 \\ \underline{a}^2 \underline{U}_2 \end{bmatrix} \qquad (1.28)$$

Es ergibt sich ein Drehstromsystem mit positiv gegenläufiger Phasenfolge R, T, S, das Gegensystem. **Bild 1.12** zeigt das Zeigerdiagramm der Spannungen des RST-Systems und der Spannung des Gegensystems.

Drehstromnetze werden im allgemeinen zyklisch symmetrisch gebaut und betrieben. Dies muß daher auch für die oberschwingungshaltigen Ströme gelten [1.3]. Stellt man den Strom $i_R(t)$ durch eine Fourier-Reihe nach Gl.(1.29a) dar,

$$i_R(t) = \sum_{h=1}^{\infty} \sqrt{2} I_h \sin(h\omega t + \varphi_{ih}), \qquad (1.29a)$$

erhält man, ausgehend von der allgemeinen Beziehung

```
        +Re ↑
        $\underline{U}_R = \underline{U}_2$


                   $e^{j\omega t}$
    +Im
    ←

$\underline{U}_S = \underline{a}\,\underline{U}_2$           $\underline{U}_T = \underline{a}^2\underline{U}_2$
```

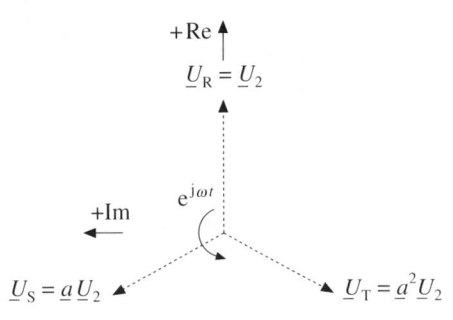

**Bild 1.12** Zeigerdiagramm der Spannungen des RST-Systems und des Gegensystems für fehlendes Null- und Mitsystem

$$i_S(t) = i_R(t - (T/3)), \qquad (1.30a)$$

$$i_T(t) = i_R(t + (T/3)), \qquad (1.30b)$$

die Ströme $i_S(t)$ und $i_T(t)$:

$$i_S(t) = \sum_{h=1}^{\infty} \sqrt{2}\, I_h \sin(h\omega t - h2\pi/3 + \varphi_{ih}) \qquad (1.29b)$$

$$i_S(t) = \sum_{h=1}^{\infty} \sqrt{2}\, I_h \sin(h\omega t + h2\pi/3 + \varphi_{ih}) \qquad (1.29c)$$

Damit wird der Phasenwinkel $\varphi = \pm h2\pi/3$ zwischen den Leitern R, S und T. Die Harmonischen bilden bei zyklischer Symmetrie der Drehstromgrößen mitläufige, gegenläufige und homopolare Komponenten gemäß ihrer Ordnung ($h = 0, 1, 2, 3...$) wie folgt:

$3h + 1$      Mitsystem

$3h + 2$      Gegensystem

$3h$      Nullsystem

In symmetrisch aufgebauten Drehstromnetzen fließen die Ströme des Nullsystems mit dem dreifachen Wert über den Neutralleiter und Erde. Im Fall fehlender Sternpunkterdung bildet sich für die entsprechende Frequenz eine Oberschwingungskomponente der Spannung des Sternpunkts gegen Erde aus.

### 1.4.4 Leistungsbetrachtungen

Der Augenblickswert der Leistung $p(t)$ in einem Wechselstromkreis berechnet sich zu

$$p(t) = u(t)\, i(t) \qquad (1.31)$$

mit den Augenblickswerten des Stroms $i(t)$ und der Spannung $u(t)$. Im allgemeinen weist dieses Produkt positive und negative Werte während einer Periode auf. Die mittlere Leistung nach Gl.(1.32) wird Wirkleistung genannt:

$$P = \frac{1}{T}\int_0^T u(t)\,i(t)\,dt \qquad (1.32)$$

Geht man von sinusförmigem Strom und sinusförmiger Spannung aus, d. h.

$$u(t) = \sqrt{2}\,U\cos(\omega t + \varphi_U), \qquad (1.33a)$$

$$i(t) = \sqrt{2}\,I\cos(\omega t + \varphi_I), \qquad (1.33b)$$

so gelten für die Augenblickswerte der Leistung als Produkt der Augenblickswerte der Spannung und des Stroms

$$p(t) = 2UI\cos(\omega t + \varphi_U)\cos(\omega t + \varphi_I) \qquad (1.34a)$$

$$p(t) = UI\cos\varphi + UI\cos(2\omega t + \varphi) \qquad (1.34b)$$

mit $\varphi = \varphi_U + \varphi_I$. Die Leistung $p(t)$ schwingt mit der doppelten Frequenz um den Mittelwert $UI\cos\varphi$. Dieser Mittelwert ist die Wirkleistung $P$. Das Produkt $UI$ bezeichnet man als Scheinleistung $S$.

Eliminiert man in Gl. (1.34) $\varphi_U$ oder $\varphi_I$, ergibt sich:

$$p(t) = UI\cos\varphi + UI\cos(2\omega t + 2\varphi_I) - UI\sin\varphi\sin(2\omega t + 2\varphi_I) \qquad (1.35a)$$

$$p(t) = UI\cos\varphi + UI\cos(2\omega t + 2\varphi_U) + UI\sin\varphi\sin(2\omega t + 2\varphi_U) \qquad (1.35b)$$

Die Größe $UI\sin\varphi$ bezeichnet man als Blindleistung $Q$. Sie schwingt ebenfalls mit der doppelten Frequenz, allerdings um den Mittelwert null. Die Blindleistung wird positiv, wenn der Winkel $\varphi$ zwischen 0° und +180° liegt, d. h., wenn die Spannung dem Strom voreilt.

Es gilt in jedem Fall

$$|Q| = \sqrt{S^2 - P^2} \qquad (1.36)$$

Der Quotient aus Wirkleistung $P$ und Scheinleistung $S$ wird Leistungsfaktor $\cos\varphi$ genannt.

Im Fall nichtsinusförmiger Ströme und Spannungen, beschrieben durch die Summen aus Grundschwingung und Oberschwingungen gemäß den Ergebnissen der Fourier-Analyse, ist zu beachten, daß Ströme und Spannungen nur Wirkleistung umsetzen können, wenn sie gleichfrequent sind, da das Integral nach Gl.(1.32) für Ströme und Spannungen ungleicher Frequenz keinen Beitrag liefert:

$$P = \frac{1}{T}\int_0^T u(t)\,i(t)\,dt \qquad (1.32)$$

Setzt man bei nichtsinusförmigen Strömen und Spannungen Gl. (1.37) an, d. h.

$$u(t) = \sum_{k=1}^{N} \sqrt{2} U_k \cos(k\omega_1 t + \varphi_{Uk}), \tag{1.37a}$$

$$i(t) = \sum_{l=1}^{N} \sqrt{2} I_l \cos(l\omega_1 t + \varphi_{Il}), \tag{1.37b}$$

so berechnet sich der Augenblickswert der Leistung zu

$$p(t) = \sum_{k=l=1}^{N} 2 U_k I_l \cos(\varphi_{Uk} - \varphi_{Il}) +$$
$$+ \sum_{k=1}^{N} \sum_{l=1}^{N} U_k I_l \cos((k+l)\omega_1 t + \varphi_{Uk} + \varphi_{Il}) +$$
$$+ \sum_{\substack{k=1 \\ k \neq l}}^{N} \sum_{l=1}^{N} U_k I_l \cos((k-l)\omega_1 t + \varphi_{Uk} - \varphi_{Il}) \tag{1.38}$$

Der erste Summand beschreibt die Wirkleistung, wobei der Anteil mit $k = l = 1$ die Grundschwingungswirkleistung darstellt. Die Summanden mit $k = l > 1$ geben die Oberschwingungswirkleistungen wieder. Der zweite Summand gibt die Blindleistung $Q$ und der dritte Summand die Verzerrungsleistung $D$ an. Der zeitliche Verlauf dieser Leistungen schwingt nichtsinusförmig um den Mittelwert null. Der Verlauf der Leistungen läßt sich auch in komplexer Darstellung als Zeiger wiedergeben. Der zeitliche Verlauf ist dann die Projektion des rotierenden Zeigers auf die reelle Achse gemäß Abschnitt 1.4.1. Zwischen den Leistungen gelten die Beziehungen

$$S^2 = P^2 + Q^2 + D^2, \tag{1.39}$$

die sich auch in einem Diagramm nach **Bild 1.13** darstellen lassen.

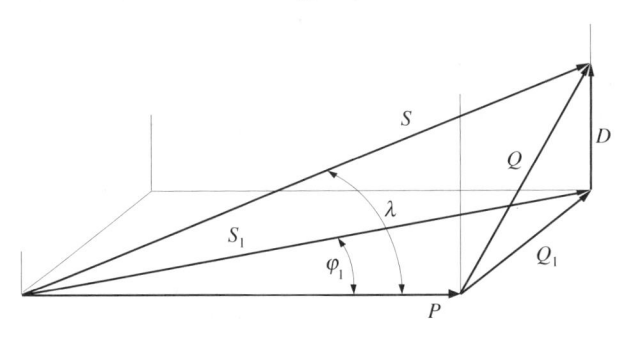

**Bild 1.13** Darstellung der Größen Schein-, Wirk-, Blind- und Verzerrungsleistung in einem rechtwinkligen Koordinatensystem

## 1.4.5 Reihen- und Parallelschwingkreis

Zur Analyse elektrischer Netzwerke, z. B. eines Netzes der elektrischen Energieversorgung, ist das Berechnen von Reihen- und Parallelschaltungen von Betriebsmitteln erforderlich.

Sind in diesem Netzwerk Kapazitäten, Induktivitäten und Resistanzen vorhanden, so stellt die entsprechende Schaltung einen Reihen- oder Parallelschwingkreis dar. Solche Anordnungen sind in Netzen der elektrischen Energieversorgung häufig anzutreffen und müssen im Hinblick auf ihr Verhalten bei höherfrequenten Anteilen in Strom und Spannung analysiert werden können.

Zunächst wird der Reihenschwingkreis nach **Bild 1.14** betrachtet [1.4].

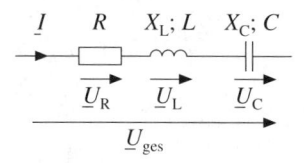

**Bild 1.14** Ersatzschaltbild eines Reihenschwingkreises

Die Impedanz des Reihenschwingkreises berechnet sich zu

$$\underline{Z} = R + j\omega L - j\frac{1}{\omega C} \qquad (1.40)$$

Resonanz ist gegeben, wenn der Imaginärteil der Impedanz $\underline{Z}$ zu null wird. Dies ist bei der Resonanzkreisfrequenz $\omega_{res}$ nach Gl. (1.41) der Fall:

$$\omega_{res} = \frac{1}{\sqrt{LC}} \qquad (1.41)$$

Bei Resonanzfrequenz ist die Impedanz des Reihenschwingkreises sehr klein und wird nur durch den Wert der Resistanz $R$ begrenzt. Für Frequenzen $\omega$ oberhalb der Resonanzfrequenz $\omega_{res}$ wird die Impedanz des Reihenschwingkreises induktiv, für Frequenzen $\omega$ unterhalb der Resonanzfrequenz $\omega_{res}$ ist die Impedanz kapazitiv. Bei Anlegen einer Spannung an den Schwingkreis steigt mit Annähern der Frequenz an die Resonanzfrequenz der Strom durch den Schwingkreis an.

Der Verlauf des Betrags der Impedanz des Schwingkreises ist in **Bild 1.15** dargestellt.

Das Verhältnis nach Gl. (1.42) bezeichnet man als Dämpfung $d$ des Reihenschwingkreises

$$d = R\sqrt{\frac{C}{L}} \qquad (1.42)$$

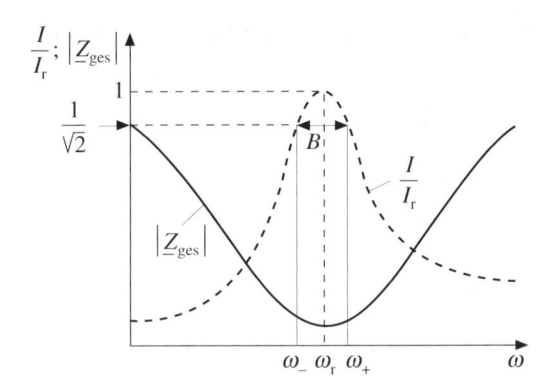

**Bild 1.15** Impedanzverlauf eines Reihenschwingkreises mit Frequenzangaben

Der Kehrwert der Dämpfung wird als Güte $Q$ bezeichnet. Eine weitere Größe zur Beschreibung eines Schwingkreises stellt die Bandbreite $B$ dar. Sie ist durch zwei Frequenzen ($\omega_+$ und $\omega_-$) oberhalb und unterhalb der Resonanzfrequenz $\omega_{res}$ definiert, bei denen der Betrag der Impedanz $\underline{Z}$ auf den $\sqrt{2}$-fachen Wert, bezogen auf den Impedanzwert bei Resonanzfrequenz, angestiegen ist (siehe auch **Bild 1.15**). Für die Bandbreite gilt

$$\omega_+ - \omega_- = R/L \tag{1.43}$$

Die Spannung an den einzelnen Komponenten des Reihenschwingkreises steigt mit Annäherung an die Resonanzfrequenz. Die Spannungen berechen sich dabei zu

$$U_L = \frac{j\omega L}{Z} U \tag{1.44a}$$

$$U_C = \frac{1}{j\omega C Z} U \tag{1.44b}$$

Durch Umformen und Bezug auf die anliegende Gesamtspannung $U$ erhält man

$$\frac{U_L}{U} = \frac{\omega/\omega_{res}}{\sqrt{d^2 + (\omega/\omega_{res} - \omega_{res}/\omega)^2}} \tag{1.45a}$$

$$\frac{U_C}{U} = \frac{\omega_{res}/\omega}{\sqrt{d^2 + (\omega/\omega_{res} - \omega_{res}/\omega)^2}} \tag{1.45b}$$

Der Betrag der Spannung $U_L$ an der Induktivität bzw. $U_C$ am Kondensator wird in Abhängigkeit von der Güte des Schwingkreises in der Nähe der Resonanzfrequenz u. U. wesentlich größer als der Betrag der Gesamtspannung $U$.

Beim Parallelschwingkreis nach **Bild 1.16** stellen sich die Verhältnisse ähnlich dar.

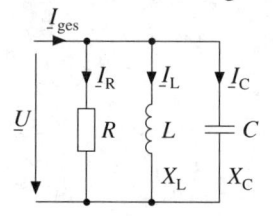

**Bild 1.16** Ersatzschaltbild eines Parallelschwingkreises

Die Admittanz des Parallelschwingkreises berechnet sich zu

$$\underline{Y} = \frac{1}{R} + j\omega C - j\frac{1}{\omega L} \tag{1.46}$$

Bei der Resonanzkreisfrequenz

$$\omega_{res} = \frac{1}{\sqrt{LC}} \tag{1.47}$$

wird der Imaginärteil der Admittanz $\underline{Y}$ zu null. Die Impedanz des Parallelschwingkreises wird bei Resonanzfrequenz sehr groß und ist nur durch den Wert der Resistanz $R$ begrenzt.

Für Frequenzen $\omega$ oberhalb der Resonanzfrequenz $\omega_{res}$ wird die Impedanz des Reihenschwingkreises induktiv, für Frequenzen $\omega$ unterhalb der Resonanzfrequenz $\omega_{res}$ ist die Impedanz kapazitiv. Fließt durch den Schwingkreis ein Strom, steigt mit Annäherung der Frequenz an die Resonanzfrequenz die Spannung am Schwingkreis an. Der Verlauf des Betrags der Impedanz des Parallelschwingkreises ist in **Bild 1.17** dargestellt.

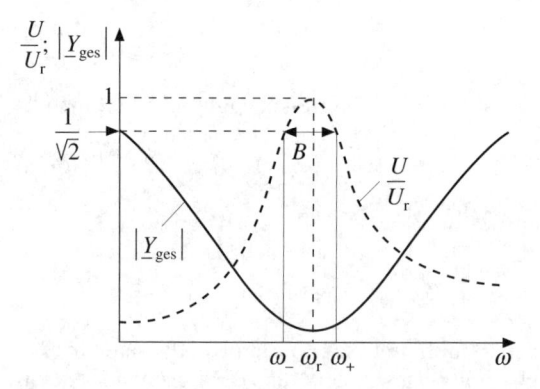

**Bild 1.17** Impedanzverlauf eines Parallelschwingkreises mit Frequenzangaben

Dämpfung $d$ und Güte $Q$ des Parallelschwingkreises werden ähnlich wie beim Reihenschwingkreis definiert:

$$d = \frac{1}{R}\sqrt{\frac{L}{C}} \qquad (1.48)$$

Die Bandbreite des Parallelschwingkreises wird durch die zwei Frequenzen $\omega_+$ und $\omega_-$ oberhalb und unterhalb der Resonanzfrequenz $\omega_{res}$ festgelegt, bei denen der Betrag der Admittanz $\underline{Y}$ auf den $\sqrt{2}$-fachen Wert, bezogen auf den Wert der Admittanz bei Resonanzfrequenz, angestiegen (siehe auch Bild 1.17), die Impedanz somit auf den $\sqrt{2}$-fachen Wert abgefallen ist. Die Bandbreite $B$ wird wie folgt berechnet:

$$\omega_+ - \omega_- = 1/RC \qquad (1.49)$$

Der Strom durch die einzelnen Komponenten des Parallelschwingkreises steigt mit Annähern an die Resonanzfrequenz an. Die Ströme berechnen sich dabei zu

$$I_L = \frac{1}{j\omega L Y} I \qquad (1.50a)$$

$$I_C = \frac{j\omega C}{Y} I \qquad (1.50b)$$

Durch Umformen und Bezug auf den Gesamtstrom $I$ erhält man

$$\frac{I_C}{I} = \frac{\omega/\omega_{res}}{\sqrt{d^2 + (\omega/\omega_{res} - \omega_{res}/\omega)^2}} \qquad (1.51a)$$

$$\frac{I_L}{I} = \frac{\omega_{res}/\omega}{\sqrt{d^2 + (\omega/\omega_{res} - \omega_{res}/\omega)^2}} \qquad (1.51b)$$

Der Betrag des Stroms $I_L$ durch die Induktivität bzw. von $I_C$ durch den Kondensator wird in Abhängigkeit von der Güte des Schwingkreises in der Nähe der Resonanzfrequenz u. U. wesentlich größer als der Betrag des Gesamtstroms $I$.

## 1.5 Netzbedingungen

### 1.5.1 Spannungsebenen und Impedanzen

Bei der Betrachtung von Netzrückwirkungen ist es erforderlich, die Impedanz des einspeisenden Netzes einzubeziehen, da z.B. ein nichtsinusförmiger Strom an der Impedanz der Einspeisung einen nichtsinusförmigen Spannungsfall hervorruft. Netzrückwirkungen treten dabei in allen Spannungsebenen der elektrischen Energieversorgung auf. Die Höhe des Störphänomens ist dabei abhängig vom Verhältnis der Netzimpedanzen untereinander.

Der grundsätzliche Aufbau der elektrischen Energieversorgung ist in **Bild 1.18** im Hinblick auf die Behandlung von Netzrückwirkungen vereinfacht dargestellt. Als Störphänomen werden hier Oberschwingungen betrachtet.

*(Schaltbild mit folgenden Angaben:)*

- Generator: 250 MVA ... 1300 MVA; 12 % ... 20 %
- 380 kV: $S_k'' = 50$ GVA; $I_h$
- $S_r = 630$ MVA ... 1000 MVA; $u_k = 10$ % ... 16 %
- 110 kV: $S_k'' = 2$ GVA ... 5 GVA; $I_{hHS}$
- $S_r = 12{,}5$ MVA ... 63 MVA; $u_k = 11$ % ... 20 %
- 10 kV: $S_r'' = 100$ MVA ... 500 MVA; $I_{hMS}$
- $S_r = 50$ kVA ... 630 kVA; $u_k = 4$ %
- $S_r = 630$ kVA ... 2500 kVA; $u_k = 6$ %
- 0,4 kV: $S_k'' = 2$ MVA ... 50 MVA; $I_{hNS}$

Spannungen: $U_{hHS}$, $U_{hMS}$, $U_{hNS}$

**Impedanzen (mit Leitungen)**

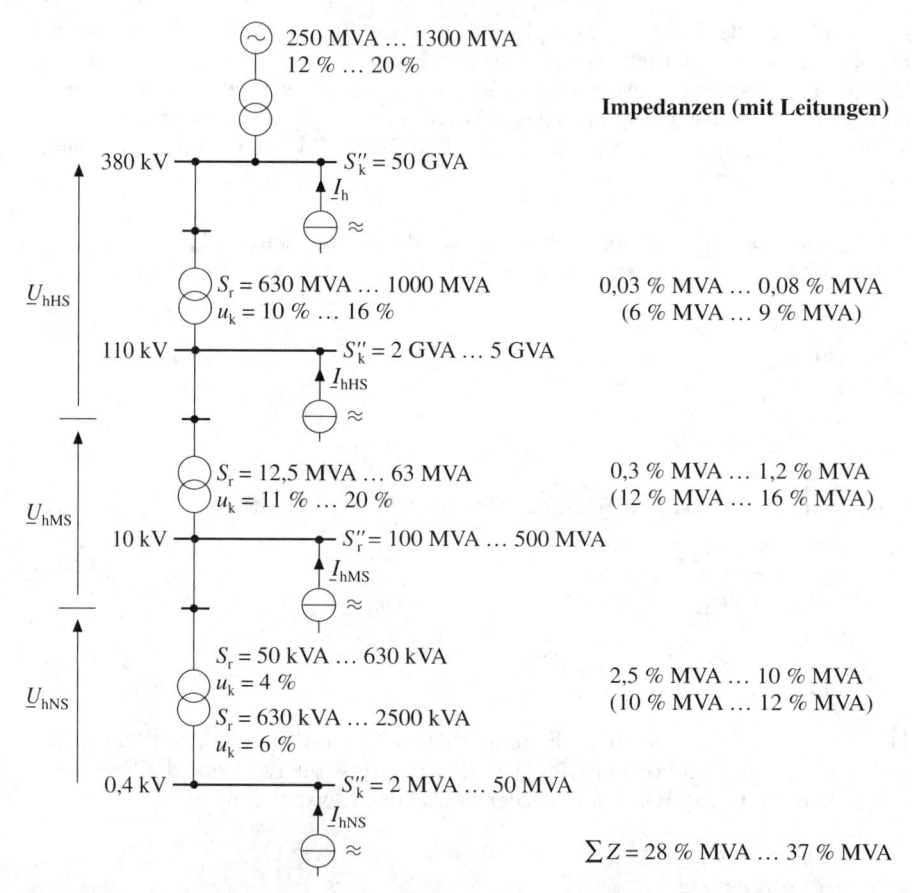

- 0,03 % MVA ... 0,08 % MVA (6 % MVA ... 9 % MVA)
- 0,3 % MVA ... 1,2 % MVA (12 % MVA ... 16 % MVA)
- 2,5 % MVA ... 10 % MVA (10 % MVA ... 12 % MVA)

$\sum Z = 28$ % MVA ... 37 % MVA

**Bild 1.18** Grundsätzliche Struktur der elektrischen Energieversorgung im Hinblick auf die Behandlung von Netzrückwirkungen am Beispiel von Oberschwingungen

Bei der Untersuchung von drei Netzebenen (380 kV und 110 kV als Hochspannungsnetz, 10 kV als Mittelspannungsnetz und 0,4 kV als Niederspannungsnetz) wird angenommen, daß Kraftwerke vorzugsweise in die 380-kV-Ebene einspeisen. Kraftwerkseinspeisungen in andere Netzebenen ändern an der grundsätzlichen Betrachtungsweise nichts.

Im 0,4-kV-Netz wird ein Oberschwingungserzeuger angenommen, der ein beliebiges Oberschwingungsspektrum $\underline{I}_{hNS}$ in das Netz einspeist. Diese Ströme rufen an der Impedanz des einspeisenden Transformators und an den vorgeschalteten Netzimpedanzen Spannungsfälle $\underline{U}_{hNS}$ hervor. Der 10/0,4-kV-Transformator ist über eine Leitung oder auch Leitungen an einen Netzknoten 10 kV angeschlossen. Hier können z. B. weitere Niederspannungsnetze über Leitungen und Transformatoren angeschlossen sein; industrielle Großverbraucher oder leistungsstarke Oberschwingungserzeuger sind hier ebenfalls möglich.

Es ist daher davon auszugehen, daß am 10-kV-Netzknoten Oberschwingungsströme $\underline{I}_{hMS}$ in das 10-kV-Netz eingespeist werden. Diese Ströme überlagern sich entsprechend ihrer Winkellage mit den aus dem 0,4-kV-Netz eingespeisten Strömen und führen an der Impedanz des einspeisenden 110/10-kV-Transformators und an den vorgeschalteten Impedanzen zu Spannungsfällen $\underline{U}_{hMS}$. Das wiederholt sich auf der 110-kV-Ebene.

Die Oberschwingungsströme überlagern sich also von der niederen zur hohen Spannungsebene, während sich die Spannungsfälle aus den höheren Netzebenen auch auf die untergeordneten Netzebenen auswirken – die Spannungsfälle addieren sich von der hohen zur niederen Spannungsebene.

Betrachtet man typische Werte der Betriebsmittel, wie in Bild 1.18 eingezeichnet, also die Bemessungswerte von Kurzschlußspannung und Scheinleistung der Transformatoren sowie die Impedanzen der Netzzuleitungen in den einzelnen Spannungsebenen, stellt man fest, daß die Anfangskurzschluß-Wechselstromleistungen der einzelnen Spannungsebenen jeweils um etwa eine Größenordnung kleiner werden, wie in Tabelle 1.1 angegeben.

| $U_n$ in kV | $S''_k$ in GVA |
|---|---|
| HS: 380 | 50 |
| HS: 110 | 2...5 |
| MS: 10 | 0,1...0,5 |
| NS: 0,4 | 0,02...0,05 |

**Tabelle 1.1** Angaben typischer Anfangskurzschluß-Wechselstromleistungen in Netzen

Die Impedanzverhältnisse der drei Netzebenen betragen dann:

$z_{HS} : z_{MS} : z_{NS} = 6...9 \%/\text{MVA} : 12...16 \%/\text{MVA} : 10...12 \%/\text{MVA}$

### 1.5.2 Merkmale der Spannung in Netzen

Erste Ansätze zum Festschreiben der Parameter der Spannung datieren aus dem Jahr 1989 durch UNIPEDE, die den Istzustand in Nieder- und Mittelspannungsnetzen beschrieb. Auf Grundlage dieses Dokuments wurde von CENELEC 1993 eine Europanorm EN 50160 verabschiedet, die die Merkmale von Spannung und Frequenz in öffentlichen Versorgungsnetzen beschreibt. Diese Norm ist seit Oktober 1995 in Kraft und hat den Status einer Deutschen Norm.

Sie enthält eine Beschreibung der wesentlichen Merkmale der Spannung in öffentlichen Versorgungsnetzen am Kundenanschlußpunkt. Hochspannungsnetze werden nicht betrachtet. Die Merkmale der Spannung sind als Werte der elektromagnetischen Verträglichkeit oder als leitungsgebundene Störaussendungsgrenzwerte nicht vorgesehen. EN 50160 stellt darüber hinaus keine elektrotechnische Sicherheitsbestimmung dar und erhält daher keine VDE-Klassifikationsnummer.
Die Merkmale der Versorgungsspannung sind nachstehend für Niederspannungsnetze erläutert.

- Frequenz im Verbundnetz
  10-Sekunden-Mittelwert der Grundfrequenz
  50 Hz ± 1 % während 95 % einer Woche
  50 Hz +4 %/−6 % während 100 % einer Woche
- Höhe der Spannung
  NS-Dreileiter-Drehstromnetze
  $U_n$ = 230 V zwischen Außenleitern
  NS-Vierleiter-Drehstromnetze
  $U_n$ = 230 V zwischen Außenleiter und Neutralleiter
  (bis zum Jahr 2003 kann das Spannungsband gemäß HD 472 S1 hiervon abweichen)
- langsame Spannungsänderungen
  95 % der 10-Minuten-Mittelwerte der Netzspannung
  $U = U_n \pm 10\,\%$
  (bis zum Jahr 2003 kann das Spannungsband gemäß HD 472 S1 hiervon abweichen)
- schnelle Spannungsänderungen
  $\Delta u \leq 5\,\%$ (bis zu 10 % kurzzeitig mehrmals am Tag)
  Spannungsänderung >10 % ist als Spannungseinbruch definiert
- Flickerstärke
  $P_{lt} \leq 1$ für 95 % der Woche
- Spannungseinbrüche
  $\Delta u \leq 40\,\%$; $t < 1$ s
  n = 10 bis 1000 pro Jahr, vereinzelt auch größere Dauer, Einbruchstiefe und Häufigkeit
- Kurzzeitunterbrechungen
  $n$ = 10 bis 500 pro Jahr
  $t < 1$ s für 70 % aller Unterbrechungen
  Auslegung von Schutzeinrichtungen bis zu 3 min
- Langzeitunterbrechungen
  $n$ = 10 bis 50 pro Jahr
  $t > 3$ min

- zeitweilige (netzfrequente) Überspannungen
  $U_{max}$ = 1,5 kV zwischen Außenleiter und Erde bei Kurzschlüssen auf der OS-Seite eines Transformators
- transiente Überspannungen
  $U_{max}$ < 6 kV
  Anstiegzeiten im Mikrosekundenbereich; maßgeblich für die Wirkung ist der Energieinhalt der Überspannung
- Spannungsunsymmetrie
  95 % der 10-Minuten-Effektivwerte einer Woche
  $U_{gegen} \leq 0{,}02\, U_{mit}$
  Ausnahme bei vielen Wechselstromverbrauchern
  $U_{gegen} \leq 0{,}03\, U_{mit}$
- Oberschwingungsspannungen
  95 % der 10-Minuten-Mittelwerte von angegebenen Tabellenwerten; Gesamtoberschwingungsgehalt *THD* bis *h* = 40: *THD* ≤ 8 %
- Zwischenharmonische
  Keine Angaben

Anzumerken ist, daß die in EN 50160 tabellierten Werte der Oberschwingungen denen von VDE 0839 Teil 2-2 entsprechen, jedoch nur bis zur Ordnung *h* = 25 angegeben sind.

Die Merkmale der Versorgungsspannung ändern sich normalerweise in den angegebenen Grenzen. Es bleibt jedoch eine bestimmte Wahrscheinlichkeit, daß Merkmale außerhalb der angegebenen Grenzen vorkommen können. Es darf deshalb aus EN 50160 nicht gefolgert werden, daß die angegebenen Werte und Häufigkeiten nicht bei einzelnen Kunden oder in bestimmten Netzteilen überschritten werden können. Im informativen Anhang der EN 50160 ist zu lesen:

*„Diese Norm legt für die Phänomene, für die das möglich ist, die üblicherweise zu erwartenden Wertebereiche fest, in denen sich die Merkmale der Versorgungsspannung ändern. Für die übrigen Merkmale liefert die Norm bestmögliche Anhaltswerte, mit denen in Netzen zu rechnen ist.*

*...*

*Obwohl diese Norm offensichtlich Bezüge zu den Verträglichkeitspegeln hat, ist es wichtig, ausdrücklich darauf hinzuweisen, daß diese Norm sich auf die elektrische Energie im Sinne von Merkmalen der Versorgungsspannung bezieht. Sie ist keine Norm für Verträglichkeitspegel."*

## 1.5.3 Impedanzen von Betriebsmitteln

Die Berechnung der Kennwerte der Betriebsmittel der elektrischen Energieversorgungsnetze ist notwendig, um z. B. das Verhalten des Versorgungssystems bei Normalbetrieb (50-Hz-Lastflußrechnungen), im gestörten Betriebszustand (Kurzschlußstromberechnungen) und für höherfrequente Vorgänge (Oberschwingungen) zu untersuchen. In diesem Zusammenhang interessieren die Betriebsmittel Generator, Transformator, Leitungen, Motoren und Kondensatoren. Nachbildungen der Verbraucher sind nur für besondere Anwendungen notwendig. Dabei wird eine Möglichkeit der Berechnung der Betriebsmittelkenndaten aus Typenschilddaten oder aus tabellierten Daten angestrebt. Zur Berechnung stehen verschiedene Einheitensysteme zur Auswahl.

**– Physikalische Größen**

Zum Beschreiben der stationären Zustände der Betriebsmittel und des Netzes benötigt man vier Einheiten, nämlich die Spannung $U$, den Strom $I$, die Impedanz $Z$ und die Leistung $S$ mit den Einheiten Volt, Ampere, Ohm und Watt, die durch das Ohmsche Gesetz und die Leistungsgleichung miteinander verknüpft sind.

Versteht man unter einer physikalischen Größe meßbare Eigenschaften physikalischer Objekte, Vorgänge, Zustände, von denen sinnvoll Summen und Differenzen gebildet werden können, so gilt:

Größe = Zahlenwert · Einheit

**– Relative Größen**

Demgegenüber ist die Einheit einer relativen Größe definitionsgemäß gleich eins, also

Relative Größe = Größe / Bezugsgröße

Da die zu Netzberechnungen benötigten vier Größen Spannung, Strom, Impedanz und Leistung miteinander verknüpft sind, braucht man zur Festlegung eines relativen Einheitensystems zwei Bezugsgrößen. Meist werden dafür Spannung und Leistung gewählt. Man erhält so das insbesondere im englischen Sprachraum weitverbreitete Per-unit-System.

**– Semirelative Größen**

Im semirelativen Einheitensystem wird nur eine Größe als Bezugsgröße frei gewählt. Wählt man hierfür die Spannung $U_B$, so erhält man das %/MVA-System, das sich für Netzberechnungen hervorragend eignet, da sich die Kennwerte der Betriebsmittel sehr leicht berechnen lassen. **Tabelle 1.2** gibt die Definitionen in den verschiedenen Einheiten. Zwischen den Systemen wird mit den Angaben in **Tabelle 1.3** umgerechnet.

Die Impedanzen bzw. Reaktanzen für elektrische Betriebsmittel werden aus den Daten des Leistungsschilds bzw. aus den geometrischen Abmessungen ermittelt. Allgemein ist zu beachten, daß die Reaktanzen, Resistanzen bzw. Impedanzen berechnet werden mit Bezug auf die Nennscheinleistungen oder die Nominalspannung des Netzes, in dem sich das Betriebsmittel befindet. Für den Fall, daß die

| Ohm-System<br>physikalische Einheiten | %/MVA-System<br>semirelative Einheiten | Per-unit-System<br>relative Einheiten |
|---|---|---|
| keine Bezugsgröße | eine Bezugsgröße | zwei Bezugsgrößen |
| Spannung $U$ | $u = \dfrac{U}{U_B} = \dfrac{\{U\}}{\{U_B\}} \cdot 100\,\%$ | $^*u = \dfrac{U}{U_B} = \dfrac{\{U\}}{\{U_B\}} \cdot 1$ |
| Strom $I$ | $i = I \cdot U_B = \{I\} \cdot \{U_B\} \cdot \text{MVA}$ | $^*i = \dfrac{I \cdot U_B}{S_B} = \dfrac{\{I\} \cdot \{U_B\}}{\{S_B\}} \cdot 1$ |
| Impedanz $Z$ | $z = \dfrac{Z}{U_B^2} = \{Z\}\dfrac{100}{\{U_B^2\}} \cdot \dfrac{\%}{\text{MVA}}$ | $^*z = \dfrac{Z \cdot S_B}{U_B^2} = \{Z\}\dfrac{\{S_B\}}{\{U_B^2\}} \cdot 1$ |
| Leistung $S$ | $s = S = \{S\} \cdot 100\,\% \cdot \text{MVA}$ | $^*s = \dfrac{S}{S_B} = \dfrac{\{S\}}{\{S_B\}} \cdot 1$ |

**Tabelle 1.2** Definitionen der Größen in physikalischen, relativen und semirelativen Einheiten

| %/MVA-System → Ohm-System | Ohm-System → %/MVA-System |
|---|---|
| $\dfrac{U}{\text{kV}} = \dfrac{u}{\%} \cdot \dfrac{1}{100} \cdot \dfrac{U_B}{\text{kV}}$ | $\dfrac{u}{\%} = \dfrac{U}{\text{kV}} \cdot 100 \cdot \dfrac{1}{U_B/\text{kV}}$ |
| $\dfrac{I''_k}{\text{kA}} = \dfrac{i''_k}{\text{MVA}} \cdot \dfrac{1}{U_B/\text{kV}}$ | $\dfrac{i''_k}{\text{MVA}} = \dfrac{I''_k}{\text{kA}} \cdot \dfrac{U_B}{\text{kV}}$ |
| $\dfrac{Z}{\Omega} = \dfrac{z}{\%/\text{MVA}} \cdot \dfrac{1}{100} \cdot \left(\dfrac{U_B}{\text{kV}}\right)^2$ | $\dfrac{z}{\%/\text{MVA}} = \dfrac{Z}{\Omega} \cdot 100 \cdot \dfrac{1}{(U_B/\text{kV})^2}$ |
| $\dfrac{S''_k}{\text{MVA}} = \dfrac{s''_k}{\% \cdot \text{MVA}} \cdot \dfrac{1}{100}$ | $\dfrac{s''_k}{\% \cdot \text{MVA}} = \dfrac{S''_k}{\text{MVA}} \cdot 100$ |

**Tabelle 1.3** Umrechnung von Größen zwischen %/MVA-System und Ohm-System

Transformator-Bemessungsübersetzungsverhältnisse mit den Netznennspannungen nicht übereinstimmen, müssen Korrekturfaktoren berücksichtigt werden [1.2].
**Tabelle 1.4** gibt einen Überblick zur Berechnung der Impedanzen elektrischer Betriebsmittel in $\Omega$, **Tabelle 1.5** für die Berechnung in %/MVA. Man erkennt aus dem Vergleich der beiden Tabellen den großen Vorteil des %/MVA-Systems, da die Impedanzen unmittelbar aus den Betriebsmittelkenndaten (Leistungsschilddaten) berechnet werden können und der Rechenaufwand im Vergleich zum $\Omega$-System geringer ist.
Zum Berechnen verwendet man Einheiten-, Zahlenwert- und Größengleichungen. Einheitengleichungen werden dabei z.B. zwischen verschiedenen Systemen benutzt, um die Einheiten umzurechnen, z.B. Gl. (1.52) zum Umrechnen von Impedanzen aus dem %/MVA-System in das Ohm-System:

$$1\,\Omega = 100/U_B^2 \cdot (\%/\text{MVA}) \tag{1.52}$$

| Betriebsmittel | Impedanz im Mitsystem | Erläuterungen |
|---|---|---|
| Synchronmaschine (Generator, Motor, Phasenschieber) ⓖ 3~ | $X_G = (x''_d \cdot U_{rG}^2)/(100\% \cdot S_{rG})$ | $x''_d$ gesättigte subtransiente Reaktanz in % <br> $S_{rG}$ Bemessungsscheinleistung |
| | $R_{sG} = 0{,}05 \cdot X_G$: $S_{rG} \geq 100$ MVA <br> $R_{sG} = 0{,}07 \cdot X_G$: $S_{rG} < 100$ MVA | zum Berechnen von $i_p$ <br> bei Hochspannungsmotoren |
| | $R_{sG} = 0{,}12 \cdot X_G$ | zum Berechnen von $i_p$ <br> bei Niederspannungsmotoren |
| Transformator | $Z_T = (u_{kr} \cdot U_{rT}^2)/(100\% \cdot S_{rT})$ | $U_{rT}$ Bemessungsspannung OS- oder US-Seite <br> $S_{rT}$ Bemessungsscheinleistung <br> $u_{kr}$ Kurzschlußspannung in % |
| | $R_T = (u_{Rr} \cdot U_{rT}^2)/(100\% \cdot S_{rT})$ | |
| | $X_T = \sqrt{Z_T^2 - R_T^2}$ | Für HS-Transformatoren gilt i. a.: <br> $X_T \approx Z_T = (u_{kr} \cdot U_{rT}^2)/((100\%) \cdot S_{rT})$ |
| Asynchronmotor Ⓜ | $X_M = (I_{rM}/I_a) \cdot (U_{rM}^2/S_{rM})$ | $S_{rM}$ Bemessungsscheinleistung <br> $S_{rM} = P_{rM}/(\eta \cdot \cos\varphi)$ <br> $I_a$ Motor-Anzugsstrom <br> $I_{rM}$ Motor-Bemessungsstrom |
| | $R_M = 0{,}1 \cdot X_M$: $P_{rMp} \geq 1$ MW <br> $R_M = 0{,}15 \cdot X_M$: $P_{rMp} < 1$ MW | $P_{rMp}$ Bemessungsleistung <br> HS-Motoren |
| | $R_M = 0{,}42 \cdot X_M$ | NS-Motoren inkl. Anschlußkabel |
| Strombegrenzungs-drosselspule | $X_D = (u_r \cdot U_{rD}^2)/(100\% \cdot S_{rD})$ | $S_{rD}$ Durchgangsscheinleistung <br> $S_{rD} = \sqrt{3} \cdot U_{rD} \cdot I_{rD}$ <br> $I_{rD}$ Bemessungsstrom <br> $U_{rD}$ Bemessungsspannung <br> $u_r$ Bemessungsspannungsfall |
| Impedanz der Netz-einspeisung Q | $Z_Q = (1{,}1 \cdot U_{nQ}^2)/S''_{kQ}$ <br> $X_Q = 0{,}995 Z_Q$ | $S''_{kQ}$ Anfangskurzschlußwechselstrom-leistung am Netzanschlußpunkt Q <br> $U_{nQ}$ Netznominalspannung |
| | $R_Q = 0{,}1 X_Q$ | falls genaue Werte nicht bekannt |
| Freileitung oder Kabel | $X_L = X'_L \cdot l$ <br> $R_L = R'_L \cdot l$ | $X'_L, R'_L$ in $\Omega$/km im Stromkreis |
| Paralleldrosselspule <br> Parallelkondensator | $X_D = U_r^2/S_{rD}$ <br> $X_C = U_r^2/S_{rC}$ | $S_{rD}; S_{rC}$ Bemessungsscheinleistung (dreiphasig) <br> $U_r$ Bemessungsspannung |

**Tabelle 1.4** Berechnen der Impedanzen elektrischer Betriebsmittel in $\Omega$

| Betriebsmittel | Impedanz im Mitsystem | Erläuterungen | |
|---|---|---|---|
| Synchronmaschine (Generator, Motor, Phasenschieber) $\begin{pmatrix} G \\ 3\sim \end{pmatrix}$ ―///― | $x_G = x''_d / S_{rG}$ | $x''_d$ | gesättigte subtransiente Reaktanz in % |
| | | $S_{rG}$ | Bemessungsscheinleistung in MVA |
| | $r_{sG} = 0{,}05 \cdot X_G$: $S_{rG} \geq 100$ MVA $r_{sG} = 0{,}07 \cdot X_G$: $S_{rG} < 100$ MVA | zum Berechnen von $i_p$ bei Hochspannungsmotoren | |
| | $r_{sG} = 0{,}12 \cdot X_G$ | zum Berechnen von $i_p$ bei Niederspannungsmotoren | |
| Transformator ―///―◯◯―///― | $z_T = u_{kr}/S_{rT}$ | $U_{rT}$ | Bemessungsspannung OS- oder US-Seite |
| | | $S_{rT}$ | Bemessungsscheinleistung in MVA |
| | | $u_{kr}$ | Kurzschlußspannung in % |
| | $r_T = u_{Rr}/S_{rT}$ | | |
| | $x_T = \sqrt{z_T^2 - r_T^2}$ | Für HS-Transformatoren gilt i. a.: $X_T \approx Z_T = u_{kr}/S_{rT}$ | |
| Asynchronmotor $\mathrm{M}$ ―///― | $x_M = (I_{rM}/I_a) \cdot ((100\%)/S_{rM})$ | $S_{rM}$ | Bemessungsscheinleistung in MVA $S_{rM} = P_{rM}/(\eta \cdot \cos\varphi)$ |
| | | $I_a$ | Motor-Anzugsstrom |
| | | $I_{rM}$ | Motor-Bemessungsstrom |
| | $r_M = 0{,}1 \cdot x_M$: $P_{rMp} \geq 1$ MW $r_M = 0{,}15 \cdot x_M$: $P_{rMp} < 1$ MW | $P_{rMp}$ | Bemessungsleistung HS-Motoren |
| | $r_M = 0{,}42 \cdot x_M$ | NS-Motoren inkl. Anschlußkabel | |
| Strombegrenzungs- drosselspule | $x_D = u_r/S_{rD}$ | $S_{rD}$ | Durchgangsscheinleistung in MVA $S_{rD} = \sqrt{3} \cdot U_{rD} \cdot I_{rD}$ |
| | | $I_{rD}$ | Bemessungsstrom |
| | | $U_{rD}$ | Bemessungsspannung |
| | | $u_r$ | Bemessungsspannungsfall |
| Impedanz der Netz- einspeisung | $z_Q = 110\%/S''_{kQ}$ $x_Q = 0{,}995 Z_Q$ | $S''_{kQ}$ | Anfangskurzschlußwechselstromlei- stung am Netzanschlußpunkt Q in MVA |
| | | $U_{nQ}$ | Netznominalspannung |
| | $r_Q = 0{,}1 x_Q$ | falls genaue Werte nicht bekannt | |
| Freileitung oder Kabel ―▭∼―///― | $x_L = (X'_L \cdot l \cdot 100\%)/U_n^2$ $r_L = (R'_L \cdot l \cdot 100\%)/U_n^2$ | $X'_L, R'_L$ | in $\Omega$/km im Stromkreis |
| | | $U_n$ | Nominalspannung des Netzes, in dem sich die Leitung befindet |
| Paralleldrosselspule Parallelkondensator | $x_D = 100\%/S_{rD}$ $x_C = 100\%/S_{rC}$ | $S_{rD}; S_{rC}$ | Bemessungsscheinleistung (dreiphasig) in MVA |
| | | $U_r$ | Bemessungsspannung |

**Tabelle 1.5** Berechnen der Impedanzen elektrischer Betriebsmittel in %/MVA

Zahlenwertgleichungen werden zum raschen Berechnen von Größen benutzt, wobei die jeweiligen Ausgangsgrößen nur in den definierten Einheiten eingesetzt werden dürfen. Gl. (1.53) gibt als Beispiel die Berechnung des Anfangskurzschlußwechselstroms mit einer Zahlenwertgleichung an,

$$I''_{k3} = 110/(\sqrt{3} \cdot z_1)/U_n, \quad (1.53)$$

wobei durch Einsetzen der Kurzschlußimpedanz $z_1$ in %/MVA und der Nennspannung $U_n$ in kV der Anfangskurzschlußwechselstrom $I''_{k3}$ in kA berechnet wird.

Größengleichungen sind die universell zu verwendenden Gleichungen, bei denen die Größen als solche, d. h. mit Zahlenwert und Einheit wie in Gl. (1.54) für die Berechnung der Scheinleistung angegeben, einzusetzen sind:

$$\underline{S} = \underline{U} \cdot \underline{I}^* \quad (1.54)$$

Als Ergebnis erhält man eine Größe, also einen Zahlenwert mit Einheit.

### 1.5.4 Kenndaten typischer Betriebsmittel

Zur Untersuchung von Phänomenen der Netzrückwirkungen ist es oftmals erforderlich, überschlägige Berechnungen der Impedanzen von Betriebsmitteln durchzuführen. Da die Thematik der Netzrückwirkungen vor allem in Mittel- und Niederspannungsnetzen von Interesse ist, sind in den nachstehenden Tabellen die Kenndaten typischer Betriebsmittel wie Transformatoren, Freileitungen und Kabel aus den angesprochenen Spannungsebenen aufgeführt. Maßgeblich sind jedoch in jedem Fall die Kenndaten der eingesetzten Betriebsmittel, die Typenschildern, Datenblättern oder Prüfprotokollen zu entnehmen sind. Weitere Anhaltswerte für Betriebsmitteldaten finden sich z. B. in [1.4, 1.5].

| Mastbild | Leiter | $U_n$ | Resistanz | Reaktanz | Kapazität |
|---|---|---|---|---|---|
|  |  | kV | Ω/km | Ω/km | nF/km |
|  | 50 Al | 10...20 | 0,579 | 0,355 | 8...9 |
|  | 50 Cu | 10...20 | 0,365 | 0,355 | 8...9 |
|  | 50 Cu | 10...20 | 0,365 | 0,423 | 8...9 |
|  | 70 Cu | 10...30 | 0,217 | 0,417 | 8...9 |
|  | 70 Al | 10...20 | 0,439 | 0,345 | 8...9 |
|  | 95 Al | 20...30 | 0,378 | 0,368 | 8...9 |
|  | 150/25 | 110 | 0,192 | 0,398 | 9 |

**Tabelle 1.6** Kenndaten von Freileitungen, Werte pro km
Darstellung der Mastanordnung ohne Erdseil

| $U_{rOS}/U_{rUS}$ | Sr | $u_{kr}$ | $u_{Rr}$ |
|---|---|---|---|
| | MVA | % | % |
| MS/NS | 0,05...0,63 | 4 | 1...2 |
| | 0,63...2,5 | 6 | 1...1,5 |
| MS/MS | 2,5...25 | 6...9 | 0,7...1 |
| HS/MS | 25...63 | 10...16 | 0,6...0,8 |

**Tabelle 1.7** Kennwerte für Transformatoren
NS: $U_n < 1$ kV
MS: $U_n = 1$ kV ...66 kV
HS: $U_n > 66$ kV

| Leiter | Resistanzbelag in $\Omega$/km | |
|---|---|---|
| mm² | Al | Cu |
| 50 | 0,641 | 0,387 |
| 70 | 0,443 | 0,268 |
| 95 | 0,320 | 0,193 |
| 120 | 0,253 | 0,153 |
| 150 | 0,206 | 0,124 |
| 185 | 0,164 | 0,0991 |
| 240 | 0,125 | 0,0754 |
| 300 | 0,1 | 0,0601 |

**Tabelle 1.8** Kennwerte für Kabel: Resistanzbeläge des Mitsystems bei 20 °C in $\Omega$/km

| Leiter | Reaktanzbelag in $\Omega$/km | | | | | |
|---|---|---|---|---|---|---|
| mm² | A | | | B | | C |
| | 1 kV | 6 kV | 10 kV | 10 kV | 20 kV | 20 kV |
| 50 | 0,088 | 0,1 | 0,1 | 0,11 | 0,13 | 0,14 |
| 70 | 0,085 | 0,1 | 0,1 | 0,1 | 0,12 | 0,13 |
| 95 | 0,085 | 0,093 | 0,1 | 0,1 | 0,11 | 0,12 |
| 120 | 0,085 | 0,091 | 0,1 | 0,097 | 0,11 | 0,12 |
| 150 | 0,082 | 0,088 | 0,092 | 0,094 | 0,1 | 0,11 |
| 185 | 0,082 | 0,087 | 0,09 | 0,091 | 0,1 | 0,11 |
| 240 | 0,082 | 0,085 | 0,089 | 0,088 | 0,097 | 0,1 |
| 300 | 0,082 | 0,083 | 0,086 | 0,085 | 0,094 | 0,1 |

**Tabelle 1.9** Kennwerte für papierisolierte Kabel: Reaktanzbeläge des Mitsystems in $\Omega$/km
A) Kabel mit Stahlbandbewehrung
B) Dreimantelkabel
C) einadrige Kabel (Dreiecksverlegung)

| Leiter | Reaktanzbelag in Ω/km | | | | | |
|---|---|---|---|---|---|---|
| mm² | D | | | E | | |
| | 1 kV | 6 kV | 10 kV | 1 kV | 6 kV | 10 kV |
| 50 | 0,095 | 0,127 | 0,113 | 0,078 | 0,097 | 0,114 |
| 70 | 0,09 | 0,117 | 0,107 | 0,075 | 0,092 | 0,107 |
| 95 | 0,088 | 0,112 | 0,104 | 0,075 | 0,088 | 0,103 |
| 120 | 0,085 | 0,107 | 0,1 | 0,073 | 0,085 | 0,099 |
| 150 | 0,084 | 0,105 | 0,097 | 0,073 | 0,083 | 0,096 |
| 185 | 0,084 | 0,102 | 0,094 | 0,073 | 0,081 | 0,093 |
| 240 | 0,082 | 0,097 | 0,093 | 0,072 | 0,078 | 0,089 |
| 300 | 0,081 | 0,096 | 0,091 | 0,072 | 0,077 | 0,087 |

**Tabelle 1.10** Kennwerte für Kabel: Reaktanzbeläge des Mitsystems in Ω/km;
bei Stahlbandbewehrung sind die Reaktanzwerte um 10% zu erhöhen
D) PVC-isolierte Kabel mehradrig
E) PVC-isolierte Kabel einadrig (Dreiecksverlegung)

| Leiter | Reaktanzbelag in Ω/km | | | |
|---|---|---|---|---|
| mm² | F | | G | |
| | 1 kV | 10 kV | 1 kV | 10 kV |
| 50 | 0,072 | 0,11 | 0,088 | 0,127 |
| 70 | 0,072 | 0,103 | 0,085 | 0,119 |
| 95 | 0,069 | 0,099 | 0,082 | 0,114 |
| 120 | 0,069 | 0,095 | 0,082 | 0,109 |
| 150 | 0,069 | 0,092 | 0,082 | 0,106 |
| 185 | 0,069 | 0,09 | 0,082 | 0,102 |
| 240 | 0,069 | 0,087 | 0,079 | 0,098 |
| 300 | | 0,084 | | 0,095 |

**Tabelle 1.11** Kennwerte für Kabel: Reaktanzbeläge des Mitsystems in Ω/km;
bei Stahlbandbewehrung sind die Reaktanzwerte um 10% zu erhöhen
F) VPE-isolierte Kabel mehradrig
G) VPE-isolierte Kabel einadrig (Dreiecksverlegung)

| Leiter | Kapazitätsbelag in µF/km | | | | |
|---|---|---|---|---|---|
| mm² | A | | | B | |
|  | 1 kV | 6 kV | 10 kV | 10 kV | 20 kV |
| 50 | 0,68 | 0,38 | 0,33 | 0,45 | 0,29 |
| 70 | 0,76 | 0,42 | 0,37 | 0,52 | 0,33 |
| 95 | 0,84 | 0,49 | 0,42 | 0,59 | 0,37 |
| 120 | 0,92 | 9,53 | 0,46 | 0,62 | 0,4 |
| 150 | 0,95 | 0,6 | 0,51 | 0,69 | 0,43 |
| 185 | 1,0 | 0,65 | 0,55 | 0,78 | 0,47 |
| 240 | 1,03 | 0,74 | 0,61 | 0,89 | 0,53 |
| 300 | 1,1 | 0,82 | 0,71 | 0,96 | 0,58 |

**Tabelle 1.12** Kennwerte für papierisolierte Kabel: Kapazitätsbeläge des Mitsystems in µF/km
A) Gürtelkabel
B) Einadrige Kabel und Dreimantelkabel

| Leiter | Kapazitätsbelag in µF/km | | | | |
|---|---|---|---|---|---|
| mm² | C | | | D | |
|  | 1 kV | 6 kV | 10 kV | 10 kV | 20 kV |
| 50 | k. A. | 0,32 | 0,43 | 0,24 | 0,17 |
| 70 | k. A. | 0,35 | 0,48 | 0,28 | 0,19 |
| 95 | k. A. | 0,38 | 0,53 | 0,31 | 0,21 |
| 120 | k. A. | 0,43 | 0,58 | 0,33 | 0,23 |
| 150 | k. A. | 0,45 | 0,63 | 0,36 | 0,25 |
| 185 | k. A. | 0,5 | 0,7 | 0,39 | 0,27 |
| 240 | k. A. | 0,55 | 0,83 | 0,44 | 0,3 |
| 300 | k. A. | 0,6 | 0,92 | 0,48 | 0,32 |

**Tabelle 1.13** Kennwerte für Kabel: Kapazitätsbeläge des Mitsystems in µF/km
C) PVC-isolierte Kabel
D) VPE-isolierte Kabel

## 1.6 Rechenbeispiele

### 1.6.1 Grafische Ermittlung der symmetrischen Komponenten

Für die in **Bild 1.19** dargestellten Zeiger der Spannungen $\underline{U}_R, \underline{U}_S$ und $\underline{U}_T$ konstruiere man die zugehörigen Spannungen der symmetrischen Komponenten (012-System).

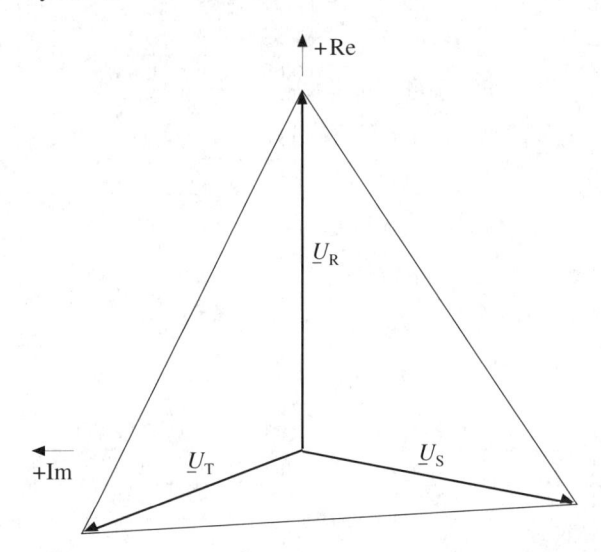

**Bild 1.19** Spannungszeigerdiagramm im RST-System

**Bild 1.20** zeigt die Lösung. Daraus geht hervor, daß die Spannung des Gegensystems $\underline{U}_2 = 0$ ist; die Spannungen des Mit- und Gegensystems sind $\underline{U}_1 \neq 0$ und $\underline{U}_0 \neq 0$. Dies ist darauf zurückzuführen, daß lediglich die drei Außenleiter-Erd-Spannungen $\underline{U}_R$, $\underline{U}_S$ und $\underline{U}_T$ unsymmetrisch sind. Die drei Außenleiter-Spannungen sind symmetrisch. Falls die drei Außenleiter-Spannungen ebenfalls unsymmetrisch sind, ist auch die Spannung des Gegensystems $\underline{U}_2 \neq 0$.

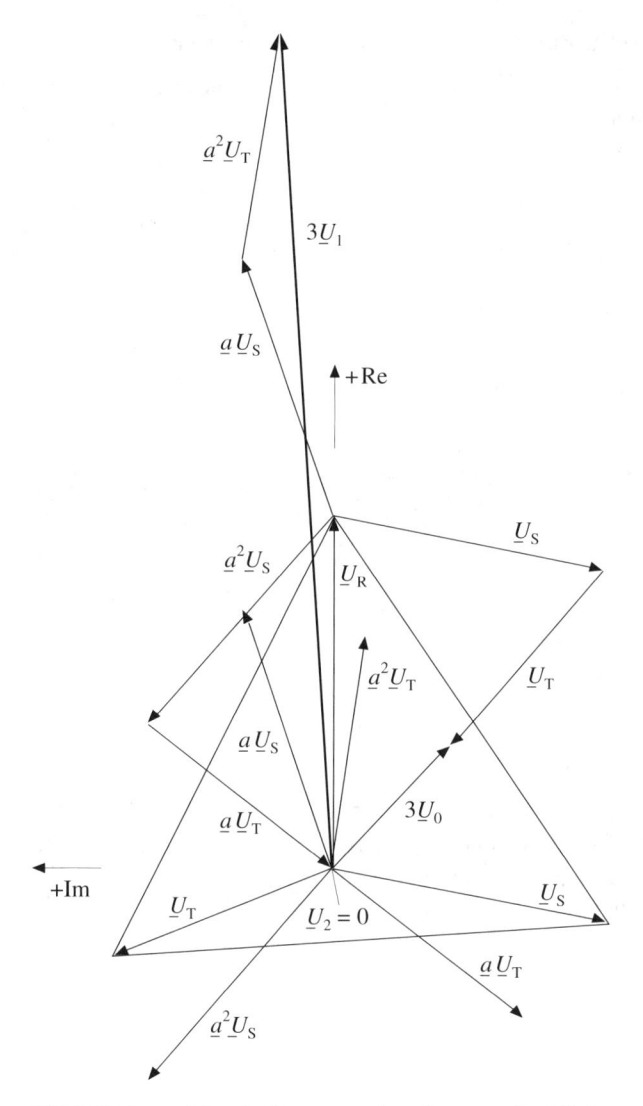

**Bild 1.20** Konstruktion des Spannungszeigerdiagramms im 012-System

### 1.6.2 Rechnerische Ermittlung der symmetrischen Komponenten

Man berechne für die gegebenen Ströme des RST-Systems die zugehörigen Ströme in symmetrischen Komponenten:

$\underline{I}_R = 0$ kA; $\underline{I}_S = 1$ kA + j5 kA; $\underline{I}_T = -1$ kA + j5 kA

**Lösung:**

Umformen in Polarform liefert

$\underline{I}_R = 0$ kA$e^{j0}$; $\underline{I}_S = 5{,}01$ kA $e^{j78{,}69}$; $\underline{I}_T = 5{,}01$ kA $e^{j101{,}31}$.

Anwenden von Gl. (1.20) liefert für die Ströme

$\underline{I}_0 = (1/3)(\underline{I}_R + \underline{I}_S + \underline{I}_T)$
$= (1/3)(0\ e^{j0} + 5{,}01\ e^{j78{,}69} + 5{,}01\ e^{j101{,}31})$ kA

$\underline{I}_1 = (1/3)(\underline{I}_R + \underline{a}\ \underline{I}_S + \underline{a}^2 \underline{I}_T)$
$= (1/3)(0\ e^{j0} + 5{,}01\ e^{j78{,}69} \cdot e^{j120} + 5{,}01\ e^{j101{,}31} \cdot e^{j240})$ kA
$= (1/3)(0\ e^{j0} + 5{,}01\ e^{j198{,}69} + 5{,}01\ e^{j341{,}31})$ kA

$\underline{I}_2 = (1/3)(\underline{I}_R + \underline{a}^2 \underline{I}_S + \underline{a}\ \underline{I}_T)$
$= (1/3)(0\ e^{j0} + 5{,}01\ e^{j78{,}69} \cdot e^{j240} + 5{,}01\ e^{j101{,}31} \cdot e^{j120})$ kA
$= (1/3)(0\ e^{j0} + 5{,}01\ e^{j318{,}69} + 5{,}01\ e^{j221{,}31})$ kA

Nach Auflösen erhält man

$\underline{I}_0 = $ j3,275 kA

$\underline{I}_1 = -$j1,070 kA

$\underline{I}_2 = -$j2,204 kA

Unter Beachten von Rundungsfehlern erkennt man, daß die Summe der Ströme der symmetrischen Komponenten in diesem Fall gleich null ist. Die Strombedingungen gelten somit für einen zweipoligen Kurzschluß mit Erdberührung.

### 1.6.3 Berechnung von Betriebsmitteln

Man berechne die Reaktanzen und Resistanzen der nachfolgend aufgeführten Betriebsmittel im %/MVA-System und im $\Omega$-System.

Synchronmaschine:

$S_{rG} = 50$ MVA; $U_{rG} = 10{,}5$ kV; $\cos\varphi_{rG} = 0{,}8$; $x''_d = 14{,}5\%$

Zweiwicklungstransformator:

$S_{rT} = 50$ MVA; $U_{rTOS}/U_{rTUS} = 110$ kV/10,5 kV; $u_{kr} = 10\%$;
$u_{Rr} = 0{,}5\%$ oder $P_{Vk} = 249$ kW

Netz am Netzanschlußpunkt Q:

$S''_{kQ} = 2\,000$ MVA; $U_{nQ} = 110$ kV

Drehstromkabel (N2XSY 18/30 kV 1×500 RM/35):

$R'_L = 0{,}0366$ $\Omega$/km; $X'_L = 0{,}112$ $\Omega$/km; $l = 10$ km; $U_n = 30$ kV

Kurzschlußstrombegrenzungsdrosselspule:

$u_{rD} = 5\%$; $I_{rD} = 500$ A; $U_n = 10$ kV

Die Berechnungen im %/MVA-System bzw. im $\Omega$-System können durch Anwenden der Umrechnungsgleichungen nach Tabelle 1.3 überprüft werden.

**Lösung:**

Synchronmaschine im %/MVA-System:

$x_G = x''_d/S_{rG} = 14{,}5\%/50$ MVA $= 0{,}29\%$/MVA

$r_G = 0{,}07\,x_G = 0{,}0203\%$/MVA, da $S_{rG} < 100$ MVA und $U_{rG} > 1$ kV

Synchronmaschine im $\Omega$-System:

$X_G = (x''_d \cdot U^2_{rG})/(S_{rG} \cdot 100\%) = (14{,}5\% \cdot (10{,}5\text{ kV})^2)/(50\text{ MVA} \cdot 100\%)$
$\quad = 0{,}2304$ $\Omega$

$R_G = 0{,}07 \cdot X_G = 0{,}0161$ $\Omega$

Zweiwicklungstransformator im %/MVA-System:

$z_T = u_{kr}/S_{rT} = 10\%/50$ MVA $= 0{,}2\%$/MVA

$r_T = u_{Rr}/S_{rT} = 0{,}5\%/50$ MVA $= 0{,}01\%$/MVA

$x_T = \sqrt{z_T^2 - r_T^2} = 0{,}1997\%$/MVA

Zweiwicklungstransformator im $\Omega$-System:

$Z_T = (u_{kr} \cdot U^2_{rTOS})/(S_{rT} \cdot 100\%) = (10\% \cdot (110\text{ kV})^2)/(50\text{ MVA} \cdot 100\%)$
$\quad = 24{,}2$ $\Omega$, bezogen auf 110 kV

$R_T = (u_{Rr} \cdot U^2_{rTOS})/(S_{rT} \cdot 100\%) = (0{,}5\% \cdot (110\text{ kV})^2)/(50\text{ MVA} \cdot 100\%)$
$\quad = 1{,}21$ $\Omega$, bezogen auf 110 kV

$X_T = \sqrt{Z_T^2 - R_T^2} = 24{,}17$ $\Omega$, bezogen auf 110 kV

Netz am Netzanschlußpunkt Q im %/MVA-System:

$z_Q = 110\%/S''_{kQ} = 110\%/2\,000$ MVA $= 0{,}055\,\%/$MVA

$x_Q = 0{,}995 \cdot z_Q = 0{,}0547\,\%/$MVA

$r_Q = 0{,}1 \cdot z_Q = 0{,}0055\,\%/$MVA

Netz am Netzanschlußpunkt Q im $\Omega$-System:

$Z_Q = 1{,}1 \cdot U_{nQ}^2/(S''_{kQ} \cdot 100\%) = 1{,}1 \cdot (110\text{ kV})^2/(2\,000\text{ MVA} \cdot 100\%)$
$= 0{,}06655\ \Omega$

$X_Q = 0{,}995 \cdot Z_Q = 0{,}06622\ \Omega$

$R_Q = 0{,}1 \cdot z_Q = 0{,}0066\ \Omega$

Drehstromkabel (N2XSY 18/30 kV 1×500 RM/35) im %/MVA-System:

$r_L = (R'_L \cdot l \cdot 100\%)/U_n^2 = (0{,}0366\ \Omega/\text{km} \cdot 10\text{ km} \cdot 100\%)/(30\text{ kV})^2$
$= 0{,}041\,\%/$MVA

$x_L = (X'_L \cdot l \cdot 100\%)/U_n^2 = (0{,}112\ \Omega/\text{km} \cdot 10\text{ km} \cdot 100\%)/(30\text{ kV})^2$
$= 0{,}124\,\%/$MVA

Drehstromkabel (N2XSY 18/30 kV 1×500 RM/35) im $\Omega$-System:

$R_L = R'_L \cdot l = 0{,}0366\ \Omega/\text{km} \cdot 10\text{ km} = 0{,}366\ \Omega$

$X_L = X'_L \cdot l = 0{,}112\ \Omega/\text{km} \cdot 10\text{ km} = 1{,}12\ \Omega$

Kurzschlußstrombegrenzungsdrosselspule im %/MVA-System:

$x_D = u_{rD}/(\sqrt{3} \cdot U_{rD} \cdot I_{rD}) = 5\%/(\sqrt{3} \cdot 10\text{ kV} \cdot 0{,}5\text{ kA}) = 0{,}577\,\%/$MVA

Kurzschlußstrombegrenzungsdrosselspule im $\Omega$-System:

$X_D = (u_{rD} \cdot U_{rD}^2)/(\sqrt{3} \cdot U_{rD} \cdot I_{rD} \cdot 100\%)$
$= (5\% \cdot (10\text{ kV})^2)/(\sqrt{3} \cdot 10\text{ kV} \cdot 0{,}5\text{ kA} \cdot 100\%) = 0{,}577\ \Omega$

Die Impedanz der Spule hat im %/MVA-System und im $\Omega$-System den gleichen Zahlenwert, da die Bezugsspannung 10 kV beträgt.

## 1.7 Literatur

[1.1] Deutschland und die Welt. Frankfurter Allgemeine Zeitung vom 28. 2. 97
[1.2] Schlabbach, J.: Elektroenergieversorgung – Betriebsmittel und Auswirkungen der elektrischen Energieverteilung. Berlin und Offenbach: VDE-VERLAG, 1995
[1.3] Hosemann, G.; Boeck, W.: Grundlagen der Elektrischen Energietechnik. Berlin, Heidelberg, New York: Springer-Verlag, 1979
[1.4] Bosse, G.: Grundlagen der Elektrotechnik I–IV. Bibliographisches Institut, Mannheim 1973
[1.5] Weßnigk, K.-D.: Kraftwerkselektrotechnik. Berlin und Offenbach: VDE-VERLAG, 1993.
[1.6] ABB: Taschenbuch für Schaltanlagen. 8. Auflage, Cornelsen-Verlag, 1987

# 2 Oberschwingungen und Zwischenharmonische

## 2.1 Entstehung und Ursachen

### 2.1.1 Allgemeines

Oberschwingungen entstehen durch Betriebsmittel mit nichtlinearer Kennlinie wie etwa Transformatoren und Leuchtstofflampen und heute vornehmlich durch leistungselektronische Betriebsmittel, wie Gleichrichter, Triacs, Thyristoren usw. Hinzuweisen ist hier besonders auf den Einsatz von Gleichrichtern mit kapazitiver Glättung, die in Fernsehgeräten, PC und Kompaktleuchtstofflampen insbesondere im Haushalts- und Bürobereich verbreitet sind. Legt man z.b. eine Untersuchung der VDEW Anfang der neunziger Jahre zugrunde, beträgt der Anteil der elektronischen Lasten an der Haushaltslast etwa 25%; wobei 3% auf Einrichtungen der Beleuchtung, 21% auf Einrichtungen der Konsumelektronik und 1% auf geregelte Antriebe (Waschmaschinen) entfallen. Setzt man weiterhin einen Anteil von 27% der Haushaltslast an der gesamten Netzlast voraus, betrug z.B. im Jahr 1992 für Deutschland der Anteil der elektronischen Lasten im Haushaltsbereich an der gesamten Netzlast 6,7% oder etwa 4 GW. Die Tendenz ist zunehmend.

### 2.1.2 Entstehung durch Netzbetriebsmittel

An Verbrauchern mit nichtlinearer Kennlinie wie Transformatoren und Entladungslampen entstehen nur Vielfache der Grundfrequenz. Als Beispiel wird die nichtlineare $H(B)$-Kennlinie eines Transformators nach **Bild 2.1** betrachtet. Die Hysterese ist dabei vernachlässigt.

Bei oberschwingungsfreier Netzspannung

$$u(t) = \sqrt{2}\, U \cos(\omega t + \varphi_u) \qquad (2.1)$$

erhält man über den magnetischen Fluß

$$\Phi_\mu = \int u\, dt \qquad (2.2)$$

die magnetische Flußdichte $B$ im stationären Zustand:

$$B = d\Phi/dA \qquad (2.3a)$$

$$b(t) = \sqrt{2}\, B \sin(\omega t + \varphi_u) \qquad (2.3b)$$

Die Verknüpfung über die Magnetisierungskennlinie des Transformators liefert unter Beachtung des Durchflutungssatzes

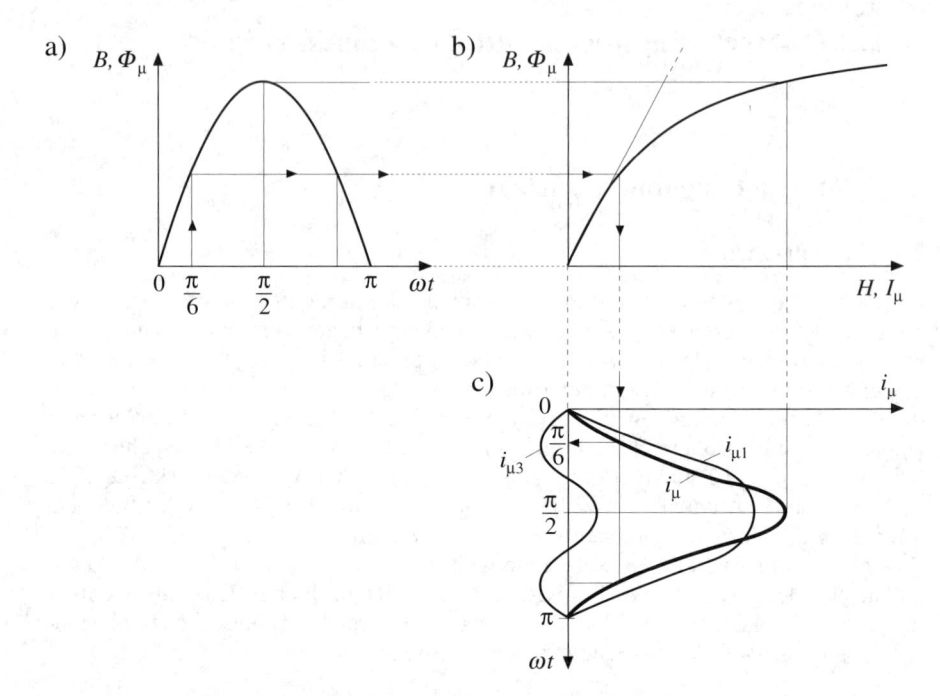

**Bild 2.1** Grafische Ermittlung des Magnetisierungsstroms eines Transformators
a) zeitlicher Verlauf der Netzspannung bzw. der magnetischen Flußdichte
b) $H(B)$-Kennlinie eines Transformators mit Eisenkern
c) zeitlicher Verlauf des ermittelten Magnetisierungsstroms;
   Oberschwingungsanteile $h = 1; 3$

$$\oint_s H \, \mathrm{d}s = \int_A J \, \mathrm{d}A \tag{2.4a}$$

$$\int_A J \, \mathrm{d}A = \Theta = NI \tag{2.4b}$$

den oberschwingungsbehafteten Stromverlauf

$$i(t) = \sum_{h=1}^{\infty} \sqrt{2} \, I_h \sin(h\omega_1 t + \varphi_{Ih}) \tag{2.5}$$

Die $H(B)$-Kennlinie in Bild 2.1 wird durch ein Polynom $n$-ten Grads beschrieben; $n$ ist wegen der Zentralsymmetrie ungerade (siehe auch Abschnitt 1.4.2). Damit ergeben sich für den aufgenommenen Strom $i(t)$ Oberschwingungen ungerader Ordnung $h$.

Die Annahme, die in Drehstromgeneratoren erzeugte Spannung sei rein sinusförmig, ist im Grund nicht korrekt, da sie voraussetzt, daß die Einzelwindungen der Statorwicklung eines Synchrongenerators gleichmäßig über den Umfang verteilt und nicht in Nuten eingelegt sind.

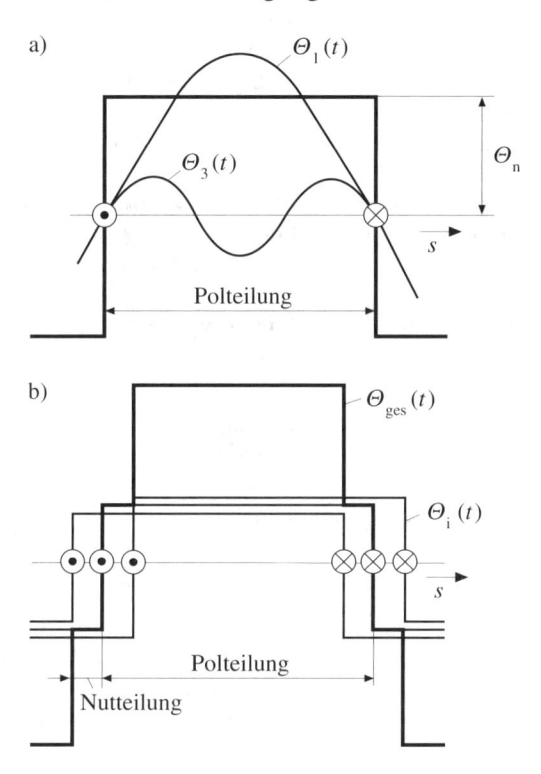

a)

b)

**Bild 2.2** Räumlicher Verlauf der Durchflutung in einer Maschine
Querschnitt der Leiter nicht maßstäblich
a) Einzelwicklung ($q = 1$); zusätzlich Grundschwingung und Oberschwingung $h = 3$
b) drei Spulen ($q = 3$)

Betrachtet man zunächst einmal den Verlauf der induzierten Spannung bei Vorhandensein einer Wicklung ($q = 1$) wie in **Bild 2.2a** angegeben, so ist dieser ebenso wie der Durchflutungsverlauf rechteckförmig. Die Fourier-Analyse liefert für den Kurvenverlauf alle ungeradzahligen Oberschwingungen. Bei Erhöhen der Wicklungszahl $q$ erzielt man die Treppenkurve der Durchflutung bzw. der induzierten Spannung durch Addition der entsprechenden Durchflutungen der Einzelwicklungen wie in Teilbild 2.2b, die jeweils um eine Nutteilung gegeneinander verschoben sind. Dadurch nähern sich der Verlauf der Durchflutung und der induzierten Spannung der idealisierten Sinusform an, die Amplituden der Oberschwingungen reduzieren sich, ggf. treten nicht mehr alle Oberschwingungen auf.

Heute werden in Anlagen der elektrischen Energieerzeugung aus regenerativen Energiequellen auch nichtsinusförmige Spannungen erzeugt. Dies ist darauf zurückzuführen, daß z. B. Photovoltaikanlagen an das Drehstromnetz mit Wechselrichtern angekoppelt werden müssen. Im Bereich der Windenergienutzung ist die nichtdrehzahlstarre Kopplung mit Komponenten der Leistungselektronik heute ebenfalls weit verbreitet.

Die Unterschiede zwischen Netzbetriebsmitteln und Verbrauchern sind daher im Hinblick auf das Entstehen von Netzrückwirkungen, bedingt durch den Einsatz der Leistungselektronik, fließend. Die ursächlichen Wirkungsmechanismen des Entstehens von Oberschwingungen und Zwischenharmonischen durch Leistungselektronik werden in Abschnitt 2.1.3 erläutert.

### 2.1.3 Entstehung durch leistungselektronische Betriebsmittel

#### 2.1.3.1 Grundlagen

Wie in Abschnitt 1.4.2 erläutert wurde, läßt sich jede zur Periodendauer $T$ bzw. $2\pi$ periodische Zeitfunktion als Überlagerung von Sinus- und Cosinus-Funktionen (Fourier-Synthese) darstellen.

Das Amplitudenspektrum z. B. der Spannung beim getakteten Einschalten von Verbrauchern durch Zündeinsatzsteuerung (Thyristorsteller) oder Schwingungspaketsteuerung (thermische Geräte) läßt sich mathematisch durch Multiplikation der Ausgangsfunktion

$$u(t) = \sqrt{2}U\sin(\omega_1 t) \tag{2.6}$$

mit der Rechteckschaltfunktion $S(t)$, deren Spektrum eine Funktion von $h\omega_s$ mit $h = 0, 1, 2, ...$ ist, beschreiben. Enthält die Ausgangsfunktion $u(t)$ Spannungsoberschwingungen nach

$$u(t) = \sum_{h=1}^{n} \sqrt{2}U_h \sin(h\omega_1 t), \tag{2.7}$$

entsteht nach Multiplikation mit der Rechteckschaltfunktion $S(t)$ das Spektrum der Spannung am Verbraucher mit den Frequenzen

$$\omega_h = h\omega_1 \pm h\frac{\omega_s}{2\pi} \tag{2.8}$$

Im Fall der symmetrischen Anschnittsteuerung mit nahezu konstantem Steuerwinkel, wie in **Bild 2.3** dargestellt, gilt $\omega_s = 2\omega_1$. Die Spannung am Verbraucher enthält Spannungsoberschwingungen der Ordnung nach Gl. (2.9) mit $h = 1, 2, 3, ...$

$$\omega_h = h\omega_1 \tag{2.9}$$

Für periodisch mit der Kreisfrequenz veränderliche Steuerwinkel treten sogenannte Interharmonische im Abstand $\omega_m$ von der Grundfrequenz und den Stromoberschwingungen auf.

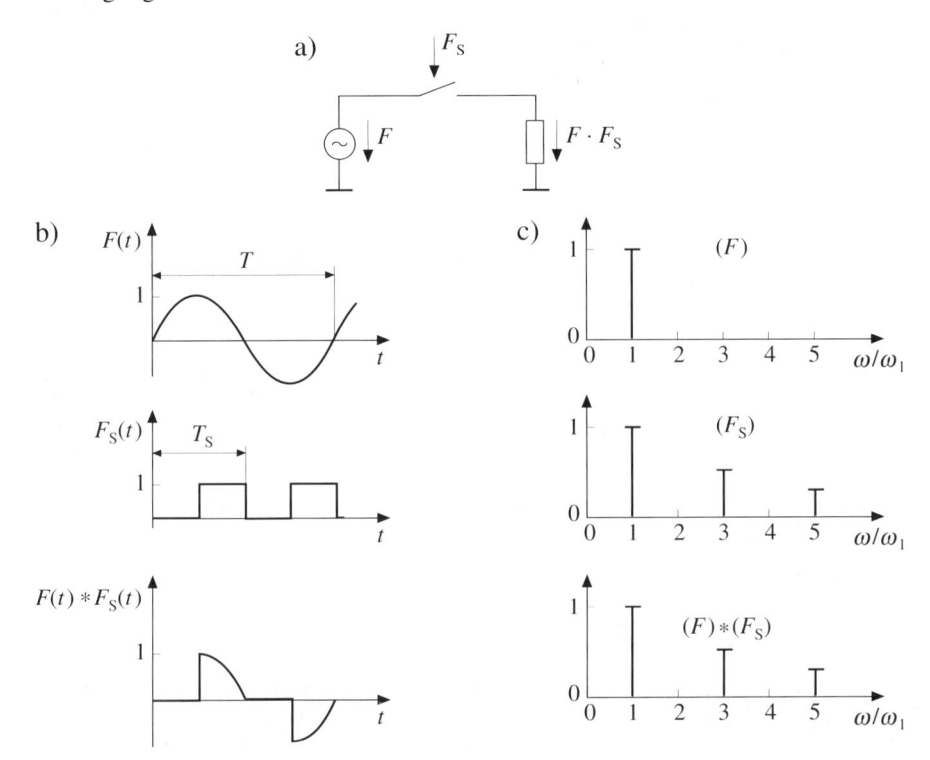

**Bild 2.3** Zeitverlauf und Frequenzspektrum eines Spannungsverlaufs mit Oberschwingungen

Als Beispiel sei die Schwingungspaketsteuerung mit Vielfachen der Netzperiode als Steuerfrequenz angeführt. Hier ist die Periodendauer der Schaltfrequenz

$$T_S = mT \tag{2.10}$$

mit $m = 2, 3, \ldots$, so daß wegen

$$\omega = \left(\mu \pm \frac{h}{m}\right)\omega_1 \tag{2.11}$$

hauptsächlich Interharmonische auftreten. **Bild 2.4** verdeutlicht die Zusammenhänge.

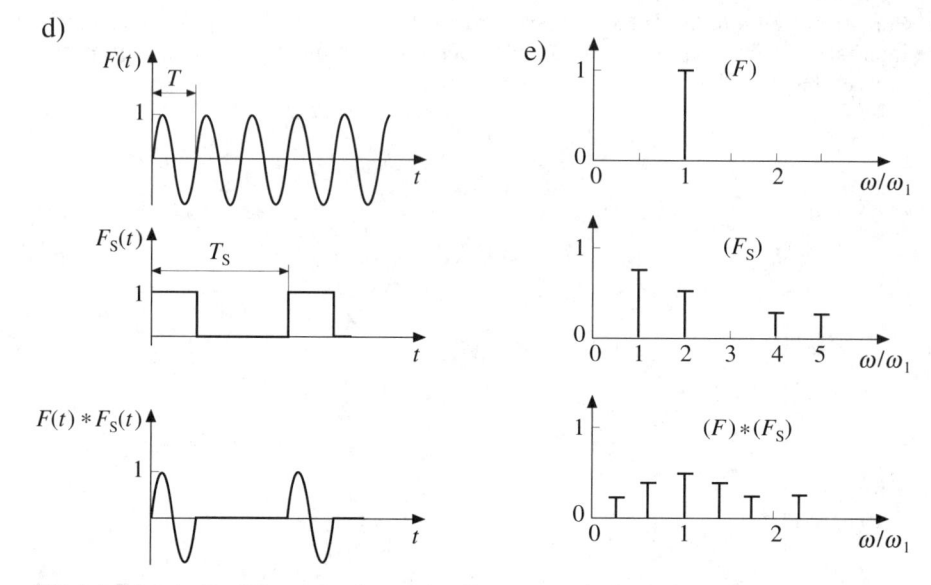

**Bild 2.4** Zeitverlauf und Frequenzspektrum eines Spannungsverlaufs mit Oberschwingungen und Zwischenharmonischen

### 2.1.3.2 Zweiweggleichrichter mit kapazitiver Glättung

Als Beispiel für den weitverbreiteten Einsatz von Leistungselektronik wird zunächst der Zweiweggleichrichter mit kapazitiver Glättung nach **Bild 2.5** betrachtet. Ausgehend vom eingeschwungenen Zustand zum Zeitpunkt $t = 0$, steigt die Netzspannung $u(t)$ an. Die Spannung der Gleichspannungseite fällt nach Maßgabe der Zeitkonstanten der angeschlossenen Last, bestehend aus Glättungskondensator $C$ und Last $R$, ab. Wird die Netzspannung größer als die Spannung der Gleichspannungsseite (unter Vernachlässigen der Durchlaßspannung der Dioden), kann ein Strom fließen, der den Kondensator auflädt. Beim Unterschreiten des jetzt, bedingt durch die Nachladung, höheren Spannungswerts der Gleichspannungsseite sperren die Dioden, der Ladestrom wird unterbrochen. In der negativen Halbwelle der Netzspannung wiederholt sich dieser Vorgang. Zeitpunkt, Zeitdauer und Höhe des Ladestromimpulses sind dabei abhängig von der Größe des Glättungskondensators und von der Größe der vorgeschalteten Impedanz.

Der Glättungskondensator wird typischerweise während einer Zeit von etwa 2 ms Dauer vor dem Spannungsmaximum nachgeladen. Da alle am Netz betriebenen Geräte mit Zweiweggleichrichtern, also z. B. Geräte der Konsumelektronik, Kompaktleuchtstofflampen oder primär getaktete Schaltnetzteile, ein ähnliches Verhalten

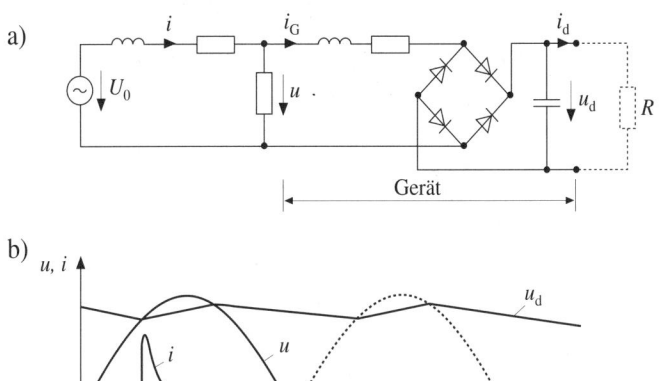

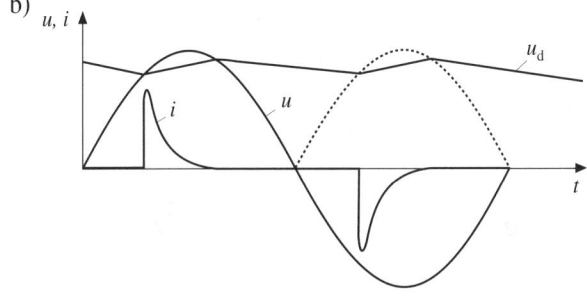

**Bild 2.5** Zweiweggleichrichter mit kapazitiver Glättung
a) Schaltbild
b) zeitlicher Verlauf von Strom und Spannungen

haben und daher die Phasenlage der Oberschwingungsströme für die jeweilige Ordnung in etwa gleich ist, kommt es so zu einer pulsartigen Belastung des Netzes und einer hohen Oberschwingungsbelastung. Diese Eigenart wird ausgedrückt durch den Gleichphasigkeitsfaktor $k_{ph}$, der definiert ist als Quotient aus geometrischer Summe zu arithmetischer Summe der betrachteten Oberschwingungsströme gleicher Ordnung $h$ unterschiedlicher Verbraucher.

Untersuchungen [2.1] haben ergeben, daß beim Einsatz einer Vielzahl von Kompaktleuchtstofflampen, deren Verhalten ebenfalls dem eines Zweiweggleichrichters mit kapazitiver Glättung entspricht, eine deutliche Reduzierung des Gleichphasigkeitsfaktors gegeben ist. Der Grund liegt darin, daß Kompaktleuchtstofflampen relativ unempfindlich gegenüber der Welligkeit der Gleichspannung sind und daher bezüglich Nachladezeitpunkt und -dauer starke Streuungen aufweisen, während Netzteile der Konsumelektronik höhere Anforderungen an die Konstanz der Gleichspannung stellen, so daß die Streuung von Nachladedauer und -zeitpunkt gering ist. Deshalb verringert sich der Gleichphasigkeitsfaktor beim Betrieb mehrerer Netzteile mit kapazitiver Glättung kaum.

Gemessener Stromverlauf und zugehöriges Frequenzspektrum des Stroms eines Zweiweggleichrichters mit kapazitiver Glättung (primär getaktetes Schaltnetzteil) sind in **Bild 2.6** dargestellt. Man erkennt, daß die geradzahligen Oberschwingungen zu vernachlässigen sind. Die ungeradzahligen Oberschwingungen treten bis zu gro-

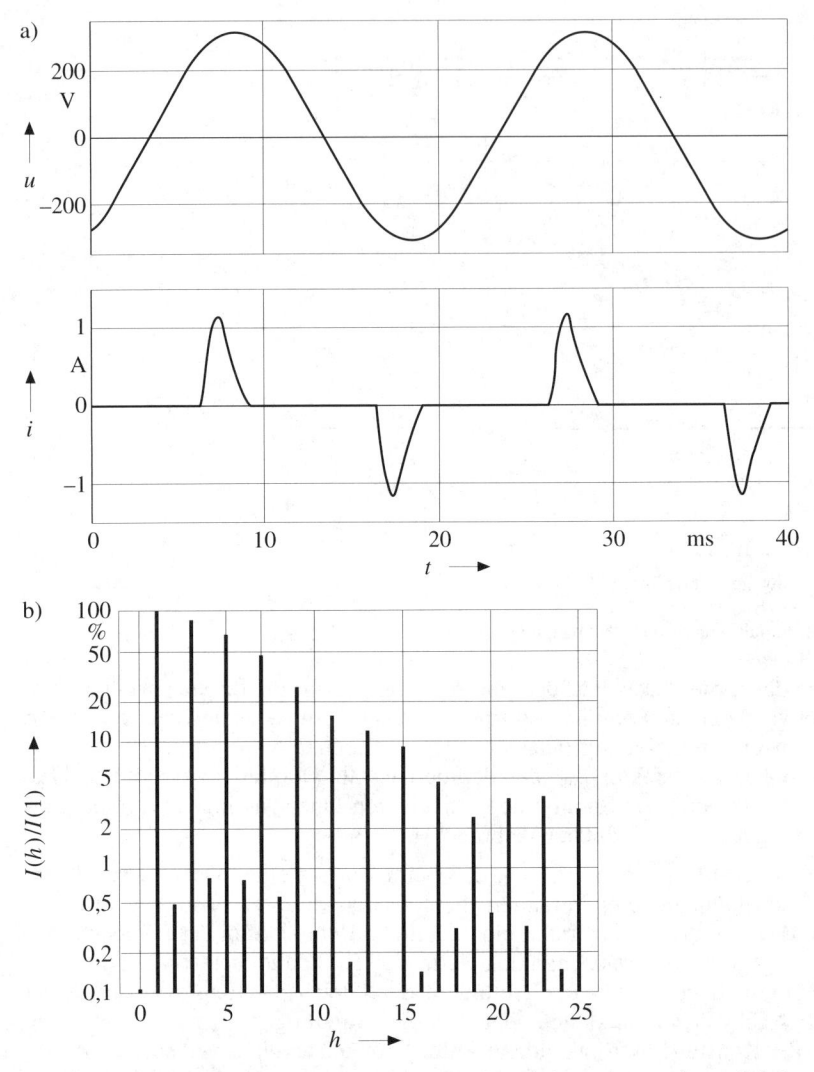

**Bild 2.6** Zeitverlauf und Oberschwingungsanteile des Stroms eines primärgetakteten Schaltnetzteils mit kapazitiver Glättung
a) gemessener Zeitverlauf
b) berechnetes Oberschwingungsspektrum [2.5]

ßen Ordnungszahlen mit einem signifikanten Anteil auf. So betragen die Anteile der Oberschwingungen der Ordnungen $h = 3$, 5, 7, bezogen auf den Grundschwingungsstrom, $I_3/I_1 = 85\,\%$; $I_5/I_1 = 80\,\%$; $I_7/I_1 = 60\,\%$.

### 2.1.3.3 Drehstrombrückenschaltungen

Große Verbreitung in der industriellen Anwendung haben Drehstrombrückenschaltungen gefunden, die als ungesteuerte, gesteuerte, sechs-, zwölf- oder höherpulsige Schaltungen aufgebaut sein können. Der grundsätzliche Aufbau einer sechspulsigen gesteuerten Drehstrombrückenschaltung ist in **Bild 2.7** dargestellt, an dem das Verhalten dieser Oberschwingungserzeuger erläutert werden soll.

Bei Anliegen einer positiven Anoden-Katoden-Spannung am Thyristor kann dieser durch einen Zündimpuls in den leitfähigen Zustand gebracht werden. Dadurch fließt ein Strom von der Drehstromseite auf die Lastseite der Schaltung. Durch Synchronisation der Zündimpulse wird sichergestellt, daß jeweils ein Thyristor der positiven und der negativen Brückenhälfte leitend wird. Die Reihenfolge der Zündimpulse bestimmt sich dabei durch die Phasenfolge der Eingangsspannung.

Wird ein Thyristor gezündet, kommutiert der Strom vom stromführenden Thyristor auf den neu gezündeten innerhalb der Brückenhälfte. Dadurch tritt am stromabgebenden Thyristor aufgrund des Zeitverlaufs der Außenleiterspannung des Drehstromsystems eine negative Anoden-Katoden-Spannung auf, und der Strom in diesem Thyristor erlischt. Diese Kommutierung verläuft in einer endlichen Zeit, während der beide am Kommutierungsvorgang beteiligten Thyristoren stromführend sind. Die Kommutierungszeit hängt von den real vorhandenen Reaktanzen der Drehstromseite ab.

Durch das mit der Netzfrequenz synchron verlaufende Durchschalten des Drehstromsystems der speisenden Seite auf die Lastseite entsteht eine Gleichspannung, deren Mittelwert durch Variation der Zündzeitpunkte der Thyristoren variiert werden kann. Werden die Thyristoren zum frühestmöglichen Zeitpunkt gezündet, wird der Mittelwert der Gleichspannung maximal und erreicht den Wert der sogenannten idealen Gleichspannung gemäß

$$U_{di} = \frac{3\sqrt{2}}{\pi} U \qquad (2.12)$$

$U$ ist der Effektivwert der Außenleiter-Erdspannung der Drehstromseite.

Verzögert man den Zündzeitpunkt der Thyristoren in bezug auf den frühestmöglichen Zeitpunkt, den natürlichen Kommutierungszeitpunkt, reduziert sich der Mittelwert der Gleichspannung nach

$$U_{d\alpha} = \frac{3\sqrt{2}}{\pi} U \cos\alpha \qquad (2.13)$$

$\alpha$ ist der Steuerwinkel, bezogen auf den Steuerwinkel $\alpha = 0°$ beim natürlichen Zündzeitpunkt.

Nimmt man an, daß die Last im Gleichstromkreis rein induktiv ist, fließt in den Thyristorzweigen ein Gleichstrom für jeweils $T/3$ (120°); die einzelnen Blöcke sind in den jeweiligen Zweigen um $T/3$ (120°) versetzt. Diese Stromblöcke fließen auch in

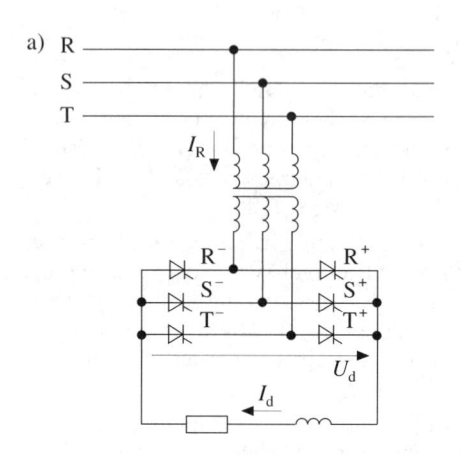

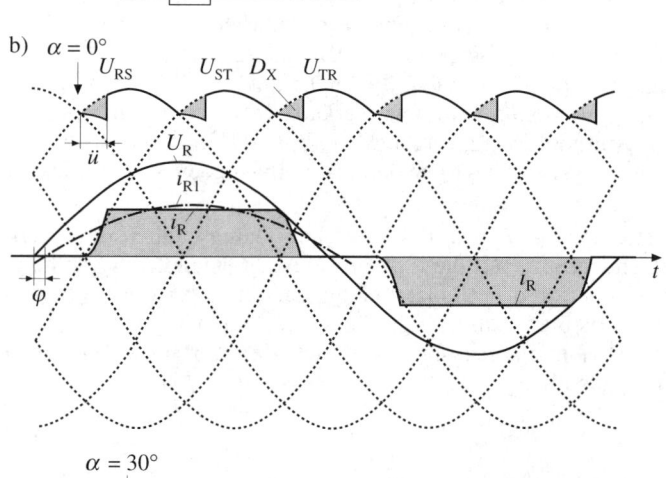

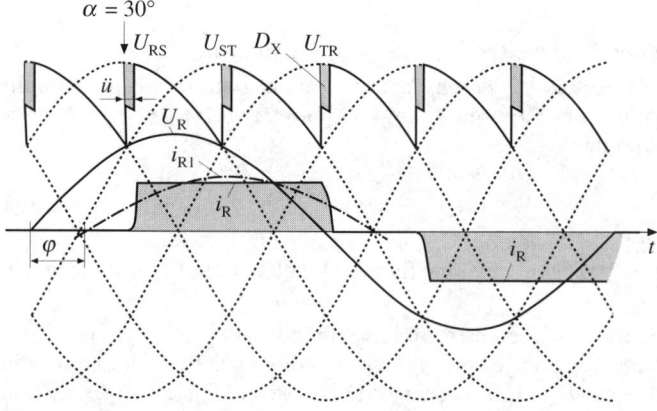

**Bild 2.7** Drehstrombrückenschaltung mit Thyristoren
a) Schaltbild
b) Verlauf von Strömen und Spannungen

den netzseitigen Zuleitungen der Drehstrombrücke. Die Fourier-Analyse des Stromverlaufs der Drehstromseite liefert Oberschwingungen gemäß

$$h = np \pm 1 \tag{2.14}$$

mit $n = 1, 2, 3,...$ und der Pulszahl $p$, die angibt, wie viele Kommutierungen während einer Netzperiode auftreten. In der in Bild 2.7 dargestellten Drehstrombrückenschaltung beträgt die Pulszahl $p = 6$.
Es werden demnach Oberschwingungen der Ordnungen $h = 5, 7, 11, 13,...$ erzeugt.
Die Beträge der Oberschwingungsströme gehorchen dabei annähernd Gl. (2.15a):

$$I_h/I_1 \approx 1/h \tag{2.15a}$$

mit dem Effektivwert $I_1$ der Grundschwingung

$$I_1/I_d = \sqrt{6}/\pi, \tag{2.15b}$$

wobei $I_d$ der Effektivwert des Gleichstroms der Lastseite ist.
Die Kommutierungsreaktanzen (Reaktanzen des speisenden Netzes) begrenzen den Stromanstieg der netzseitigen Leiterströme. Dadurch verringern sich die in Gl. (2.15a) angegebenen Oberschwingungsströme. Die Reduktion hängt ab von der Kommutierungsdauer bzw. vom Überlappungswinkel $ü$. Die Reduktionsfaktoren $r_h$ sind in **Bild 2.8** in Abhängigkeit vom Überlappungswinkel angegeben.
Die Welligkeit des Gleichstroms führt zu einer weiteren Reduzierung der Oberschwingungen für Ordnungen $h > 5$ bei der sechspulsigen Drehstrombrückenschaltung. Die Reduktion der Oberschwingungen hängt dabei vom Steuerwinkel $\alpha$ ab. Die fünfte Oberschwingung bildet insofern eine Ausnahme, als die Welligkeit des Gleichstroms zu einer deutlich erhöhten Oberschwingung im Vergleich zu Gl. (2.15a) führt. Auch ist der Steuerwinkel nahezu ohne Einfluß auf die Höhe der 5. Oberschwingung.
Schaltet man zwei sechspulsige Drehstrombrückenschaltungen an ein speisendes Netz über zwei Transformatoren mit unterschiedlichen Schaltgruppen, z. B. Yy0 und Yd5, wie in **Bild 2.9** dargestellt, erzeugt jede Drehstrombrückenschaltung Stromoberschingungen gemäß Gl. (2.14).
Durch die unterschiedlichen Schaltgruppen der Transformatoren werden Oberschwingungen der Ordnungen $h = 5, 7, 17, 19$ usw. mit einer Phasenverschiebung von 180° bei einem der Transformatoren auf die Netzanschlußseite übertragen.
Unter den Voraussetzungen, daß
– die Übersetzungsverhältnisse und die Kurzschlußspannungen (Kommutierungsreaktanzen) der Transformatoren gleich sind,
– alle Betriebsmittel symmetrisch aufgebaut sind,
– beide Drehstrombrücken mit gleichem Steuerwinkel betrieben werden,
– die Gleichstromzwischenkreise gleiche Welligkeit haben,
– die Zündimpulse synchronisiert sind und
– der Grundschwingungsstrom beider Drehstrombrücken gleich ist,

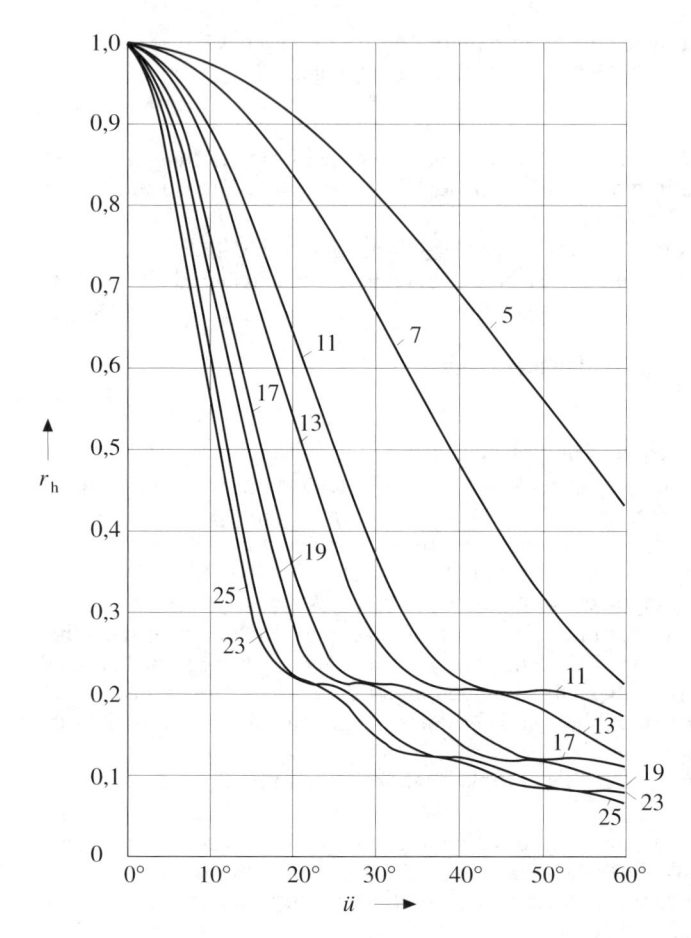

**Bild 2.8** Reduktionsfaktoren $r_h$ der Oberschwingungseffektivwerte bei Drehstrombrücken in Abhängigkeit vom Überlappungswinkel $ü$ bei idealem Gleichstrom (Gleichstromwelligkeit ist null)

löschen sich diese Oberschwingungsanteile vollständig aus. Die Gesamtschaltung weist nur noch Oberschwingungen der Ordnungen $h = 11, 13, 23, 25, \ldots$ auf, wirkt also wie eine zwölfpulsige Drehstrombrückenschaltung am Netz.

Die Stromoberschwingungen auf der Netzseite eines Transformators der Schaltgruppe Yy0 (oder Dd0) lassen sich z. B. für den Leiter R berechnen:

$$I_{RYy} = \frac{2\sqrt{3}}{\pi} I_d \left( \sin \omega t - \frac{1}{5} \sin 5\omega t - \frac{1}{7} \sin 7\omega t + \right.$$
$$\left. + \frac{1}{11} \sin 11\omega t + \frac{1}{13} \sin 13 \omega t - \ldots \right) \tag{2.16a}$$

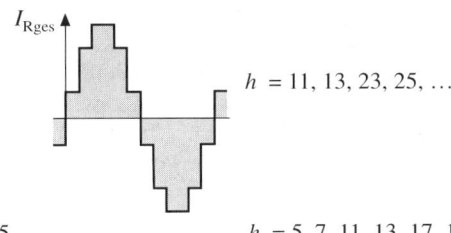

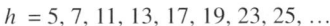

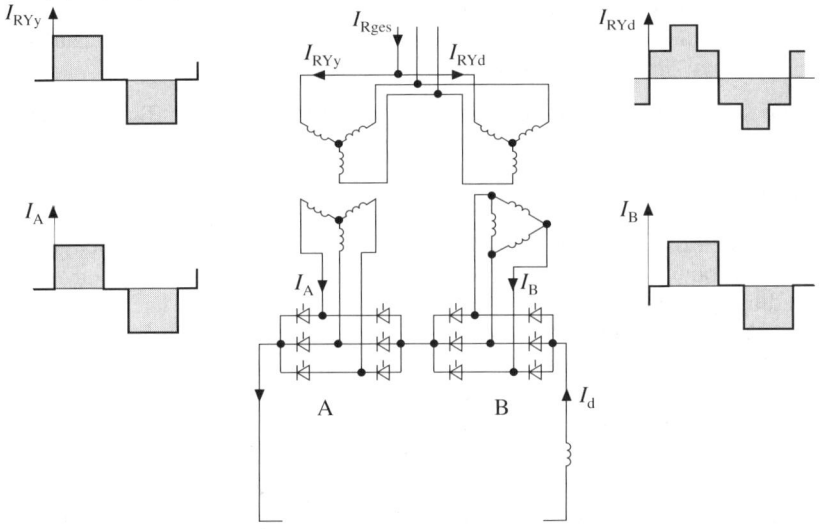

**Bild 2.9** Schaltbild einer zwölfpulsigen Drehstrombrückenschaltung (Reihenschaltung) mit idealisierten Stromverläufen

Für einen Transformator der Schaltgruppe Yd5 (oder Dy5) stellt sich der Strom für den Leiter R wie folgt dar:

$$I_{RYd} = \frac{2\sqrt{3}}{\pi} I_d \left( \sin \omega t + \frac{1}{5} \sin 5\omega t + \frac{1}{7} \sin 7\omega t + \right.$$
$$\left. + \frac{1}{11} \sin 11 \omega t + \frac{1}{13} \sin 13 \omega t + \ldots \right) \tag{2.16b}$$

Damit berechnet sich der Gesamtstrom des zwölfpulsigen Umrichters

$$I_{Rges} = I_{RYy} + I_{RYd} \tag{2.17a}$$

$$I_{Rges} = \frac{4\sqrt{3}}{\pi} I_d \left( \frac{1}{11} \sin 11 \omega t + \frac{1}{13} \sin 13 \omega t + \ldots \right) \tag{2.17b}$$

Zwölf- und höherpulsige Stromrichterschaltungen können auch durch andere Maßnahmen erreicht werden, auf die in diesem Zusammenhang nicht näher eingegangen wird. Ausführliche Darstellungen finden sich u. a. in [2.2, 2.3, 2.4].
Über das eingangs erläuterte ideale Oberschwingungsspektrum hinaus treten bei Drehstrombrückenschaltungen auch sogenannte nichtcharakteristische Oberschwingungen auf, die hervorgerufen werden durch
– dynamische Vorgänge
– zeitlich nicht exakt synchronisierte Zündimpulse
– Unsymmetrien der Netzeinspeisung
– Unsymmetrien der Bauteile, insbesondere des Stromrichtertransformators bei höherpulsigen Stromrichterschaltungen

Die Höhe dieser Oberschwingungsanteile bleibt normalerweise im Bereich weniger Prozent, bezogen auf die Grundschwingung.

### 2.1.3.4  Umrichter

Wird im Gegensatz zur unter 2.1.3.3 behandelten Drehstrombrückenschaltung mit Gleichstrom- oder Gleichspannungskreis auf der Lastseite Leistungselektronik zur Umwandlung des netzseitigen 50-Hz-Drehstromsystems in ein Drehstromsystem variabler Frequenz, Spannung und eventuell Phasenzahl eingesetzt, spricht man allgemein von Umrichtern. Als Beispiele hierfür seien genannt:
– Direktumrichter ohne Zwischenkreis
– Zwischenkreisumrichter mit eingeprägter Spannung oder eingeprägtem Strom im Zwischenkreis und selbstgeführtem Wechselrichter auf der Lastseite
– Zwischenkreisumrichter mit eingeprägtem Strom im Zwischenkreis und lastgeführtem Wechselrichter auf der Lastseite zur Speisung eines Stromrichtermotors
– untersynchrone Stromrichterkaskade

Das Prinzip soll am Beispiel des Direktumrichters nach **Bild 2.10** erläutert werden. An das Netz wird der Umrichter mit der schon erwähnten sechs- oder höherpulsigen Drehstrombrückenschaltung angeschlossen, die das in Abschnitt 2.1.3.3 erläuterte Oberschwingungsspektrum nach Gl. (2.14) hervorruft:

$$h = np \pm 1 \qquad (2.14)$$

mit $n = 0, 1, 2, 3, \ldots$ Zusätzlich treten aber Ströme mit Frequenzen $f_j$ auf, die an die Frequenz $f_L$ der Ausgangsspannung (Last) geknüpft sind:

$$f_j = 2\,m\,q\,f_L \qquad (2.18)$$

mit $m = 0, 1, 2, 3, \ldots$ und der Leiterzahl $q$ des Drehstrom- oder Wechselstromsystems der Last bzw. der Wicklungszahl des angeschlossenen Motors. Da die Frequenz des lastseitigen Systems variabel ist, sind die Stromanteile mit diesen Frequenzen unter Umständen keine ganzzahligen Vielfachen der Netzfrequenz und werden deshalb Zwischenharmonische genannt. Die Effektivwerte der Zwischenharmonischen sind

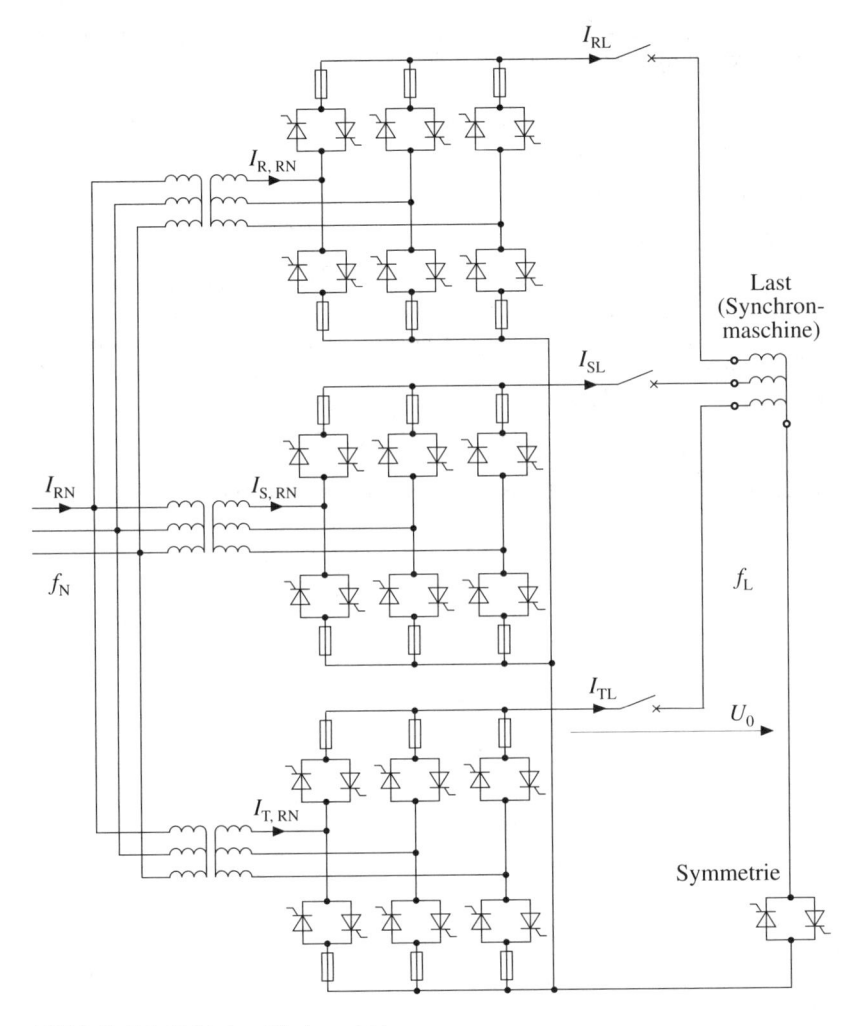

**Bild 2.10** Schaltbild eines Direktumrichters

im allgemeinen kleiner als 5 %, bezogen auf den Grundschwingungsstrom, und nehmen mit steigender Frequenz ab.

Insgesamt ergibt sich damit für den Direktumrichter das Frequenzspektrum

$$f_i = (np \pm 1)f_N \pm 2\,m\,q\,f_L \tag{2.19}$$

mit $m, n = 0, 1, 2, 3, ...$

Dabei bedeuten Frequenzanteile mit negativem Vorzeichen, daß das zugehörige Drehfeld ein gegenläufiges Drehmoment bildet, die zugehörigen Ströme und Spannungen also ein Gegensystem darstellen.

Für den Umrichter nach Bild 2.10 wird nachstehend das Frequenzspektrum für folgende Ausgangsgrößen bestimmt:

Netzumrichter: Pulszahl $p = 6$; $f_N = 50$ Hz

Lastumrichter: Wicklungszahl der Maschine $q = 3$; $f_L = 7{,}14$ Hz

Durch den Netzumrichter werden Frequenzen (Oberschwingungen) wie folgt erzeugt: $f_i = (np \pm 1)f_N$, also neben der Grundschwingung 50 Hz die Frequenzen 250 Hz, 350 Hz, 550 Hz usw. Die im Netzstrom auftretenden und vom Lastumrichter hervorgerufenen Frequenzen betragen $f_j = \pm 2\,m\,q\,f_L$. Damit ergeben sich die in **Tabelle 2.1** genannten Frequenzen.

| Frequenzanteile, hervorgerufen durch: | | |
|---|---|---|
| Netzstromrichter | ± Laststromrichter | = Summe |
| 50 | 0,0 | 50,0 |
|  | 42,84 | 7,16/ 92,84 |
|  | 85,68 | –35,68/135,68 |
|  | 128,52 | –78,52/178,52 |
| 250 | 0,0 | 250,0 |
|  | 42,84 | 207,16/292,84 |
|  | 85,68 | 164,32/335,68 |
|  | 128,52 | 121,48/378,52 |
| 350 | 0,0 | 350,0 |
|  | 42,84 | 307,16/392,84 |
|  | 85,68 | 264,32/435,68 |
|  | 128,52 | 221,48/578,52 |

**Tabelle 2.1** Beispiel für Frequenzanteile im Strom eines Direktumrichters, Angaben in Hertz
Pulszahl Netzstromrichter $p = 6$; $f_N = 50$ Hz;
Wicklungszahl der Maschine (Lastumrichter) $q = 3$; $f_L = 7{,}14$ Hz

Ist als lastseitiger Stromrichter ein Pulsumrichter mit Taktfrequenzen im 100-Hz- bis kHz-Bereich installiert, werden durch den lastseitigen Umrichter nur hochfrequente Ströme hervorgerufen, die sich im allgemeinen nicht auf die Netzseite des Umrichters übertragen. Solche Umrichter wirken dann je nach drehstromseitiger Pulszahl wie sechs- oder höherpulsige Drehstrombrückenschaltungen am Netz.
Weitere Besonderheiten der Stromrichterschaltungen im Hinblick auf die Erzeugung von Oberschwingungen und Zwischenharmonischen sind in [2.4] ausführlich enthalten.

## 2.1.4 Entstehung durch stochastisches Verbraucherverhalten

Der Betrieb leistungsstarker Oberschwingungserzeuger, die vornehmlich im industriellen Bereich eingesetzt sind, läßt sich durch die betrieblichen Abläufe gut vorhersagen. Im Gegensatz dazu ist der Betrieb der Kleinverbraucher in Haushalt und Gewerbe aufgrund der unterschiedlichen Gebrauchsgewohnheiten nur mit Mitteln der Stochastik zu beschreiben.
Hauptverursacher von Oberschwingungen in den Bereichen Haushalt, Gewerbe und Industrie sind in **Tabelle 2.2** zusammengestellt [2.14].

| Haushalt und Kleingewerbe | Industrie und EVU |
|---|---|
| **Stromrichter** ||
| Audio- und Videogeräte | Induktionsöfen |
| Halogenlampen | Bahnstromrichter |
| Kompaktleuchtstofflampen | Fernmeldegleichstromnetze |
| Dimmer | geregelte Drehstromantriebe |
| Mixer und Schneidegeräte | Gleichstromantriebe |
| Kühl- und Gefriergeräte | Werkzeugmaschinen |
| Mikrowellenherde | Schweißmaschinen |
| Staubsauger | Windkraftanlagen |
| Waschmaschinen | Photovoltaikanlagen |
| Spülmaschinen | HGÜ-Anlagen |
| Computer | |
| Pumpen | |
| **nichtlineare U/I-Kennlinie** ||
| Leuchtstofflampen ohne elektronisches Vorschaltgerät | Lichtbogenöfen |
| | Lichtbogenschweißgeräte |
| Glühlampen | Gasentladungslampen |
| Kleinmotoren | Transformatoren |
| | Induktionsöfen |

Tabelle 2.2 Zusammenstellung typischer Oberschwingungserzeuger in Haushalt, Gewerbe und Industrie

Geräte für den Einsatz in Haushalt und Kleingewerbe mit Leistungen im Bereich von 100 W bis zu einigen Kilowatt sind mit wenigen Ausnahmen für Wechselstrombetrieb (einphasig) in Niederspannungsnetzen ausgelegt, während es sich bei industriellen Anwendungen im allgemeinen um Drehstromverbraucher (dreiphasig) handelt. Die am meisten verbreitete Stromrichterschaltung im Niederspannungsbereich ist die Zweiweggleichrichtung mit kapazitiver Glättung, auch Spitzenwertgleichrichter genannt. Diese Schaltung kann kostengünstig hergestellt werden und hat sich auf dem Markt der Konsumelektronik durchweg etabliert. Gleichrichter dieser Art werden in Fernsehgeräten, Videorecordern, Satellitenempfängern, Stereoanlagen, Beleuchtungseinrichtungen, Personal-Computern, Akkumulator-Ladegeräten und zunehmend auch in größeren Leistungsbereichen wie in Waschmaschinen und Klimageräten eingesetzt. Kompaktleuchtstofflampen mit elektronischem Vorschaltteil wirken am Netz ähnlich wie Zweiweggleichrichter.

Oberschwingungsspannungen in öffentlichen Mittel- und Niederspannungsnetzen, insbesondere die Spannung der fünften Oberschwingung, sind im wesentlichen auf den Einsatz des Zweiweggleichrichters mit kapazitiver Glättung zurückzuführen. Mehrere im Hinblick auf die Aussendung von Oberschwingungsströmen nachteilige Aspekte müssen hierbei beachtet werden:

– große Verbreitung durch Einsatz in nahezu allen Geräten der Konsumelektronik

– hohe Gleichzeitigkeit der Benutzung (Fernsehgeräte, Beleuchtung) insbesondere in den Abendstunden und an Wochenenden

– hohe relative Oberschwingungsströme (siehe Bild 2.6)

– hohe Gleichphasigkeit der Oberschwingungsströme unterschiedlicher Geräte (Ausnahme: Kompaktleuchtstofflampen)

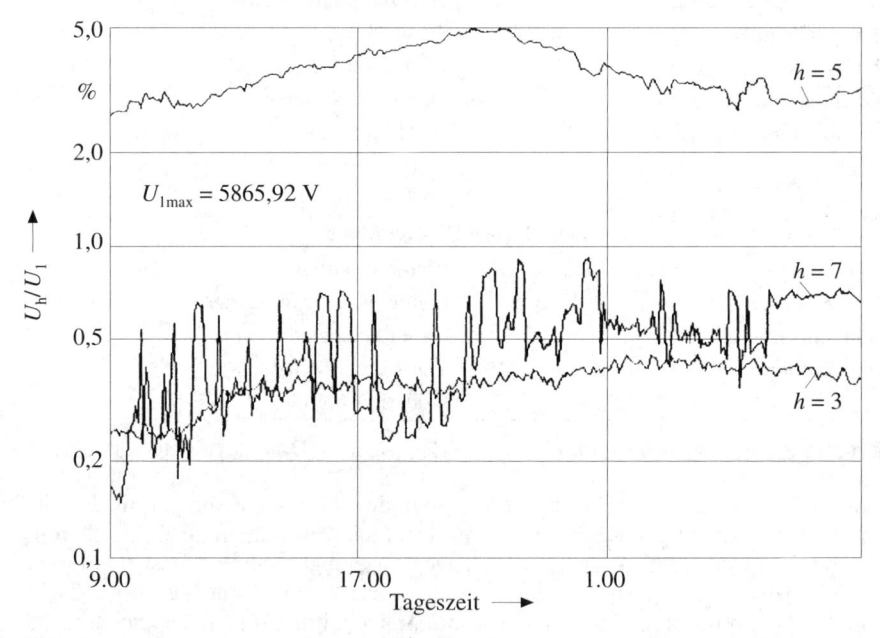

**Bild 2.11** Zeitlicher Verlauf von Oberschwingungsspannungen (logarithmische Darstellung) in einem 10-kV-Netz am Samstag, 4.11.95
Netzlast $P = 22{,}3$ MW; Wohnbebauung mit Kleingewerbe

**Bild 2.11** zeigt den Verlauf der fünften Oberschwingungsspannung in einem 10-kV-Netz (Wohnbebauung mit Kleingewerbe) im Herbst 1995. Der Tagesverlauf der fünften Oberschwingung weist einen typischen, relativ flachen, nahezu konstanten Verlauf tagsüber und einen stark ausgeprägten Anstieg in den Abendstunden mit einem Maximum zwischen 20 Uhr und 21 Uhr auf. Aufgrund der verteilten Kleinverbraucher, von denen keiner einen dominierenden Last-, bzw. Oberschwingungsanteil beisteuert, verläuft die fünfte Oberschwingungsspannung stetig ohne nennenswerte Sprünge. Die zeitliche Lage des Maximums läßt auf Fernsehgeräte als Hauptverursacher für die abendliche Oberschwingungsspitze schließen.

Der Verlauf der dritten Oberschwingungsspannung in Bild 2.11 weist dagegen einen wesentlich konstanteren Verlauf auf. Ströme der dritten Oberschwingung werden zwar von Zweiweggleichrichtern erzeugt, gelangen jedoch wegen der sehr hohen Nullimpedanz der 10/0,4-kV-Transformatoren (Dy oder Dz) nur zu einem geringen Anteil in das übergeordnete Netz. Der Verlauf der siebten Oberschwingungsspannung dagegen läßt eine Periodizität von etwa einer Stunde erkennen. Hierbei handelt es sich offensichtlich um die Auswirkungen eines industriellen Verbrauchers, die sich dem stochastisch bedingten Verlauf der fünften Oberschwingungsspannung überlagern.

Messungen der fünften Oberschwingungsspannung über eine ganze Woche lassen die Verursacher noch stärker erkennbar werden. Als Beispiel ist in **Bild 2.12** der Wochenverlauf der fünften Oberschwingungsspannung im Juli 1994 für ein 10-kV-Netz mit einer Netzlast von 8,7 MW angegeben. Es handel ich um ein reines Wohngebiet am Stadtrand.

Deutlich ist in Bild 2.12 ein identischer Verlauf der Oberschwingungsspannung von Montag bis Freitag vormittags zu erkennen. Der in Bild 2.11 dargestellte und ein-

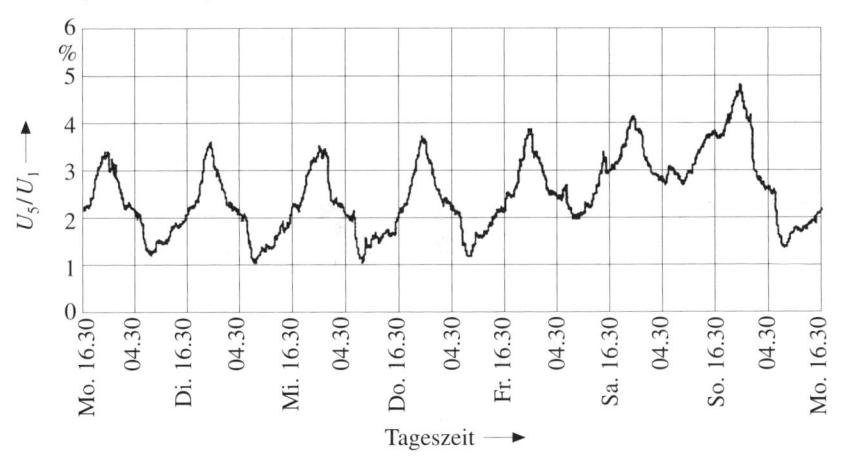

**Bild 2.12** Zeitlicher Verlauf der fünften Oberschwingungsspannung (lineare Darstellung) in einem 10-kV-Netz vom 11.7. bis 18.7.94
Netzlast $P = 8{,}7$ MW; Wohngebiet

gangs diskutierte Tagesverlauf spiegelt sich hier wider. Am Wochenende steigt der Pegel der fünften Oberschwingungsspannung sowohl im Maximum als auch insgesamt an, der Kurvenverlauf wird flacher. Deutlich sind Nebenmaxima des Verlaufs jeweils in den Nachmittagsstunden des Samstag und des Sonntag zu erkennen, was auf geänderte Konsumgewohnheiten (Fernsehen) zurückzuführen ist. Die Erhöhung der Oberschwingungspegel am Wochenende ist auch auf die verringerte Netzlast zurückzuführen, die dämpfend auf die Oberschwingungsspannungen wirkt.

### 2.1.5 Rundsteuersignale

Mit Rundsteueranlagen werden in elektrischen Netzen Steuersignale an Rundsteuerempfänger übertragen, z. B. zum Umschalten von Tarifzählern, zum Schalten von Beleuchtungseinrichtungen oder zum Alarmieren von Personal. Alte Systeme arbeiten dabei meist im Frequenzbereich von 110 Hz bis 3 000 Hz, moderne Systeme im Bereich von 110 Hz bis 500 Hz. Die Arbeitsfrequenzen liegen im Bereich unter 500 Hz meist zwischen den typischen Oberschwingungen, im Bereich über 500 Hz bei denjenigen Oberschwingungen, die von Drehstrombrückenschaltungen stationär nicht erzeugt werden. Rundsteuersignale werden als Impulstelegramme von kur-

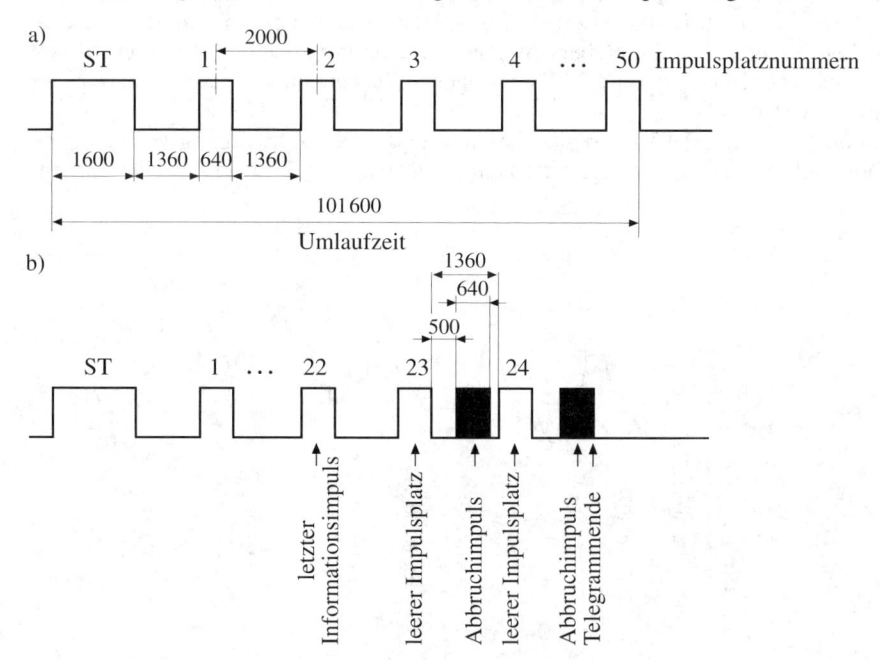

**Bild 2.13** Impulsfolgen von Rundsteuersignalen, Zeitangaben in Millisekunden
a) feste Telegrammlänge
b) variable Telegrammlänge

zer Dauer mit der entsprechenden Rundsteuerfrequenz ausgesandt. Die gesamte Dauer des Telegramms beträgt ungefähr eine Minute. **Bild 2.13** zeigt zwei Beispiele von Rundsteuersignalen (dargestellt ist der Effektivwert der Rundsteuerspannung). Rundsteuersignale sind im Hinblick auf Netzrückwirkungen je nach Rundsteuerfrequenz als Oberschwingungen oder Zwischenharmonische anzusehen. Nach VDE 0420 Teil 1:1994-01 (DIN EN 61037) ist die Relation von Funktionsspannung und Steuerspannung in Abhängigkeit von der Sendefrequenz $f_s$ festgelegt. Die Steuerspannung $U_{max}$ ist dabei die ins Netz eingeprägte Spannung des Rundsteuersenders, die Funktionsspannung $U_f$ ist die Spannung des Rundsteuerempfängers, bei der dieser noch sicher anspricht. Es gelten folgende Relationen:

$$\frac{U_{max}}{U_f} \geq 8 \qquad \text{für } f_s < 250 \text{ Hz} \tag{2.20a}$$

$$U_{max} \geq U_f\left(8 + \frac{(f_s - 250) \cdot 7}{500}\right) \qquad \text{für } f_s = 250 \text{ Hz bis } 750 \text{ Hz} \tag{2.20b}$$

$$\frac{U_{max}}{U_f} \geq 15 \qquad \text{für } f_s > 750 \text{ Hz} \tag{2.20c}$$

## 2.2 Beschreibung und Berechnung

### 2.2.1 Kenngrößen und Parameter

Aufgrund physikalischer Zusammenhänge kann Wirkleistung nur zwischen Strömen und Spannungen gleicher Frequenz erzeugt werden. Oberschwingungsströme können mit Spannungen anderer Frequenzen und damit auch mit der Grundschwingungsspannung nur Wechselleistungen umsetzen. Unter der Voraussetzung, daß die Spannung rein sinusförmig ist, berechnet sich die Scheinleistung eines oberschwingungshaltigen Stroms und einer sinusförmigen Spannung nach

$$S^2 = U^2\left(I_{w1}^2 + I_{b1}^2 + \sum_{h=1}^{\infty} I_h^2\right) \tag{2.21}$$

mit der Wirkleistung $P_1$ aus der Stromgrundschwingung, der Blindleistung $Q_1$ der Stromgrundschwingung und dem Verzerrungsanteil $D$ der Stromoberschwingungen nach

$$P_1 = U I_1 \cos\varphi \tag{2.22a}$$

$$Q_1 = U I_1 \sin\varphi \tag{2.22b}$$

$$D = U \sqrt{\sum_{h=1}^{\infty} I_h^2} \qquad (2.22c)$$

Die Größen lassen sich in einem rechtwinkligen Koordinatensystem nach **Bild 2.14** darstellen.

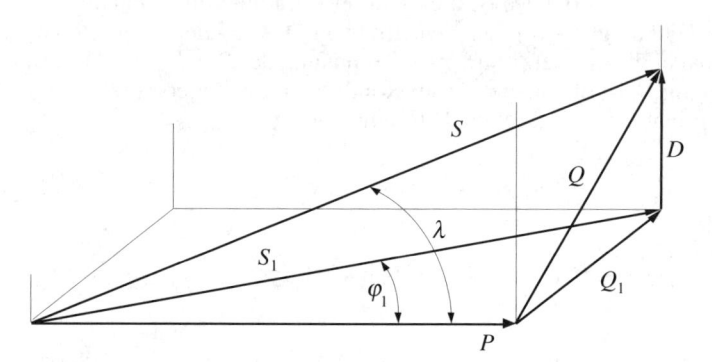

**Bild 2.14** Darstellung der Größen Schein-, Wirk-, Blind- und Verzerrungsleistung, Leistungsfaktor und Verschiebungsfaktor in einem rechtwinkligen Koordinatensystem

Sind Spannungen und Ströme nicht sinusförmig, ist zu beachten, daß durch Oberschwingungen gleicher Frequenz in Strom und Spannung ebenfalls Wirkleistung umgesetzt wird. Siehe hierzu auch Abschnitt 1.4.4.

Die folgenden Definitionen (gültig für Ströme und Spannungen) von Verhältniswerten, hier dargestellt in Gl. (2.23a) bis Gl. (2.23c) am Beipiel der Ströme, sind nach DIN 40110 festgelegt.

– *Effektivwert I* als Wurzel der quadratischen Summe der Oberschwingungsströme

$$I = \sqrt{\sum_{h=1}^{\infty} I_h^2} \qquad (2.23a)$$

– *Grundschwingungsgehalt g* als Quotient des Effektivwerts der Grundschwingung zum Gesamteffektivwert

$$g = I_1 / I \qquad (2.23b)$$

– *Oberschwingungsgehalt k* oder Klirrfaktor als Quotient des Effektivwerts der Oberschwingungen zum Gesamteffektivwert

$$k = \frac{\sqrt{I^2 - I_1^2}}{I} = \sqrt{1 - g^2} \qquad (2.23c)$$

Der *THD*-Wert (*total harmonic distortion*) wird in DIN 40110 nicht definiert und berechnet sich als Quotient des Effektivwerts der Oberschwingungen zum Grundschwingungseffektivwert

$$THD = \frac{\sqrt{I^2 - I_1^2}}{I_1} = \frac{k}{g} = \sqrt{\sum_{n=2}^{40} (I_h/I_1)^2} \qquad (2.23d)$$

Zur Bewertung von Oberschwingungen bestimmter Ordnungen können bei der Berechnung des Verzerrungsfaktors *THD* Gewichtungsfaktoren eingeführt werden (siehe Entwurf IEC 1000-3-4). Die so ermittelte Kenngröße bezeichnet man als gewichteten Teilverzerrungsfaktor (*partial weighted harmonic distortion*) *PWHD*:

$$PWHD = \sqrt{\sum_{n=14}^{40} h(I_h/I_1)^2} \qquad (2.23e)$$

Es ist trotz fehlender Definition in DIN 40110 heute üblich, den *THD* und nicht den Oberschwingungsgehalt (früher Klirrfaktor) zu verwenden.
Der *Leistungsfaktor* $\lambda$ als Quotient der Wirkleistung und der Scheinleistung gilt allgemein für nichtsinusförmige Ströme und Spannungen nach

$$\lambda = \frac{P}{\sqrt{(P^2 + Q_1^2 + D^2)}} \qquad (2.23f)$$

Der *Verschiebungsfaktor* $\cos\varphi_1$ als Quotient der Wirkleistung zur Grundschwingungsscheinleistung wird im Fall sinusförmiger Spannung und nichtsinusförmiger Ströme als Grundschwingungsleistungsfaktor definiert:

$$\cos\varphi_1 = \frac{P}{\sqrt{(P^2 + Q_1^2)}} \qquad (2.23g)$$

Die Größen Leistungsfaktor und Verschiebungsfaktor sind in Bild 2.14 zusätzlich zu den Leistungsgrößen dargestellt.
Ausgehend vom *THD* der Spannung, den man auch als *Verzerrungsfaktor d* bezeichnet,

$$d = \sqrt{\sum_{h=2}^{n} \left(\frac{U_h}{U_1}\right)^2} \qquad (2.24a)$$

berechnet man Verzerrungsfaktoren $d_\text{ind}$ und $d_\text{cap}$ nach Gl. (2.24b) und Gl. (2.24c) zum Abschätzen der Auswirkungen von Oberschwingungen auf Induktivitäten und Kapazitäten:

$$d_\text{L} = \sqrt{\sum_{h=2}^{n} \left(\frac{U_h}{h^\alpha U_1}\right)^2} \qquad (2.24b)$$

$$d_\text{C} = \sqrt{\sum_{h=2}^{n} \left(h\frac{U_h}{U_1}\right)^2} \qquad (2.24c)$$

Mit dem Exponenten $\alpha$ werden dabei die verschiedenen Eisenqualitäten berücksichtigt. Er liegt üblicherweise zwischen 1,5 und 3.
Zum Beschreiben der Überlagerung von Oberschwingungsströmen verschiedener Verursacher wird der *Gleichphasigkeitsfaktor* $k_{ph}$ nach Gl. (2.25) als Quotient aus geometrischer zu arithmetischer Summe der betrachteten Ströme definiert. Definitionsgemäß ist immer $k_{ph} \leq 1$.

$$k_{ph} = \frac{\left|\sum I_h\right|}{\sum |I_h|} \qquad (2.25)$$

## 2.3 Oberschwingungen und Zwischenharmonische in Netzen

### 2.3.1 Berechnung von Netzen und Betriebsmitteln

Berechnungen von Oberschwingungen und Zwischenharmonischen in elektrischen Netzen werden durchgeführt z.B. zur Analyse von Störungen, zum Planen und Auslegen von Kompensationsanlagen, zum Berechnen der Ausbreitung von Rundsteuersignalen usw. Für diese Zwecke geht man davon aus, daß sich das System im eingeschwungenen, stationären Zustand befindet. Rechenverfahren können dabei sowohl im Zeit- als auch im Frequenzbereich angewendet werden. Siehe hierzu auch [2.14, 2.15].

Für Analysen im Zeitbereich wird der Systemzustand durch die Knotenspannungen und Zweigströme bestimmt, deren Zusammenhang durch ein System von Differentialgleichungen beschrieben wird. Dieses kann mit den üblichen numerischen Verfahren gelöst werden. Als Ergebnis erhält man die berechneten Zeitverläufe der Ströme und Spannungen in zeitdiskreten Abständen. Das Verfahren ermöglicht das Berechnen sämtlicher Vorgänge im Netz einschließlich der Regler. Nichtlinearitäten der Betriebsmittel und Verbraucher können berücksichtigt werden. Zum Ermitteln der Oberschwingungen im stationären Zustand müssen die Zeitverläufe bis zum Abklingen der Einschwingvorgänge berechnet werden. Die Oberschwingungsanteile können anschließend mit Hilfe der Fourier-Analyse festgestellt werden. Um den hohen Modellierungsaufwand, die langen Rechenzeiten und den Bedarf an Speicherplatz zu rechtfertigen, werden Verfahren im Zeitbereich vorzugsweise zum Berechnen transienter Vorgänge in räumlich kleinen Netzen mit geringer Stromrichterzahl eingesetzt.

Sollen in ausgedehnten Netzen die stationären Oberschwingungen berechnet werden, setzt man Rechenverfahren im Frequenzbereich ein. Das Differentialgleichungssystem (Zeitbereich) wird dazu in ein komplexes algebraisches Gleichungssystem (Frequenzbereich) überführt. Die Oberschwingungen können im Frequenzbereich durch komplexe Zeiger dargestellt werden, die sich durch Betrag und Phasenlage oder durch Real- und Imaginärteil beschreiben lassen. Hier ist auch eine Analogie gegeben zu den Betrachtungen zur Fourier-Analyse in Abschnitt 1.4.2.

Im folgenden wird das Verfahren der linearen harmonischen Analyse näher betrachtet, deren benötigte Daten sich aus den Typenschilddaten der Betriebsmittel, also in gleicher Weise wie für Lastfluß- und Kurzschlußberechnungen, entnehmen lassen. Mit dem Verfahren der linearen harmonischen Analyse können Rückwirkungen nichtlinearer Verbraucher untereinander und nichtlineare Effekte, wie die Eisensättigung von Transformatoren, nicht nachgebildet werden. Die Oberschwingungsströme nichtlinearer Verbraucher werden als konstante eingeprägte Ströme betrachtet. Diese Annahme ist berechtigt, da die Oberschwingungsströme im Bereich üblicher Verzerrungsfaktoren (Oberschwingungsgehalt) der Spannung nahezu unabhängig von der Spannungsform sind.

## 2.3.2 Modellierung von Betriebsmitteln

Das Übertragungsverhalten der Betriebsmittel und Lasten wird linear modelliert und durch die Knotenadmittanzmatrix beschrieben, die für jede zu betrachtende Frequenz getrennt berechnet werden muß. Dabei kann sowohl dreiphasig in Drehstromkomponenten als auch einphasig in symmetrischen Komponenten berechnet werden. Im allgemeinen reicht es für Oberschwingungen in elektrischen Energieversorgungsnetzen aus, einphasig in symmetrischen Komponenten zu rechnen und Mit-, Gegen- oder Nullsystem zu modellieren, je nach Ordnung der zu ermittelnden Oberschwingungen oder Drehsinn der Zwischenharmonischen. Ausgehend von den eingeprägten Oberschwingungsströmen, werden dann die Oberschwingungsspannungen berechnet.

Die Betriebsmittel sollen aus den vorliegenden Kenndaten, die auch für andere Netzberechnungen erforderlich sind, modelliert werden. Dabei soll Berechnen im interessierenden Bereich bis zur 40. Oberschwingung möglich sein, wobei eine erhöhte Modellgenauigkeit im Frequenzbereich bis etwa 1 kHz angestrebt wird. Kabel, Freileitungen und Transformatoren werden durch $\pi$-Ersatzschaltungen (konventionell oder auf Basis der Leitungsgleichungen) nachgebildet. Im Gegensatz zur T-Ersatzschaltung entstehen keine neuen Knoten.

Die Ersatzschaltbilder für Kabel und Freileitungen berücksichtigen Kapazitäts-, Induktivitäts- und Widerstandsbelag, die aus Leiterquerschnitt, -anordnung und -material sowie aus der Isolationsart bestimmt werden können. Die konventionelle $\pi$-Ersatzschaltung kann für Freileitungen bis zu einer Länge von 250 km, für Kabel bis zu 150 km, geteilt durch die Oberschwingungsordnung $h$, verwendet werden. Der Genauigkeit der Modellierung nimmt dabei mit steigender Frequenz und Leitungslänge ab. Wird eine erhöhte Genauigkeit gefordert, ist die Leitung in Abschnitte zu unterteilen, und die einzelnen $\pi$-Ersatzschaltungen sind in Reihe zu schalten. Für Oberschwingungsuntersuchungen besser geeignet ist die $\pi$-Ersatzschaltung auf Basis der Leitungsgleichungen, die das Übertragungsverhalten einer Leitung ohne zusätzlichen Modellierungsaufwand beschreibt. Die in Nieder- und Mittelspannungsnetzen üblichen Längen bis etwa 2 km werden im Frequenzbereich bis 1 kHz durch die konventionelle $\pi$-Ersatzschaltung beschrieben.

Transformatoren werden ebenfalls durch eine π-Ersatzschaltung mit idealem Übertrager modelliert. Die Parameter des Ersatzschaltbilds werden aus der Schaltgruppe, dem Übersetzungverhältnis und den aus Kurzschluß- und Leerlaufmessung ermittelten Größen berechnet. Da die Eigenresonanzfrequenzen von Transformatoren oberhalb von 5 kHz und die Wicklungskapazitäten relativ klein gegenüber Leitungskapazitäten sind, werden die Wicklungskapazitäten nicht nachgebildet. Schaltgruppe und Phasendrehung der Transformatoren sind hinsichtlich der Übertragung von Oberschwingungen über verschiedene Netzebenen zu berücksichtigen.

Generatoren, Motoren und Netzeinspeisungen stellen für Oberschwingungsuntersuchungen Verbraucher dar, deren 50-Hz-Quellenspannungen als kurzgeschlossen zu betrachten sind. Die Ersatzschaltungen basieren auf den (subtransienten) Kurzschlußdaten.

Zum korrekten Nachbilden möglicher Resonanzen überlagerter Netzebenen ist es notwendig, diese durch einen Parallelschwingkreis darzustellen, der die Kurzschlußimpedanz der Netzeinspeisung, die Summe der verteilten Leitungs- und Kompensationskapazitäten sowie die aus der Wirklast resultierende Resistanz enthält. Vorverzerrungen der Spannung in überlagerten Netzebenen sind durch Ersatzstromquellen oder Ersatzspannungsquellen entsprechender Frequenz nachzubilden.

Lineare Wirklasten stellen die dämpfenden Anteile des Netzes dar, die in erster Näherung durch einen rein ohmschen Widerstand entsprechend dem Wirkleistungsanteil an der Last nachgebildet werden. Induktive Lasten können durch eine parallele Induktivität gemäß dem Blindleistungsanteil der Last dargestellt werden. Der durch die induktive Grundschwingungsblindleistung überlagerte kapazitive Anteil läßt sich meist nicht aus den Lastangaben ermitteln. Man kann ihn auf Basis der betrieblichen Kenntnisse über Lastfaktoren abschätzen.

### 2.3.3 Resonanzen in elektrischen Netzen

Geht man beim Betrachten der Auswirkungen von Oberschwingungen und Zwischenharmonischen in elektrischen Netzen davon aus, daß zunächst einmal die beim Betrieb eines Oberschwingungen oder Zwischenharmonische erzeugenden Betriebsmittels am Anschlußpunkt bewirkten Spannungsoberschwingungen von Interesse sind, läßt sich dieses Problem meist auf eine einfache Struktur nach **Bild 2.15** reduzieren. Da die Vorgänge bei Oberschwingungen und Zwischenharmonischen in diesen Betrachtungen identisch sind, wird im Folgenden die Betrachtung am Beispiel der Oberschwingungen durchgeführt. Gleiches gilt in jedem Fall für die Zwischenharmonischen.

Im allgemeinen besteht solch eine Energieversorgungsstruktur aus einer Einspeisung über einen Transformator aus einem Netz höherer Spannungsebene. Am Anschlußpunkt oder Verknüpfungspunkt sind neben der Oberschwingungen erzeugenden Last weitere Lasten, z. B. ohmsche und motorische Verbraucher, angeschlossen. Zur Blindleistungskompensation wird oftmals eine Kondensatorbatterie eingesetzt. Die erwähnten ohmschen und motorischen Verbraucher sind unter Umständen

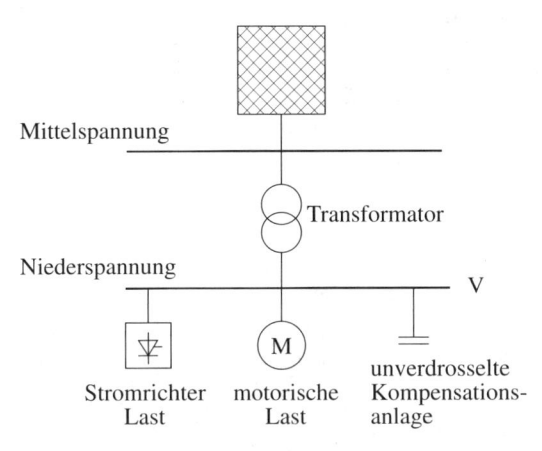

**Bild 2.15** Netzersatzschaltbild einer vereinfachten prinzipiellen Struktur der Elektroenergieversorgung von Verbrauchern

über Kabel mit dem Verknüpfungspunkt verbunden. Die Kabelkapazitäten müssen ebenso wie die Kondensatoren bei der Betrachtung berücksichtigt werden.

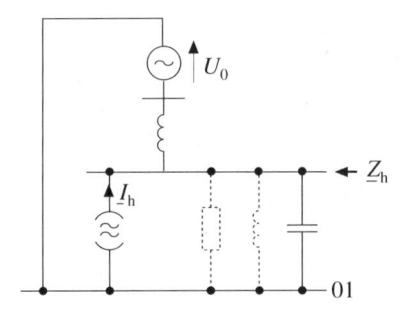

**Bild 2.16** Ersatzschaltbild im Mitsystem des Netzes nach Bild 2.15

Zur weiteren Betrachtung der Vorgänge im Hinblick auf Oberschwingungen wird das in **Bild 2.16** dargestellte Ersatzschaltbild des Netzes im Mitsystem herangezogen. Man erkennt, daß die induktive Einspeisung und die kapazitive Blindstromkompensation bzw. die Kabelkapazitäten aus Sicht des Oberschwingungserzeugers am Verknüpfungspunkt einen Parallelschwingkreis bilden, der durch die ohmschen Anteile der Einspeisung und der Lasten bedämpft ist. Ergänzend zur Berechnung der Resonanzfrequenz nach Gl. (1.41) wird oftmals auch Gl. (2.26) benutzt,

$$f_\text{res} = f_1 \sqrt{S_\text{r}/(u_\text{k} Q_\text{C})}, \tag{2.26}$$

mit der Bemessungsscheinleistung $S_r$ und der Kurzschlußspannung $u_k$ des einspeisenden Transformators und der Bemessungsleistung $Q_C$ der Kondensatorbatterie. Nach dieser Vorüberlegung lassen sich die Auswirkungen von Stromoberschwingungen berechnen. Zum Beschreiben werden die in Abschnitt 1.4.5 ermittelten Gleichungen verwendet. Der Verlauf der Impedanz am Verknüpfungspunkt ist in **Bild 2.17** dargestellt.

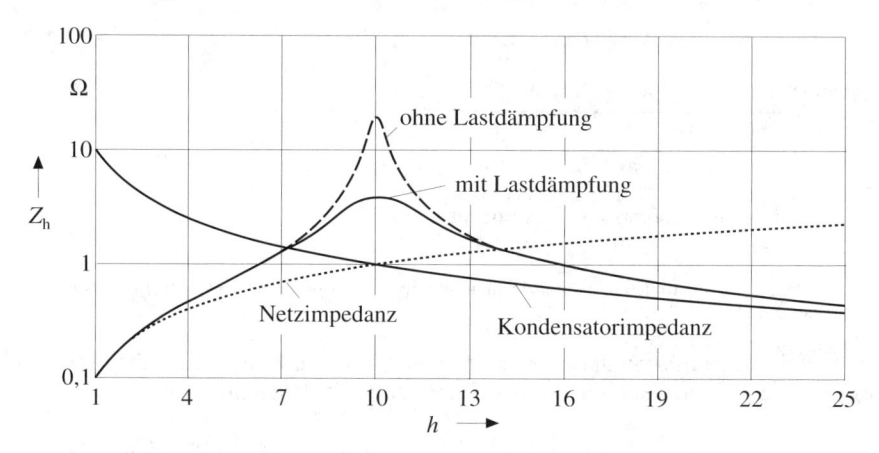

**Bild 2.17** Verlauf der Impedanz der Netzanordnung nach Bild 2.15 am Verknüpfungspunkt V

Die Impedanz des Parallelschwingkreises steigt, ausgehend von der Impedanz der induktiven Einspeisung bei kleinen Frequenzen, auf den Maximalwert bei der Resonanzfrequenz $f_{res}$, nimmt bei weiter steigenden Frequenzen wieder ab und nähert sich der Impedanz des kapazitiven Anteils. Die Impedanz im Resonanzpunkt ist gleich der Impedanz der Einspeisung, multipliziert mit der Güte $Q$ oder dividiert durch die Dämpfung $d$

$$|Z_{res}| = \frac{\omega L}{d} \qquad (2.27)$$

Geht man davon aus, daß die Oberschwingungsströme eingeprägte Ströme sind, treffen diese im Frequenzbereich

$$\frac{f_{res}}{\sqrt{2}} < f < f_{res}\sqrt{2} \qquad (2.28)$$

auf einen gegenüber der Impedanz der Einspeisung bzw. gegenüber der Impedanz der Kapazitäten erhöhten Impedanzwert und rufen somit auch erhöhte Spannungen hervor. Die motorischen Lasten, dargestellt durch ihre Induktivität, führen zu einer Verschiebung der Resonanzfrequenz hin zu niedrigeren Frequenzen. Unter Berücksichtigung der Impedanzwerte von Einspeisung und motorischen Lasten ist dieser Effekt jedoch relativ gering.

Erheblich größere Auswirkungen auf die Impedanz am Netzanschlußpunkt hat demgegenüber eine Änderung der Kondensatorleistung, z.B. durch eine gestufte Kondensatorbatterie. **Bild 2.18** zeigt die Änderung des Impedanzverlaufs für den Fall, daß die Kondensatorbatterie im Bereich $Q_C = 100$ kvar bis 550 kvar stufig geschaltet werden kann. Im betrachteten Netz mit der Kurzschlußleistung $S''_k = 23{,}8$ MVA am Verknüpfungspunkt verändert sich die Resonanzfrequenz dabei im Bereich $f_{res} = 304$ Hz bis 780 Hz. Unter Berücksichtigung der Impedanzerhöhung nach Gl. (2.28) muß im Bereich $f = 214$ Hz bis 1103 Hz (Oberschwingungsordnungen $h = 5$ bis 22) mit resonanzbedingten Spannungserhöhungen gerechnet werden.

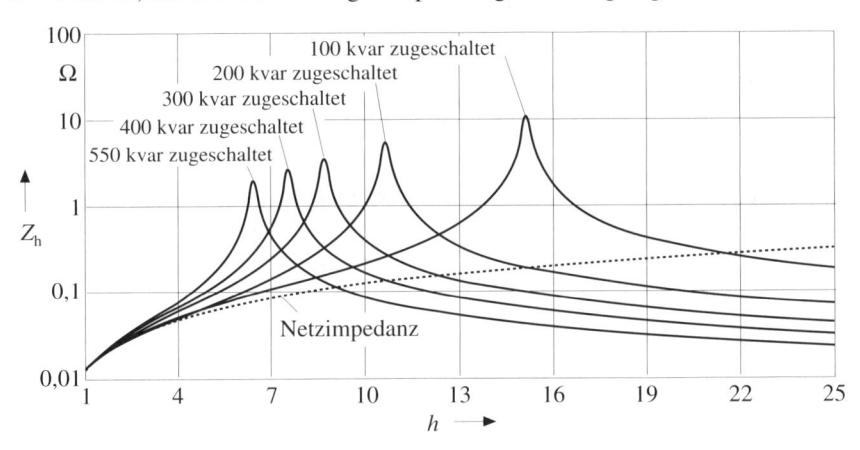

**Bild 2.18** Impedanzverlauf am Verknüpfungspunkt eines Industrienetzes mit $S''_k = 23{,}8$ MVA und gestufter Kompensation $Q_C = 100$ kvar bis 550 kvar (5 Stufen)

Die Spannungserhöhung bei Oberschwingungsfrequenzen führt zu einer hohen Strombelastung der Kondensatoren,

$$I_{Ch} = U_h\, h\, \omega_1 C, \tag{2.29}$$

da die Impedanz des Kondensators mit steigender Frequenz abnimmt. Diese Ströme können unter Umständen größer werden als die eingeprägten Oberschwingungsströme und zur Zerstörung des Kondensators führen.

Wurde bisher die Impedanz der Netzanordnung aus Sicht des Oberschwingungserzeugers am Verknüpfungspunkt mit eingeprägten Oberschwingungsströmen betrachtet, geschieht dies nachfolgend aus Sicht des einspeisenden Netzes. **Bild 2.19** zeigt das Ersatzschaltbild im Mitsystem der Netzanordnung nach Bild 2.15.

Induktive Impedanz des speisenden Transformators und kapazitive Impedanz des Kondensators liegen jetzt in Reihe und bilden einen Reihenschwingkreis, der durch die ohmschen Anteile bedämpft wird. Der Verlauf der Impedanz ist in **Bild 2.20** dargestellt.

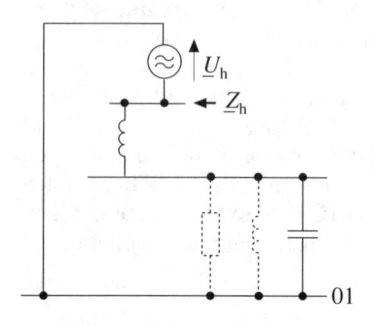

**Bild 2.19** Ersatzschaltbild der Netzanordnung nach Bild 2.15, vom einspeisenden Netz aus gesehen, mit eingeprägten Spannungsoberschwingungen

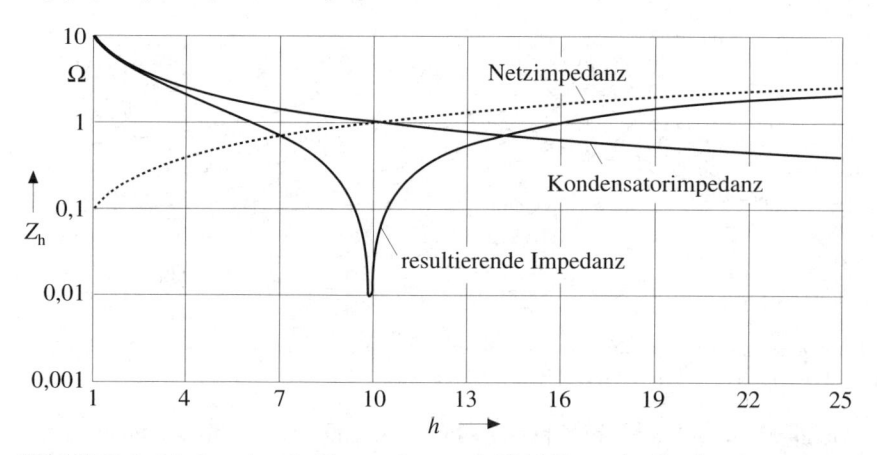

**Bild 2.20** Verlauf der Impedanz der Netzanordnung nach Bild 2.19, von der Netzeinspeisung aus gesehen

Die Impedanz des Reihenschwingkreises sinkt, ausgehend von der Impedanz des kapazitiven Kondensators bei kleinen Frequenzen, auf den Minimalwert bei der Resonanzfrequenz $f_{res}$, steigt bei weiter steigenden Frequenzen wieder an und nähert sich der Impedanz der induktiven Reaktanz der Einspeisung. Die Impedanz im Resonanzpunkt ist gleich der Impedanz der Einspeisung, dividiert durch die Güte $Q$ oder multipliziert mit der Dämpfung $d$:

$$|\underline{Z}_{res}| = \omega L d \tag{2.30}$$

Bereits bei kleinen vorhandenen Spannungsoberschwingungen im speisenden Netz fließen große Oberschwingungsströme über den Transformator in die Kondensatoranlage und können ebenfalls die Kondensatoren zerstören.

Der Einfluß auf die Resonanzfrequenz einer in Stufen geschalteten Kompensationsanlage ist ähnlich wie bei der Betrachtung des Parallelresonanzeffekts.

## 2.4 Auswirkungen von Oberschwingungen und Zwischenharmonischen

### 2.4.1 Allgemeines

Wegen der Impedanzverhältnisse in elektrischen Netzen können Stromoberschwingungen aus unterlagerten Netzen als eingeprägte Quellenströme, die Spannungsoberschwingungen aus überlagerten Netzen als eingeprägte Quellenspannungen angesehen werden; siehe hierzu auch Abschnitt 1.5.1. Die Oberschwingungen überlagern sich dabei vektoriell. Da die dritte Oberschwingung und deren Vielfache Nullsysteme bilden, gelangen diese im allgemeinen nicht aus dem Niederspannungsnetz in das überlagerte Mittelspannungsnetz, da durch die Schaltung und Erdung der einspeisenden Transformatoren (Dy oder Dz) das Nullsystem nicht übertragen werden kann. Wegen der in Realität endlichen Nullimpedanz der Dreieckswicklungen bzw. der im Sternpunkt nicht geerdeten Wicklungen werden bis maximal 20% der Oberschwingungen des Nullsystems in die überlagerte Spannungsebene übertragen.

### 2.4.2 Energietechnische Betriebsmittel

Bei Dreh- und Wechselstrommotoren und -generatoren führen Stromoberschwingungen zu zusätzlicher Erwärmung und entwickeln beim Anlauf störende Momente ähnlich wie Grundschwingungsströme des Gegensystems $I_{21}$. Daher darf der Gesamteffektivwert der durch Spannungsoberschwingungen an der Motor-Kurzschlußinduktivität entstandenen Stromoberschwingungen $I_h$ und des Grundschwingungsstroms $I_{21}$ des Gegensystems gemäß

$$I = \sqrt{I_{21}^2 + \sum_{h=1}^{\infty} I_h^2} \tag{2.31}$$

nach VDE 0530 Teil 1:1995-11 (EN 60034-1), Tabelle 7 nicht größer werden als

$$I = \sqrt{U_{21}^2 + \sum_{h=1}^{\infty} \left(\frac{U_h}{h}\right)^2} \cdot \frac{I_{an}}{U_1} \tag{2.32a}$$

$$I \leq (0{,}05 \ldots 0{,}1) I_{rM} \tag{2.32b}$$

Kleine Werte gelten dabei für direkt gekühlte Maschinen und für Maschinen großer Leistung (bis 1,6 MVA), große Werte sind bei indirekt gekühlten Motoren zulässig. Das Drehmoment $M$ von Asynchronmotoren ist proportional dem Quadrat des Effektivwerts der Statorspannung $U$,

$$M \sim \frac{U^2}{n_1 X_\sigma}, \tag{2.33}$$

und bei Synchronmaschinen proportional der Statorspannung $U$:

$$M \sim U \frac{U_p \sin \vartheta}{n_1 X_d}, \tag{2.34}$$

Oberschwingungen in der Spannung ergeben je nach Ordnung mit- oder gegenlaufende Drehmomente (siehe Abschnitt 1.4.3):
Vielfache der Ordnung drei bilden Nullsysteme, aber keine Drehmomente, da es sich um reine Wechselfelder handelt. Die höherfrequenten Drehfelder führen durch die höherfrequenten Drehmomente zu ungleichmäßigem Lauf der Maschinen, was sich als störende Geräusche und Rüttelmomente auswirkt. Unter Umständen können auch Oszillationen zwischen den Einzelmassen auf der Generator- oder Motorwelle angeregt werden.

**Bild 2.21** zeigt den Verlauf des Raumzeigers der Spannung für ein Niederspannungsnetz, bei dem der Betrag der fünften Spannungsoberschwingung $U_5$ gleich 5% der Grundschwingungsspannung $U_1$ ist. Die Änderungsfrequenz des Spannungsdrehzeigers beträgt $6 \cdot f_1$, ist also gleich der Differenz der Grundschwingungsfrequenz (Mitsystem) und der fünften Oberschwingungsfrequenz (Gegensystem).

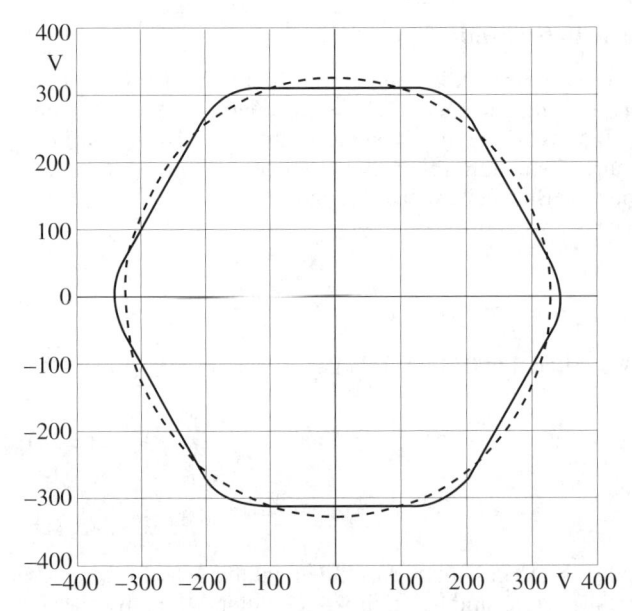

**Bild 2.21** Ortskurven von Spannungen in einem Niederspannungsnetz
—·—·—·— Spannungsgrundschwingung
———— Spannungsgrundschwingung mit fünfter Oberschwingung $U_5/U_1 = 5\%$

Bei Kondensatoren darf der durch die Spannungsoberschwingungen hervorgerufene Gesamteffektivwert des Stroms nach

$$I = \omega_1 C \sqrt{\sum_{h=1}^{\infty} (hU_h)^2} \tag{2.35}$$

gemäß VDE 0560 Teil 46:1995-03 (EN 60831-1), den 1,3fachen Bemessungsstrom, bei Beachten der Kapazitätstoleranz von $1,15 \cdot C_n$ den 1,5fachen Bemessungsstrom nicht überschreiten.
Weiterhin ist der Anstieg der dielektrischen Verluste

$$P_d = U_1^2 \, h \, \omega_1 C \tan\delta, \tag{2.36}$$

die proportional mit dem Quadrat der Spannung ansteigen, zu beachten.
Für die Spannung gilt außerdem

$$\left(\frac{U}{U_n}\right)^2 + \sum h \left(\frac{U_h}{U_n}\right)^2 \leq 1,44 \tag{2.37}$$

Die maximal zulässige Spannung ist nach VDE 0560 abhängig von der Dauer der Spannungsbeanspruchung, wie in **Tabelle 2.3** angegeben.

| Spannung $U_{max}$ | Zeit $T_{max}$ |
|---|---|
| $U \leq 1,0 \cdot U_n$ | dauernd |
| $U \leq 1,1 \cdot U_n$ | 8 Stunden/Tag |
| $U \leq 1,15 \cdot U_n$ | 30 Minuten/Tag |
| $U \leq 1,2 \cdot U_n$ | 5 Minuten/Tag |
| $U \leq 1,3 \cdot U_n$ | 1 Minute/Tag |

**Tabelle 2.3** Zulässige Spannungsbeanspruchung von Kondensatoren in Abhängigkeit von der Beanspruchungsdauer

Die VDE-Bestimmungen VDE 0560 befinden sich derzeit in Überarbeitung und sind z. Z. außer Kraft gesetzt.
Leitungen (Freileitungsseile, Kabel und Schienen) erfahren durch Oberschwingungen eine von der Frequenz abhängige höhere Belastung und dadurch eine lokale Erwärmung, die durch den ab etwa 1000 Hz zu berücksichtigenden Skin-Effekt verstärkt hervorgerufen wird. In Netzen mit einem vierten Leiter (Niederspannungsnetzformen TN und TT nach VDE 0100 Teil 300) als Rückleiter führt dieser bei Vorhandensein einer Oberschwingungskomponente in der Spannung einen Strom der Frequenz 150 Hz, der bei hohem Grad an nichtlinearen Verbrauchern zu einer unter Umständen höheren Belastung des Neutralleiters gegenüber den Außenleitern führen kann. **Bild 2.22** zeigt als Beispiel das Frequenzspektrum des Stroms in einer NS-Anlage, die fast ausschließlich PC, Sichtgeräte und Kompaktleuchtstofflampen in einem Bürogebäude versorgt.
Bei nicht vorhandenem Neutralleiter bildet sich im Sternpunkt des Netzes eine Verlagerungsspannung gegen Erde mit entsprechender Frequenz aus.

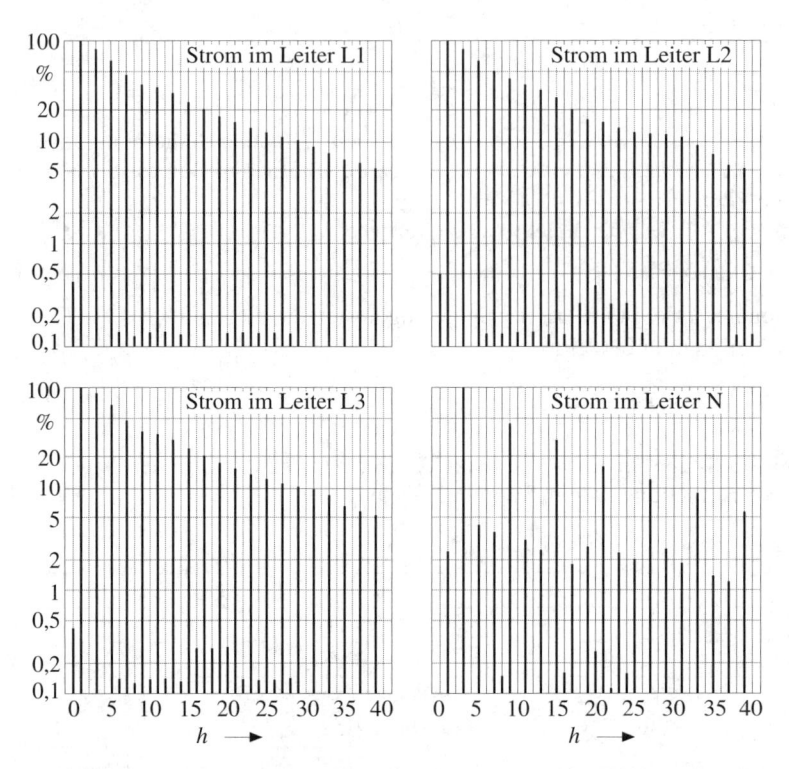

**Bild 2.22** Relative Amplituden von Stromoberschwingungen eines TN-Netzes
oben und links: Außenleiter $I_3/I_1 = 0{,}8$
unten rechts: Neutralleiter $I_3/I_1 = 2{,}3$

Oberschwingungshaltige Ströme haben im Nulldurchgang unter Umständen ein größeres $di/dt$ als ein entsprechender sinusförmiger Strom mit gleichem Effektiv- oder auch Scheitelwert. Dadurch kann das Löschvermögen von Leistungsschaltern vermindert werden. Vakuum-Leistungsschalter sind dabei weniger anfällig als magnetisch beblasene Schalter. Sicherungen sind im allgemeinen wenig anfällig gegen Oberschwingungen, lediglich ein im Bezug auf den Bemessungswert verfrühtes Auslösen tritt auf, das jedoch im Hinblick auf die Zusatzerwärmungen der zu schützenden Betriebsmittel durchaus wünschenswert sein kann.

Bei Transformatoren führt der Betrieb an nichtsinusförmiger Spannung und/oder mit nichtsinusförmigem Strom zu erhöhten ohmschen Verlusten, aber auch zum Erhöhen der Wirbelstrom- und Hystereseverluste. Ebenfalls problematisch kann das Überwachen der Strombelastung der Transformatorausgleichswicklung (Dreiecksschaltung) sein, falls man nur den Strom der Sternwicklung mißt, wodurch der Anteil der dritten Oberschwingung nicht erfaßt wird.

Induktive Spannungswandler können durch Oberschwingungen in Sättigung geraten, wodurch die Übertragungsfehler wesentlich zunehmen, Stromwandler sind hier meist weniger empfindlich, lediglich der Winkelfehler wird ungünstig beeinflußt. Dies ist für die Messung von Oberschwingungen zu berücksichtigen.

### 2.4.3 Netzbetrieb

Elektrische Mittelspannungsnetze (6 kV bis 30 kV; unter Umständen bis 110 kV) werden oft mit Erdschlußkompensation betrieben. Dabei wird die Induktivität der Erdschlußkompensationsspule nahezu in Resonanz mit den Leiter-Erd-Kapazitäten des Netzes eingestellt. Dadurch wird der über die Fehlerstelle fließende Erdschlußreststrom $I_\text{Rest}$ sehr klein und durch Überkompensation bevorzugt ohmsch-induktiv eingestellt. Dies erleichtert das Erlöschen des Erdschlußfehlers bei Fehlern in Luft erheblich. Die durch das Vorhandensein von Oberschwingungen in der Spannung auftretenden Oberschwingungsanteile des Stroms an der Erdschlußstelle können nicht kompensiert werden und überlagern sich dem netzfrequenten Erdschlußreststrom:

$$I_\text{Rest} \approx j\left(\sqrt{3}\, U_\text{n}\, \omega\, C_\text{E}\left(1 - \frac{1}{\omega^2 L_\text{OD} C_\text{E}}\right)\right) \tag{2.38}$$

VDE 0228 Teil 2:1987-12 gibt Grenzen für die Löschfähigkeit von ohmschen Erdschlußrestströmen $I_\text{Rest}$ und kapazitiven Erdschlußströmen $I_\text{CE}$ an. Für Netze mit $U_\text{n}$ = 20 kV betragen diese:

$I_\text{Rest} \leq 60$ A und $I_\text{CE} \leq 36$ A

Zum automatischen Abstimmen der Erdschlußkompensationsspulen zieht man den Effektivwert der Verlagerungsspannung an der Erdschlußlöschspule heran. Diese wird durch Spannungsoberschwingungen in Netzen verändert, so daß korrektes Abstimmen der Erdschlußspule erschwert wird.

### 2.4.4 Elektronische Betriebsmittel

Elektronische Betriebsmittel können durch Spannungsoberschwingungen, aber auch durch andere Netzrückwirkungen so beeinflußt werden, daß die ordnungsgemäße Funktion beeinträchtigt oder das Gerät zerstört wird.

Hier sind als Effekte durch Oberschwingungen die Verschiebung der Nulldurchgänge und das Auftreten von Mehrfachnulldurchgängen als Ursachen zu erwähnen. Dadurch kann es bei Geräten, die Nulldurchgänge der Spannung erkennen müssen, also z. B. bei Steuerungen von Stromrichtern, Synchronisiereinrichtungen und Parallelschaltgeräten, zu Fehlfunktionen kommen. Hier tritt unter Umständen der Fall auf, daß der Verursacher der Störung auch gleichzeitig der gestörte Verbraucher sein kann.

Rundsteuerempfänger, die heute als elektronische Geräte ausgeführt werden, können durch Oberschwingungen oder Zwischenharmonische in ihrer ordnungsgemäßen Funktion beeinträchtigt werden, wenn die Oberschwingungspegel die in VDE 0420 angegebenen Grenzwerte überschreiten. Die Grenzwerte liegen alle über den in VDE 0839 angegebenen Verträglichkeitspegeln.

Das Ausbreiten von Rundsteuersignalen und damit das ordnungsgemäße Ansprechen der Rundsteuerempfänger ist abhängig von den jeweiligen Netzimpedanzen. Insbesondere ist das Zusammenwirken der Impedanzen der induktiven Einspeisungen und kapazitiver Netzteile, wie Kondensatoren zur Blindstromkompensation, die Reihenschwingkreise aus Sicht des einspeisenden Rundsteuersignals bilden, für eine ausreichende Signalhöhe an der Kundenanlage zu beachten. Da es sich hierbei um netzspezifische Vorgänge handelt, die mittelbar eine Folge der Netzrückwirkung „Zwischenharmonische" bzw. „Oberschwingung" sind, wird dieses Phänomen im Zusammenhang dieses Buchs nicht weiter behandelt. Verwiesen sei auf die VDEW-Empfehlung „Empfehlung zur Vermeidung unzulässiger Rückwirkungen auf die Tonfrequenz-Rundsteuerung", die derzeit überarbeitet wird.

### 2.4.5 Schutz-, Meß- und Automatisierungsgeräte

Der Einfluß von Netzrückwirkungen auf Schutzgeräte, wie Distanzschutz, Überstromschutz, Differentialschutz usw., ist stark abhängig von Aufbau und Wirkungsweise des Geräts. Angaben und Informationen vom Hersteller sind hier für das Projektieren von Anlagen und zur Störungsaufklärung notwendig. Als Beispiel wird nachstehend die Auswirkung auf Auslöseeinrichtungen für NS- und MS-Leistungsschalter erläutert.

Analoge Auslöseeinrichtungen für den Überlastschutz sind durch Oberschwingungen besonders gefährdet, da der stromproportionale Spannungsverlauf $u(t)$ nach dem Spitzenwertfilter nur vom Scheitelwert des Stroms $I$ abhängt. Der Scheitelwert steht aber nur bei sinusförmigem Strom in einem definierten Verhältnis zum Effektivwert. **Bild 2.23 Teil 2** zeigt das Blockschaltbild eines analogen Auslösers sowie Strom- bzw. Signalverläufe. Für den im Teilbild 2.23a dargestellten sinusförmigen Stromverlauf läßt sich der Auslöser exakt auf einen definierten Effektivwert des Stroms einstellen, bei dessen Überschreitung ausgelöst wird.

Im Fall des im Teilbild 2.23b dargestellten nichtsinusförmigen Stromverlaufs wurde der Anteil der dritten Oberschwingung so gewählt, daß der Scheitelwert des Gesamtstroms kleiner ist als der Scheitelwert der Grundschwingung nach Teilbild 2.23a. Nach Gl. (2.23a) wird der das Betriebsmittel belastende Gesamteffektivwert des Stroms größer. Das Spitzenwertfilter ermittelt eine dem Scheitelwert des Stroms proportionale Spannung, die als Maß für den Effektivwert des zugehörigen Stroms einen zu kleinen Wert darstellt. Der Auslöser würde in diesem Fall nicht auslösen, das zu schützende Betriebsmittel würde unter Umständen unzulässig belastet.

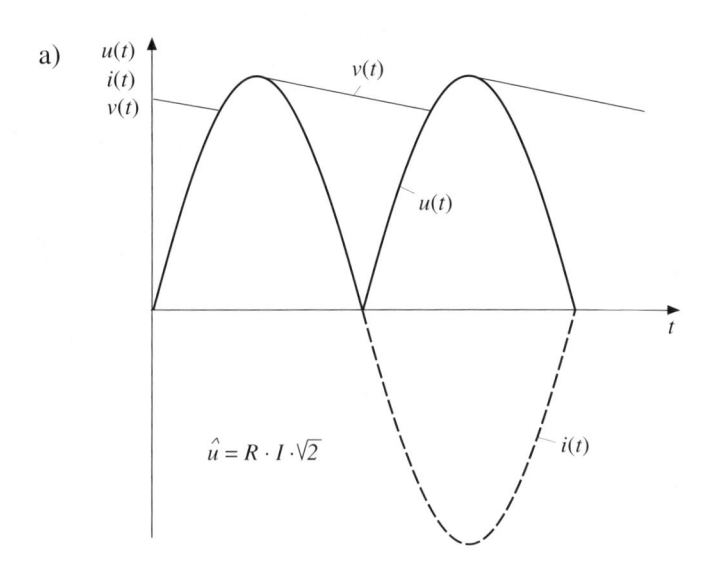

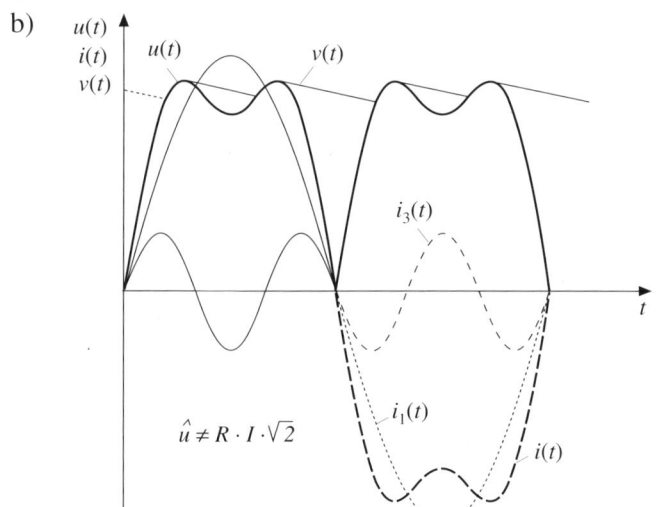

**Bild 2.23 Teil 1** Erläuterung des Verhaltens eines analogen Auslösers:
a) Stromverlauf sinusförmig; Signalverläufe
b) Stromverlauf mit dritter Oberschwingung; Signalverläufe

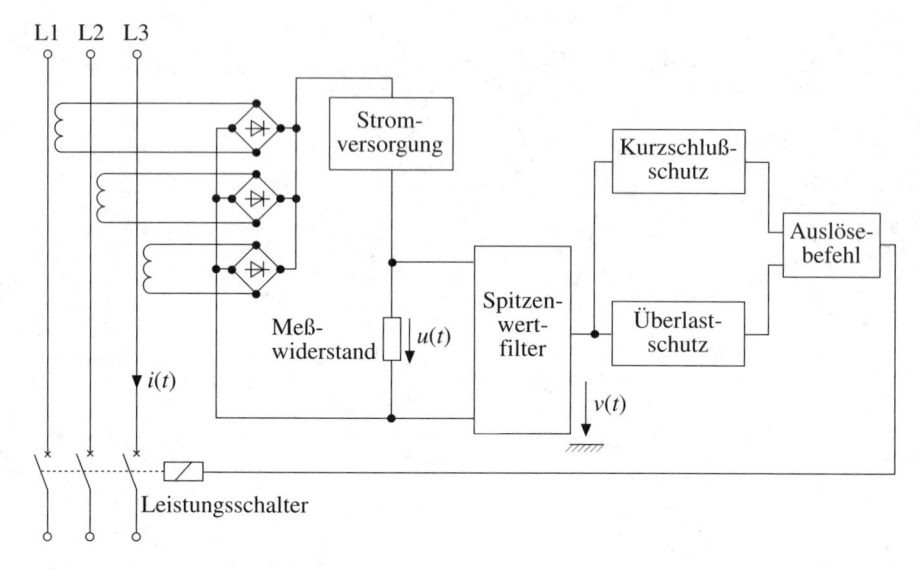

**Bild 2.23 Teil 2** Blockschaltbild eines analogen Auslösers

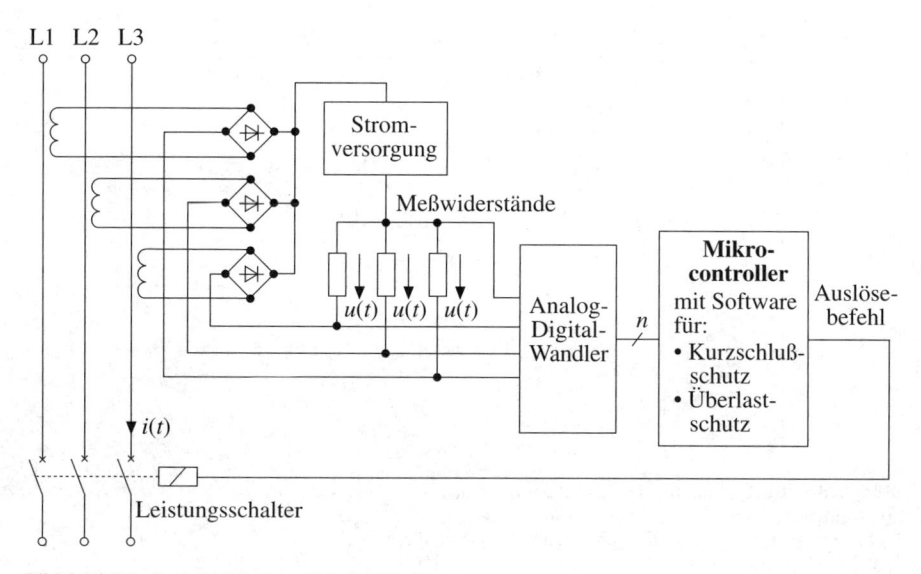

**Bild 2.24** Blockschaltbild eines digitalen Auslösers

Dieser Neigung zur Fehlfunktion analoger Auslöser kann durch den Einsatz von digitalen Auslösern begegnet werden. Hier wird ein dem Effektivwert des Stroms proportionaler Spannungswert durch Abtasten des gleichgerichteten Meßsignals gebildet. Dazu ist es ausreichend, das Meßsignal mit etwa 1 kHz abzutasten. Die Auflösung des A/D-Wandlers muß 12 bit nicht übersteigen. **Bild 2.24** stellt das Blockschaltbild eines digitalen Auslösers dar.

Bei Induktionszählern ist der Einfluß von Oberschwingungen auf die Genauigkeit erheblich. Auch können Oberschwingungen mechanische Schwingungen anregen, da die Eigenfrequenzen im Bereich $f_{res}$ = 400 Hz bis 1 000 Hz liegen. In Anlagen mit hohem Oberschwingungsanteil sollten elektronische Zähler eingesetzt werden. Deren Genauigkeit hängt vornehmlich von verwendeter Abtastfrequenz und Auflösegenauigkeit ab. Meßgeräte für andere Zwecke sollten auf ihre Verwendbarkeit bei nichtsinusförmigen Größen überprüft werden.

### 2.4.6 Lasten und Verbraucher

Oberschwingungen verkürzen durch Erhöhen der Glühfadentemperatur der Lampe deren Lebensdauer. Bei Leuchtstofflampen und anderen Gasentladungslampen können Oberschwingungen zu störenden Geräuschen führen. Weiterhin ist zu beachten, daß Leuchtstofflampen oft mit Kondensatoren zur Blindleistungskompensation ausgerüstet werden. Hier ist der Effekt der Überlastung der Kondensatoren (siehe Abschnitt 2.4.2) zu beachten. Weiterhin bilden die Kondensatoren zusammen mit der induktiven Last einen Schwingkreis. Bei Einzelkompensation liegt die Resonanzfrequenz bei maximal 80 Hz, so daß Resonanzanregungen nicht zu erwarten sind [2.6]. Bei Gruppenkompensation liegen die Resonanzfrequenzen unter Umständen höher. Dies muß im Einzelfall in der Planungsphase berücksichtigt werden.

Störungen der energietechnischen und informationstechnischen Betriebsmittel können zu Folgeschäden in industriellen Anlagen führen. Hier ist das unkontrollierte Abschalten von Betriebsmitteln und Produktionsprozessen zu betrachten, wobei diese Sekundärschäden meist um ein Vielfaches höher sein können als das Beheben der eigentlichen Ursache „Netzrückwirkung – Oberschwingung".

Bei kleinen Abständen zwischen Freileitungen und Telefonleitungen kann die Sprachübertragung gestört werden. Das menschliche Ohr weist im Bereich von 1 kHz bis 1,5 kHz die höchste Empfindlichkeit auf. Darum sind Oberschwingungen der Ordnungen 20 bis 30 besonders zu beachten. Es treten dabei induktive, kapazitive und galvanische Kopplungen (lokale Erhöhung des Bezugspotentials) auf.

Zur Bewertung der Oberschwingungen wird eine psophometrische Gewichtung der verschiedenen Strom- oder Spannungsoberschwingungen durch den Telefoninterferenzfaktor *TIF* durchgeführt:

$$TIF = \frac{\sqrt{\sum_{h=2}^{n} (k_{fe} C_h)^2}}{C_1} \qquad (2.39)$$

mit dem Gewichtungsfaktor

$$k_{fe} = P_{fe}\, 5 f_h; \qquad (2.40)$$

$P_{fe}$ siehe **Bild 2.25**. Die Bewertung mit dem Telefoninterferenzfaktor wird insbesondere im englischsprachigen Ausland angewandt.

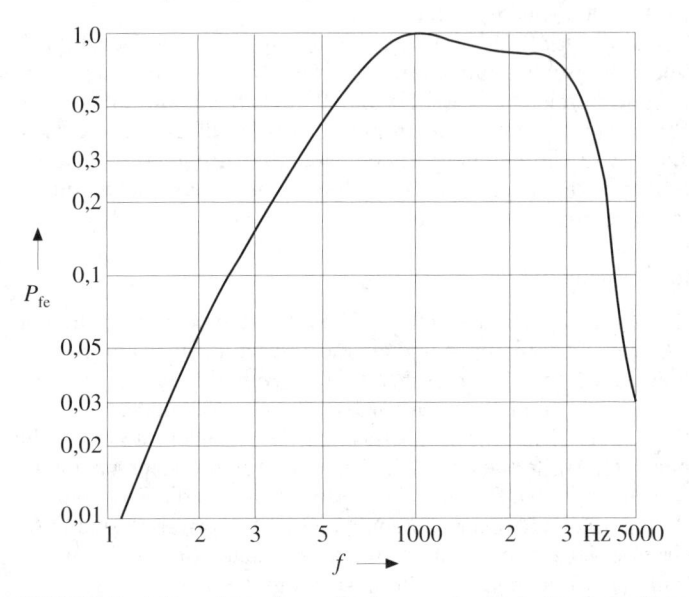

**Bild 2.25** Gewichtungsfaktor $k_{fe}$ zur Bestimmung des Telefoninterferenzfaktors *TIF*

### 2.4.7 Bewertung von Oberschwingungen

Entscheidend für die Bewertung der Oberschwingungsproblematik ist nicht nur der Maximalwert, sondern statistische Kenngrößen wie der 95%- und der 99%-Wert der Häufigkeit. Summenhäufigkeiten, Mittelwerte und die Standardabweichung kommen ebenfalls in Betracht. Diese Werte werden von modernen Meßsystemen für Netzrückwirkungen berechnet und stellen die Basis für weitere Bewertungen und ggf. die Festlegung von Abhilfemaßnahmen dar. Messungen sind dabei unter Umständen auch über einen Zeitraum von mehreren Wochen auszuwerten. Außerdem kann es notwendig werden, zwischen Arbeitstagen und Wochenendtagen zu unterscheiden (siehe hierzu Abschnitt 7.2).

Wie in Abschnitt 1.5.1 erläutert, wirken Stromoberschwingungen aus unterlagerten Netzen als eingeprägte Ströme, Spannungsoberschwingungen aus überlagerten Netzen als eingeprägte Spannungen. Es ist daher verständlich, daß jeder Netzebene (NS; MS; HS) nur der Teil der jeweiligen Verträglichkeitspegel zugestanden werden kann, der ihrem Anteil an der Gesamtnetzimpedanz nach Abschnitt 1.5.1 über alle Spannungsebenen entspricht. Dies wird durch die Netzebenenfaktoren $k_N$ nach [2.7] ausgedrückt. Für Nieder-, Mittel- und Hochspannungsnetze liegen diese in den Bereichen

$$k_{NNS} : k_{NMS} : k_{NHS} \approx (0{,}2\ldots 0{,}3):(0{,}4\ldots 0{,}7):(0{,}1\ldots 0{,}3) \tag{2.41}$$

Der jeweils in einem Netz zulässige Oberschwingungsstrom berechnet sich zu

$$I_{h\max} = k_N \frac{U_{hVT}}{Z_h} \tag{2.42}$$

Die frequenzabhängige Netzimpedanz $Z_h$ aus der Kurzschlußreaktanz $X_h$ der Netzeinspeisung bzw. aus der Anfangskurzschlußwechselstromleistung $S''_{kV}$ am Verknüpfungspunkt $V$ und dem Impedanzwinkel $\psi$ kann wie folgt berechnet werden:

$$Z_h \approx h \frac{U_n^2 \sin\psi}{S''_{kV}} \tag{2.43}$$

$Z_h$ berücksichtigt in dieser vereinfachten Betrachtungsweise nicht eventuelle Netzresonanzen und kann daher in manchen Fällen zu falschen Entscheidungen führen. Beispielhaft sind in **Bild 2.26** die frequenzabhängigen, meßtechnisch ermittelten Impedanzen eines 10-kV-Stadtnetzes für verschiedene Lastsituationen angegeben [2.8, 2.9].

Beim Bewerten von Oberschwingungen ist zu beachten, daß sich die von verschiedenen Geräten erzeugten Oberschwingungsströme entsprechend ihrer Phasenlage addieren. Dies wird durch den Gleichphasigkeitsfaktor $k_{ph}$ nach Gl. (2.25) beschrieben (Quotient aus geometrischer zu arithmetischer Summe):

$$k_{ph} = \frac{|\sum \underline{I}_h|}{\sum |\underline{I}_h|} \tag{2.25}$$

Beachtet man weiterhin, daß meist mehrere Oberschwingungserzeuger im Netz angeschlossen sind, so kann jedem Verbraucher $i$ nur der Anteil am gesamten Verträglichkeitspegel $U_{hVT}$ zugestanden werden, der seinem Anteil $S_i$ an der Gesamtlast des Netzes $S_N$ bzw. an der Leistung des einspeisenden Transformators $S_{rT}$ entspricht. Dies wird durch den Netzanschlußfaktor $k_A$ beschrieben:

$$k_A = S_i/S_N \quad \text{oder} \tag{2.44a}$$

$$k_A = S_i/S_{rT} \tag{2.44b}$$

Damit berechnet sich der maximal zulässige Oberschwingungsstrom $I_{h\max i}$ eines Verbrauchers $i$ zu

$$I_{h\max i} = \frac{k_A k_N U_{hVT} S''_{kV}}{k_{ph} h U_n^2 \sin\psi} \quad \text{bzw.} \tag{2.45a}$$

$$I_{h\max i} = \frac{k_A k_N U_{hVT}}{k_{ph} Z_h} \tag{2.45b}$$

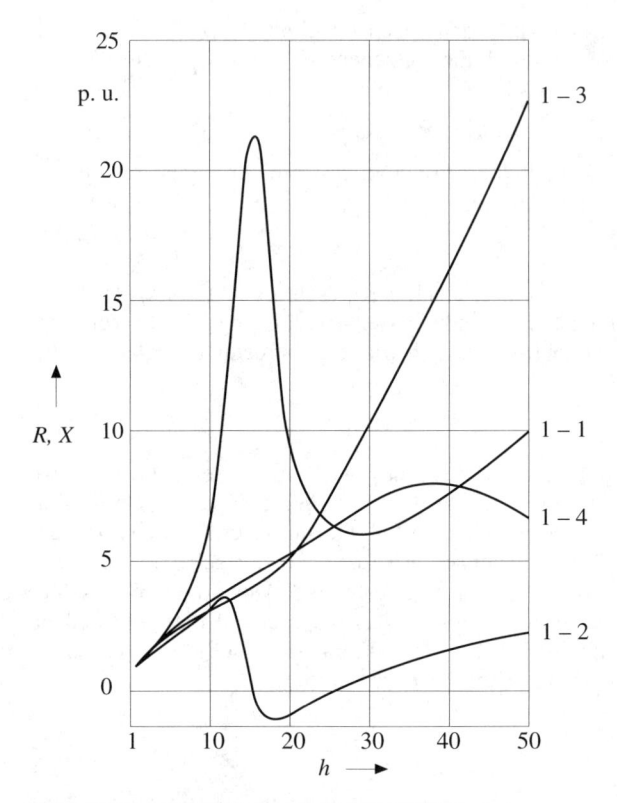

**Bild 2.26** Frequenzabhängigkeit eines 10-kV-Stadtnetzes
1–1 Resistanz bei Starklast (tagsüber)
1–2 Reaktanz bei Starklast
1–3 Resistanz bei Schwachlast (nachts)
1–4 Reaktanz bei Schwachlast

Zum Abschätzen der Zulässigkeit des Anschlusses bzw. des Betriebs von Oberschwingungserzeugern eignet sich auch die Betrachtung mit Oberschwingungsstörfaktoren $B_h$. Zum Berechnen geht man bei einem Einzelgerät $i$ von der erzeugten relativen Oberschwingungsspannung $u_{hi}$ aus:

$$u_{hi} = Z_h \frac{I_{hi}}{U_n / \sqrt{3}} \tag{2.46}$$

Falls mehrere Stromrichter in einer Anlage in das Netz einspeisen, ergibt sich die resultierende Oberschwingungsspannung zu

$$u_h = z_h \sum k_{\text{ph}i} i_{hi} S_{ri}, \tag{2.47}$$

wobei $z_h$ in %/MVA und $i_{hi}$ als relative Oberschwingungsströme angegeben werden. Bezieht man die bewirkten Oberschwingungsspannungen auf die Verträglichkeitspegel $u_{hVT}$, erhält man Oberschwingungsstörfaktoren $B_h$

$$B_h = \frac{z_h \sum k_{phi} i_{hi} S_{ri}}{u_{hVT}} \qquad (2.48)$$

Anschluß und Betrieb einer Anlage oder eines Betriebsmittels sind nur dann uneingeschränkt zulässig, wenn die Stromoberschwingungen kleiner sind als die diesem Betriebsmittel unter Beachtung von Netzanschlußfaktor $k_A$ und Netzebenenfaktor $k_N$ zustehenden Anteile.

Die zugehörigen Oberschwingungsstörfaktoren $B_h$ müssen dann kleiner sein als das Produkt aus Netzebenenfaktor $k_N$ und Netzanschlußfaktor $k_A$. Ist der Oberschwingungstörfaktor $B_h$ größer als der Netzebenenfaktor $k_N$, bedeutet dies, daß der gesamte bewirkte Pegel der Spannungsoberschwingungen $U_h$ für diese Oberschwingungsordnung $h$ größer ist als der dieser Netzebene zustehende Pegel. Anschluß und Betrieb sind daher nicht zulässig. Siehe hierzu **Bild 2.27**. Für alle anderen Fälle muß im Einzelfall über die Zulässigkeit von Anschluß und Betrieb sowie über geeignete Abhilfemaßnahmen entschieden werden.

Berechnung von $B_h$ nach Gl. (2.47) bzw. Gl. (2.48)

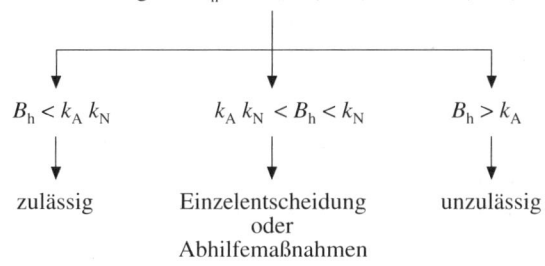

| $B_h < k_A k_N$ | $k_A k_N < B_h < k_N$ | $B_h > k_A$ |
|---|---|---|
| zulässig | Einzelentscheidung oder Abhilfemaßnahmen | unzulässig |

**Bild 2.27** Struktur zur Bewertung von Oberschwingungsstöraussendungen für Einzelverbraucher [2.7]

## 2.5 Normung

### 2.5.1 Grundsätzliches

In Abschnitt 1.1 wurde erläutert, daß beim Betrachten der Netzrückwirkungen im allgemeinen und der Oberschwingungen im speziellen die Interessenlagen der Verbraucher und der Netzbetreiber unter Beachten wirtschaftlicher Aspekte und technischer Randbedingungen in Einklang gebracht werden müssen. Die Normung muß diese Aspekte berücksichtigen und bietet deshalb auch verschiedene Ansatzmöglichkeiten, dieses Ziel zu erreichen. Beschränkt man sich auf die leitungsgebundenen Netzrück-

wirkungen, zu denen die Oberschwingungen und Zwischenharmonischen zu zählen sind, müssen die galvanischen Kopplungen zwischen störaussendendem Gerät und gestörtem Gerät betrachtet werden. Hier bieten sich grundsätzlich drei Eingriffsmöglichkeiten an:
- Begrenzen der Störaussendung
- Verringern der Kopplung zwischen störendem und gestörtem Betriebsmittel
- Erhöhen der Störfestigkeit

Dabei müssen die einzelnen Störphänomene jeweils getrennt betrachtet werden.

### 2.5.2 Störaussendung

Messungen der Oberschwingungspegel in den zurückliegenden 20 Jahren haben einen ständigen Anstieg der Pegel ergeben [2.10]. Zum Beispiel hat sich in den Netzen der Bundesrepublik Deutschland der Pegel der fünften Oberschwingungsspannung auf 6% verdoppelt. Der Verträglichkeitspegel ist damit heute in einigen Netzen überschritten. Er kann jedoch nicht angehoben werden, da die Störfestigkeit der im Netz betriebenen Geräte an ihm ausgerichtet ist. Die Begrenzung der Störaussendungen ist daher eine dringende Aufgabe.

EN 61000 Teil 3-2 (VDE 0838 Teil 2):1996-03 legt Grenzwerte für die Aussendung von Stromoberschwingungen von Geräten mit Eingangsströmen je Leiter $I_1 < 16$ A fest, wobei die Geräte in vier Klassen wie folgt eingeteilt werden:

A: symmetrische Drehstromgeräte und alle anderen Geräte, ausgenommen diejenigen, die einer der Klassen B, C oder D zugeordnet sind
B: tragbare Elektrowerkzeuge (1,5fache Grenzwerte Klasse A)
C: Beleuchtungseinrichtungen einschließlich Beleuchtungsreglern
D: Geräte mit einer Eingangsleistung von $P = 50$ W bis 600 W und dem unter vorgegebenen Prüfbedingungen ermittelten Stromverlauf gemäß **Bild 2.28**

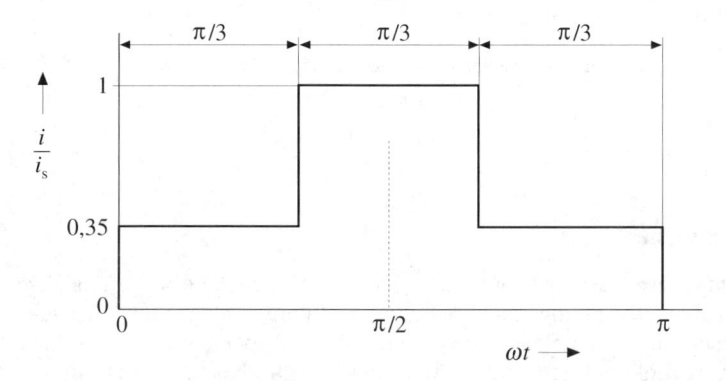

**Bild 2.28** Einhüllende des Eingangsstroms für Geräte der Klasse D nach VDE 0838 Teil 2:1996-03. Die Mittellinie fällt mit dem Scheitelwert des Eingangsstroms zusammen.

Für Geräte mit Grundschwingungsströmen größer als 16 A sind derzeit Normungsansätze in der Diskussion [2.10]. Hier ist insbesondere zu beachten, daß die Störaussendungsgrenzwerte an die Grenzwerte existierender Geräte, deren Störaussendungsgrenzwerte nach VDE 0838 Teil 2 festgelegt sind, anschließt. Hierzu sollen die Grenzwerte für die Klasse B (tragbare Elektrowerkzeuge) gewählt werden.

Ein mehrstufiges Akzeptanzverfahren ist hier vorgeschlagen. Stufe 1 umfaßt dabei Geräte, bei denen die Kurzschlußleistung $S''_k$ am Verknüpfungspunkt PCC (point of common coupling) mindestens 33mal größer ist als die Geräteleistung $S_G$. Daraus wird ein Spannungseinbruch bei Netzfrequenz von maximal 3% resultieren.

So führt z.B. der für die fünfte Oberschwingung vorgeschlagene Wert von $I_5/I_1$ = 10,7% (identisch mit den Grenzwerten der Klasse B) unter Berücksichtigung von typischen Summationsfaktoren nicht zum Überschreiten der Verträglichkeitspegel, falls dieser Wert für die fünfte Oberschwingung etwa 55% der Verbraucher zugestanden wird. **Tabelle 2.4** zeigt die vorgeschlagenen Störaussendungsgrenzwerte für Oberschwingungsströme nach IEC 1000-3-4.

| Ordnung | $I_{h\max}/I_1$ in % |
|---|---|
| 3 | 21,6 |
| 5 | 10,7 |
| 7 | 7,2 |
| 9 | 3,8 |
| 11 | 3,1 |
| 13 | 2,0 |
| 15 | 0,7 |
| 17 | 1,2 |
| 19 | 1,1 |
| 21 | ≤0,6 |
| 23 | 0,9 |
| 25 | 0,8 |
| 27 | ≤0,6 |
| 29 | 0,7 |
| 31 | 0,7 |
| ≥33 | ≤0,6 |
| geradzahlig | ≤8/$h$ oder ≤0,6 |

**Tabelle 2.4** Störaussendungsgrenzwerte nach IEC 1000-3-4
Geräte mit Grundschwingungsstrom $I_1 > 16$ A
Stufe 1; $S''_k/S_G > 33$

Für Stufe 2 sind unter der Voraussetzung, daß ein höheres Verhältnis der Kurzschlußleistung $S''_k$ zur Geräteleistung $S_G$ vorhanden ist, höhere Oberschwingungsströme zugelassen. Weiterhin wird zwischen unsymmetrisch belasteten Geräten und symmetrisch belasteten Geräten unterschieden. **Tabelle 2.5** gibt eine Übersicht über die vorgeschlagenen Störaussendungsgrenzwerte nach IEC 1000-3-4 für Geräte der Stufe 2. Die zulässigen bezogenen Oberschwingungsströme für abweichende Verhältnisse $S''_k/S_G$ sind durch lineare Interpolation zu ermitteln. Zusätzlich werden Grenzwerte für den Verzerrungsfaktor *THD* und den gewichteten Teilverzerrungsfaktor *PWHD* angegeben.

| Einphasige, zweiphasige und nicht symmetrisch belastete Drehstromgeräte | | | | | | | | |
|---|---|---|---|---|---|---|---|---|
| $S''_k/S_G$ | Ordnung $h$ | | | | | | | |
|  | 3 | 5 | 7 | 9 | 11 | 13 | gerad-zahlig | *THD* und *PWHD* |
|  | $I_{h\max}/I_1$ in % | | | | | | | |
| 66 | 23 | 11 | 9 | 5 | 4 | 3 | 16/$h$ | 25 |
| 120 | 25 | 12 | 10 | 7 | 6 | 5 | 16/$h$ | 29 |
| 175 | 29 | 16 | 11 | 8 | 7 | 6 | 16/$h$ | 33 |
| 250 | 34 | 18 | 12 | 10 | 8 | 7 | 16/$h$ | 39 |
| 350 | 40 | 24 | 15 | 12 | 9 | 8 | 16/$h$ | 46 |
| ≥450 | 40 | 30 | 20 | 14 | 12 | 10 | 16/$h$ | 51 |
| **Symmetrische Drehstromgeräte** | | | | | | | | |
| $S''_k/S_G$ | Ordnung $h$ | | | | | | | |
|  | 5 | 7 | 11 | 13 | gerad-zahlig | Zwischenharmonische | *THD* | *PWHD* |
|  | $I_{h\max}/I_1$ in % | | | | | | | |
| 66 | 12 | 10 | 9 | 6 | 16/$h$ | 9/$h$ | 16 | 20 |
| 120 | 15 | 12 | 12 | 8 | 16/$h$ | 9/$h$ | 18 | 29 |
| 175 | 20 | 14 | 12 | 8 | 16/$h$ | 9/$h$ | 25 | 33 |
| 250 | 30 | 18 | 13 | 8 | 16/$h$ | 9/$h$ | 35 | 39 |
| 350 | 40 | 25 | 15 | 10 | 16/$h$ | 9/$h$ | 48 | 46 |
| 450 | 50 | 35 | 20 | 15 | 16/$h$ | 9/$h$ | 58 | 51 |
| ≥600 | 60 | 40 | 25 | 18 | 16/$h$ | 9/$h$ | 70 | 57 |

**Tabelle 2.5** Störaussendungsgrenzwerte nach IEC 1000-3-4
Geräte mit Grundschwingungsstrom $I_1 > 16$ A
Stufe 2

Sollte der Anschluß nach Stufe 2 nicht möglich sein, kann das Elektrizitätsversorgungsunternehmen auch individuelle Ausnahmen nach einer Stufe 3 zulassen. Hierbei wird der gesamte aus der Kundenanlage emittierte Oberschwingungsstrom in

Relation zur bestellten Leistung als Bewertungskriterium angesehen. Vorgeschlagene Störaussendungsgrenzwerte sind in **Tabelle 2.6** angegeben.

| Ordnung | $I_{h\,max}/I_1$ in % |
|---|---|
| 3 | 19,0 |
| 5 | 9,5 |
| 7 | 6,5 |
| 9 | 3,8 |
| 11 | 3,1 |
| 13 | 2,0 |
| 15 | 0,7 |
| 17 | 1,2 |
| 19 | 1,1 |
| 21 | ≤0,6 |
| 23 | 0,9 |
| 25 | 0,8 |
| 27 | ≤0,6 |
| 29 | 0,7 |
| 31 | 0,7 |
| ≥33 | ≤0,6 |
| geradzahlig | ≤4/h oder ≤0,6 |

**Tabelle 2.6** Störaussendungsgrenzwerte nach IEC 1000-3-4
Geräte mit Grundschwingungsströmen $I_1 > 16$ A
Stufe 3

Die in den Tabellen 2.4 bis 2.6 angegebenen Werte sind derzeit in den Normungsgremien in der Diskussion.

### 2.5.3 Verträglichkeitspegel

An den frequenzabhängigen Impedanzen der Betriebsmittel rufen die Stromoberschwingungen Spannungsfälle hervor, die sich der Grundschwingungsspannung des Netzes überlagern. Dadurch wiederum fließen auch in Betriebsmitteln, die selbst keine Oberschwingungen erzeugen (z. B. Kondensatoren) nach Maßgabe der Impedanz des Betriebsmittels zum Teil erhebliche Oberschwingungsströme. Aus diesem Grund müssen Oberschwingungsspannungen begrenzt werden.

**Tabelle 2.7** gibt eine Zusammenfassung der festgelegten Verträglichkeitspegel der Spannungen für öffentliche und industrielle Stromversorgungsnetze. Die gültigen Verträglichkeitspegel für öffentliche Netze legt VDE 0839 Teil 2-2:1994-05 (EN 61000 Teil 2-2) für den Niederspannungsbereich, in Teil 88:1994-03 für den

| Oberschwingung $h$ | Verträglichkeitspegel in % | | | | |
|---|---|---|---|---|---|
| | NS-Netz | MS-Netz | Industrieanlagen | | |
| | | | Klasse 1 | Klasse 2 | Klasse 3 |
| ungeradzahlige, nicht durch drei teilbare Ordnung $h$ | | | | | |
| 5 | 6,0 | 6,0 | 3,0 | 6,0 | 8,0 |
| 7 | 5,0 | 5,0 | 3,0 | 5,0 | 7,0 |
| 11 | 3,5 | 3,5 | 3,0 | 3,5 | 5,0 |
| 13 | 3,0 | 3,0 | 3,0 | 3,0 | 4,5 |
| 17 | 2,0 | 2,0 | 2,0 | 2,0 | 4,0 |
| 19 | 1,5 | 1,5 | 1,5 | 1,5 | 4,0 |
| 23 | 1,5 | 1,5 | 1,5 | 1,5 | 3,5 |
| 25 | 1,5 | 1,5 | 1,5 | 1,5 | 3,5 |
| >25 | $0,2+0,5 \cdot 25/h$ | $0,2+1,3 \cdot 25/h$ | $0,2+12,5/h$ | $0,2+12,5/h$ | $5 \cdot \sqrt{11/h}$ |
| ungeradzahlige, durch drei teilbare Ordnung $h$ | | | | | |
| 3 | 5,0 | 5,0 | 3,0 | 5,0 | 6,0 |
| 9 | 1,5 | 1,5 | 1,5 | 1,5 | 2,5 |
| 15 | 0,3 | 0,3 | 0,3 | 0,3 | 2,0 |
| 21 | 0,2 | 0,2 | 0,2 | 0,2 | 1,75 |
| >21 | 0,2 | 0,2 | 0,2 | 0,2 | 1,0 |
| geradzahlige Ordnung $h$ | | | | | |
| 2 | 2,0 | 2,0 | 2,0 | 2,0 | 3,0 |
| 4 | 1,0 | 1,0 | 1,0 | 1,0 | 1,5 |
| 6 | 0,5 | 0,5 | 0,5 | 0,5 | 1,0 |
| 8 | 0,5 | 0,5 | 0,5 | 0,5 | 1,0 |
| 10 | 0,5 | 0,5 | 0,5 | 0,5 | 1,0 |
| >10 | 0,2 | 0,2 | 0,2 | 0,2 | 1,0 |

**Tabelle 2.7** Verträglichkeitspegel für Oberschwingungsspannungen nach VDE 0839 (EN 61000)
Anmerkungen:
1) öffentliches NS-Netz VDE 0839 Teil 2-2:1994-05
   öffentliches MS-Netz VDE 0839 Teil 88:1994-03
   Industrieanlagen VDE 0839 Teil 2-4:1993-06
2) Werte für die dritte und neunte Oberschwingung gelten im Mittelspannungsbereich nur in Wechselstromnetzen. In Drehstromnetzen ist als Verträglichkeitspegel 1/3 der o. a. Werte anzusetzen. In Niederspannungsnetzen gelten die angegebenen Verträglichkeitspegel.

Mittelspannungsbereich fest. Dabei sind die Verträglichkeitspegel im Nieder- und Mittelspannungsnetz bis zur 25. Oberschwingung identisch.
Für Industrieanlagen gelten unter Umständen von den für öffentliche Netze definierten Werten abweichende Verträglichkeitspegel. Sie sind in VDE 0839 Teil 2-4:1993-06 (EN 61000 Teil 2-4) enthalten. Man unterscheidet drei sogenannte Umgebungsklassen:

Klasse 1: geschützte Versorgungen, wie DV-Einrichtungen, Automatisierungseinrichtungen, Ausrüstung technischer Laboratorien, Schutzeinrichtungen

Klasse 2: Verknüpfungspunkt mit dem öffentlichen Netz, Verträglichkeitspegel nach VDE 0839 Teil 2-2 und Teil 88

Klasse 3: anlageninterne Anschlußpunkte, wie etwa an Schweißmaschinen, bei häufigem Motorstart, an Stromrichteranlagen usw.

Für den Bereich der industriellen Stromversorgung legt VDE 0839 Teil 2-4:1993-06 u. a. noch Werte für die Spannungen bei zwischenharmonischen Frequenzen fest. Diese betragen für die Klassen 1 und 2 für alle zwischenharmonischen Frequenzen einheitlich 0,2 % der Grundschwingungsspannung. Für Klasse 3 sind in Abhängigkeit von der Frequenz $f_{zw}$ die in **Tabelle 2.8** enthaltenen Werte festgelegt.

| Frequenz $f_{zw}$ in Hz | $U_{zw}/U_1$ in % |
|---|---|
| < 550 | 2,5 |
| > 550... 650 | 2,25 |
| > 650... 950 | 2,0 |
| > 950...1150 | 1,75 |
| > 1150...1250 | 1,5 |
| > 1250 | 1,0 |

**Tabelle 2.8** Verträglichkeitspegel für zwischenharmonische Spannungen nach VDE 0839 Teil 2-4:1993-06 für industrielle Stromversorgung Klasse 3

Die in den Tabellen 2.7 und 2.8 angegebenen Werte für Industrieanlagen sind dauernd zulässig. Kurzzeitig, d. h. für die Dauer von 10 % eines Intervalls von 150 s, sind die 1,5fachen Werte zulässig.

### 2.5.4 Störfestigkeitspegel

Wie eingangs erläutert, beschreibt der Verträglichkeitspegel einen Wert, für den mit einer gewissen Wahrscheinlichkeit die elektromagnetische Verträglichkeit gegeben ist. Es läßt sich aber nicht ausschließen, daß die Verträglichkeitspegel örtlich und zeitlich überschritten werden können, mithin eine bestimmte Wahrscheinlichkeit besteht, daß die elektromagnetische Verträglichkeit nicht gewährleistet ist.

Die Störfestigkeitspegel von Betriebsmitteln müssen daher oberhalb der jeweiligen Verträglichkeitspegel liegen. Hierzu finden sich in den VDE-Bestimmungen allgemeine Aussagen, z. B. in VDE 0160:1994-11 (E DIN EN 50178) (Ausrüstung von Starkstromanlagen mit elektronischen Betriebsmitteln), oder Angaben zum Messen und Bewerten in den verschiedenen Teilen von DIN VDE 0847 (Meßverfahren zur Beurteilung der EMV).

Auch einzelne Produktnormen treffen Aussagen über die Störfestigkeiten bzw. über zulässige Grenzwerte für Oberschwingungen und Zwischenharmonische bzw. über die daraus resultierenden Effektivwerte. Im einzelnen wird das in diesem Zusammenhang nicht vertieft, z. T. werden die entsprechenden Normen und Bestimmungen in Abschnitt 2.4 (Auswirkungen von Oberschwingungen und Zwischenharmonischen) erwähnt.

## 2.6 Meß- und Rechenbeispiele

### 2.6.1 Oberschwingungsresonanz durch Blindstromkompensation

Im Industrienetz nach **Bild 2.29** soll eine Kondensatorbatterie $Q_C$ zur Blindstromkompensation eingebaut werden, so daß der Verschiebungsfaktor $\cos \varphi = 0{,}94$ an der 6-kV-Sammelschiene erreicht wird.

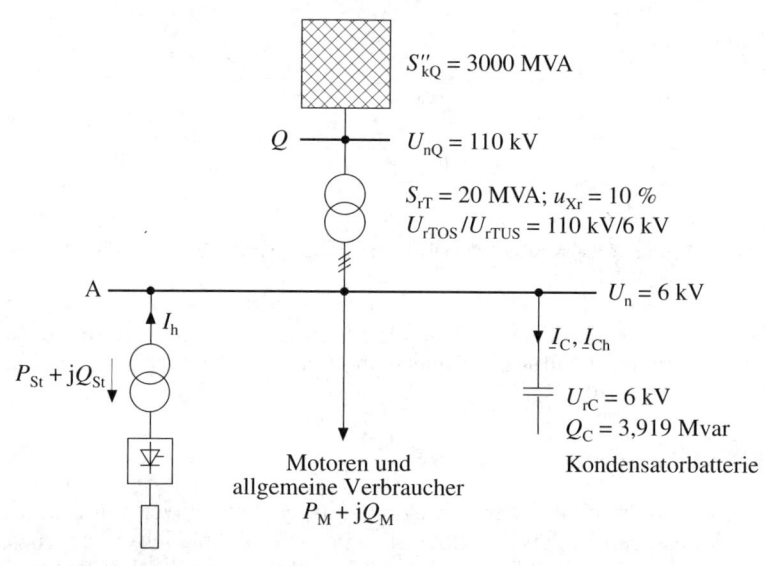

$S''_{kQ} = 3000$ MVA

$U_{nQ} = 110$ kV

$S_{rT} = 20$ MVA; $u_{Xr} = 10\ \%$
$U_{rTOS}/U_{rTUS} = 110$ kV/6 kV

A

$I_h$

$P_{St} + jQ_{St}$

$U_n = 6$ kV

$\underline{I}_C, \underline{I}_{Ch}$

$U_{rC} = 6$ kV
$Q_C = 3{,}919$ Mvar
Kondensatorbatterie

Motoren und
allgemeine Verbraucher
$P_M + jQ_M$

Stromrichterantriebe
$h = np \pm 1\ (p = 6)\ (n = 1{,}2)$
$h = 5, 7, 11, 13$

**Bild 2.29** 6-kV-Industrienetz mit Blindstromkompensation
Stromrichterlast: $\underline{S}_{St} = (6 + j3)$ MVA
Motorlast: $\underline{S}_M = (8 + j6)$ MVA

Man stelle eine allgemeine Berechnungsgleichung für die resultierende Oberschwingungsimpedanz $\underline{Z}_{\text{res}h}$ des Schwingkreises vom Anschlußpunkt des Stromrichters betrachtet auf.

Ausgehend von der Resonanzbedingung, bestimme man die Kondensatorleistungen $Q_{\text{C res}}$ (Grundschwingungsleistungen), bei denen Resonanz für $h = 5, 7, 11, 13$ auftritt und entscheide, ob die angegebene Kondensatorleistung $Q_{\text{C}}$ zulässig ist, wenn der Bereich $Q_{\text{Cv}} = 0{,}9\, Q_{\text{C res}}$ bis $1{,}1\, Q_{\text{C res}}$ verboten ist.

Man berechne die von der Stromrichteranlage eingespeisten Stromoberschwingungen $I_h = f_h \cdot (1/h) \cdot I_1$.

Es gilt: $f_5 = 0{,}92;\, f_7 = 0{,}83;\, f_{11} = 0{,}62;\, f_{13} = 0{,}50$

Man berechne die Oberschwingungsspannungen $U_{\text{C}h}$ an der Sammelschiene und die Oberschwingungsströme $I_{\text{C}h}$ in der Kondensatorbatterie.

Man berechne den Effektivwert $I_{\text{C}}$ des Kondensatorstroms und beurteile, ob die Kondensatorbatterie zugeschaltet werden kann.

**Lösung**:

$$\underline{Z}_{\text{res}h} = \frac{jX_{\text{N}h}(-jX_{\text{C}h})}{jX_{\text{N}h} - jX_{\text{C}h}},$$

da die Impedanzen der Netzeinspeisung $X_{\text{N}h}$ und des Kondensators $X_{\text{C}h}$ von der Anschlußstelle A des Stromrichters aus parallel sind. Durch Umformen erhält man:

$$\underline{Z}_{\text{res}h} = j\frac{hX_{\text{N}1}}{1 - h^2(X_{\text{N}1}/X_{\text{C}1})}$$

Die Impedanz $X_{\text{N}1}$ am Anschlußpunkt A beträgt

$X_{\text{N}1} = 1{,}1\, U_{\text{n}}^2/S_{\text{kA}}^{\sim}$ mit $S_{\text{kA}}^{\sim} = 204{,}97$ MVA

Damit ergeben sich die Kondensatorleistungen $Q_{\text{Cres}}$, für die Resonanz auftreten kann, zu

| $h$ | 5 | 7 | 11 | 13 | |
|---|---|---|---|---|---|
| $Q_{\text{Cres}}$ | 7,543 | 3,803 | 1,54 | 1,103 | Mvar |

Der verbotene Bereich für die Kondensatorleistung $Q_{\text{C}} = 3{,}919$ Mvar ist für die Oberschwingung der Ordnung $h = 7$ zu sehen:

$Q_{\text{Cv}} = (0{,}9 \text{ bis } 1{,}1)\, 3{,}803$ Mvar

$Q_{\text{Cv}} = 3{,}423$ Mvar bis $4{,}183$ Mvar

Die Ströme $I_h$ des Stromrichters betragen:

| $h$ | 5 | 7 | 11 | 13 | |
|---|---|---|---|---|---|
| $I_h$ | 118,7 | 76,5 | 36,4 | 24,8 | A |

Damit ergeben sich die Spannungsoberschwingungen am Anschlußpunkt A zu:
$U_{Ch} = I_h Z_{resh}$,

$$U_{Ch} = I_h \frac{X_{C1}}{h - (1/h)(S''_{kA}/1{,}1 Q_C)},$$

wobei $X_{C1} = U_n^2/Q_C = 9{,}186\ \Omega$ beträgt.

| $h$ | 5 | 7 | 11 | 13 | |
|---|---|---|---|---|---|
| $U_{Ch}$ | 241,8 | 3 385,5 | 50,1 | 24,2 | V |

Die Stromoberschwingungen $I_{Ch}$ der Kondensatorbatterie ergeben sich damit zu
$I_{Ch} = U_{Ch}/X_{Ch} = U_{Ch}\, h/X_{C1}$

| $h$ | 5 | 7 | 11 | 13 | |
|---|---|---|---|---|---|
| $I_{Ch}$ | 131,6 | 2 579,8 | 60,1 | 34,5 | A |

Der Gesamteffektivwert des Kondensatorstroms beträgt

$$I_C = \sqrt{\sum_{h=1}^{n} I_{Ch}^2};$$

mit dem Grundschwingungseffektivwert
$I_{C1} = Q_C/\sqrt{3}\ U_n = 377\ \text{A}$
ist
$I_C = 2611{,}4\ \text{A}$.

Da der Gesamteffektivwert des Kondensatorstroms nahezu siebenmal so groß ist wie der Grundschwingungseffektivwert, darf die Kondensatorbatterie nicht zugeschaltet werden.

### 2.6.2 Bewertung eines Oberschwingungserzeugers

Gegeben ist die Netzanordnung nach **Bild 2.30**. Ein leistungsstarker zwölfpulsiger Umrichter soll an ein 10-kV-Netz mit endlicher Kurzschlußleistung angeschlossen werden. Es ist die Zulässigkeit des Anschlusses auf Grund der gemessenen Stromoberschwingungen zu bewerten.
Folgende Oberschwingungsströme bei Nennbetrieb wurden als Meßwerte (95 %-Häufigkeitswerte während des Bewertungszeitraums) ermittelt:

$I_5 = 1{,}39$ A; $I_7 = 0{,}96$ A; $I_{11} = 14{,}08$ A; $I_{13} = 9{,}26$ A;
$I_{17} = 1{,}29$ A; $I_{19} = 0{,}99$ A; $I_{23} = 2{,}36$ A; $I_{25} = 2{,}63$ A;

Man berechne die Impedanzwerte $Z_h$ der Einspeisung für die Frequenzen der gemessenen Oberschwingungen.

$S_{rT} = 20$ MVA
$u_{krT} = 16\ \%$
$\ddot{u}_{rT} = 110$ kV/10 kV

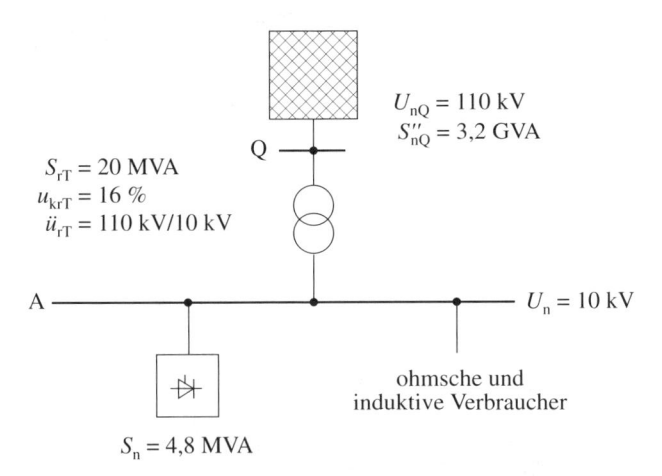

$U_{nQ} = 110$ kV
$S''_{nQ} = 3{,}2$ GVA

$U_n = 10$ kV

ohmsche und induktive Verbraucher

$S_n = 4{,}8$ MVA

**Bild 2.30** Anschluß eines leistungsstarken Oberschwingungserzeugers an ein 10-kV-Netz

Wie groß ist der Netzanschlußfaktor $k_A$, wenn die Gesamtlast des Industriebetriebs $S_{Ind} = 6{,}1$ MVA beträgt?

Für den Netzebenenfaktor $k_{NMS} = 0{,}55$ und den Gleichphasigkeitsfaktor $k_{ph} = 1$ für alle Oberschwingungsströme ermittle man die zulässigen Oberschwingungsströme $I_{\max h}$ des Umrichters.

Man entscheide, ob der Betrieb des Umrichters uneingeschränkt zulässig ist.

Wie hoch muß die Kurzschlußleistung am Verknüpfungspunkt mindestens sein, damit der Betrieb der Anlage uneingeschränkt zulässig ist?

**Lösung**:

Die Impedanz $Z_h$ der Einspeisung ist induktiv:

$Z_h = h\,(X_T + X_Q)$

mit der Impedanz des Transformators $X_T$ und der Impedanz des 110-kV-Netzes $X_Q$ (Zahlenwerte in %/MVA).

| $h$   | 5    | 7    | 11   | 13   | 17   | 19   | 23   | 25    |        |
|-------|------|------|------|------|------|------|------|-------|--------|
| $Z_h$ | 2,17 | 3,04 | 4,78 | 5,65 | 7,39 | 8,25 | 9,99 | 10,86 | %/MVA  |

Für den Netzanschlußfaktor des Gesamtbetriebs gilt

$$k_A = \frac{S_{Ind}}{S_{rT}} = 0{,}153$$

Die maximal zulässigen Oberschwingungsströme $I_{h\max}$ betragen

$$I_{h\max} = \frac{k_A k_N U_{h\max}}{k_{ph} Z_h}$$

mit

$U_{h\max} = u_{h\mathrm{VT}} U_\mathrm{n} / \sqrt{3}$

und

$u_{h\mathrm{VT}}$ Verträglichkeitspegel nach VDE 0839 Teil 88:1994-03

| $h$ | 5 | 7 | 11 | 13 | 17 | 19 | 23 | 25 | |
|---|---|---|---|---|---|---|---|---|---|
| $I_{h\max}$ | 13,38 | 7,96 | 3,55 | 2,57 | 1,31 | 0,88 | 0,73 | 0,67 | A |

Der Betrieb des Umrichters ist nicht uneingeschränkt möglich, da die Ströme der Ordnungen $h$ = 11; 13; 19; 23; 25 um bis zu viermal größer sind als die maximal zulässigen Oberschwingungsströme $I_{h\max}$.
Daraus folgt unmittelbar, daß die Kurzschlußleistung viermal größer sein muß als die gegebene Kurzschlußleistung $S_k''$.
Nimmt man an, daß am Anschlußpunkt A keine weiteren Verbraucher außer dem Industriebetrieb angeschlossen sind, ist ein höherer Netzanschlußfaktor $k_A \approx 1{,}0$ anzusetzen. Damit wäre der Betrieb der Anlage uneingeschränkt möglich, da der Netzanschlußfaktor mehr als viermal größer wird und der maximal zulässige Strom proportional dem Netzanschlußfaktor ist.

### 2.6.3 Impedanzberechnung in einem Mittelspannungsnetz

In dem in **Bild 2.31** dargestellten 110/30-kV-Netz soll an den Knoten B2 eine nichtlineare Last (zwölfpulsiger Umrichter zur Speisung eines Induktionsofens) angeschlossen werden. Zum Abschätzen der zu erwartenden Spannungsoberschwingungen wurden Berechnungen der frequenzabhängigen Impedanzen durchgeführt [2.11]. Folgende Betriebszustände des 30-kV-Netzes sind möglich [2.12]:
- Vermaschtes Netz
- 30-kV-Kabel zwischen B2 und B3 in B2 abgeschaltet
- 30-kV-Kabel zwischen B2 und B3 in B3 abgeschaltet
- 110/30-kV-Transformator T103 in B2 abgeschaltet
- 110/30-kV-Transformator T124 in B3 abgeschaltet

Als signifikantes Ergebnis im Hinblick auf Oberschwingungsuntersuchungen werden in **Bild 2.32** die frequenzabhängigen Impedanzen des Knotens B2 für die Schaltzustände
- vermaschtes 30-kV-Netz und
- 30-kV-Kabel zwischen B2 und B3 in B3 abgeschaltet

dargestellt.
Es ergeben sich eine Reihenresonanzstelle bei $f_{\mathrm{resR}} \approx 750$ Hz und Parallelresonanzstellen bei $f_{\mathrm{resP1}} \approx 650$ Hz und $f_{\mathrm{resP2}} \approx 850$ Hz. Diese Resonanzen entstehen durch die

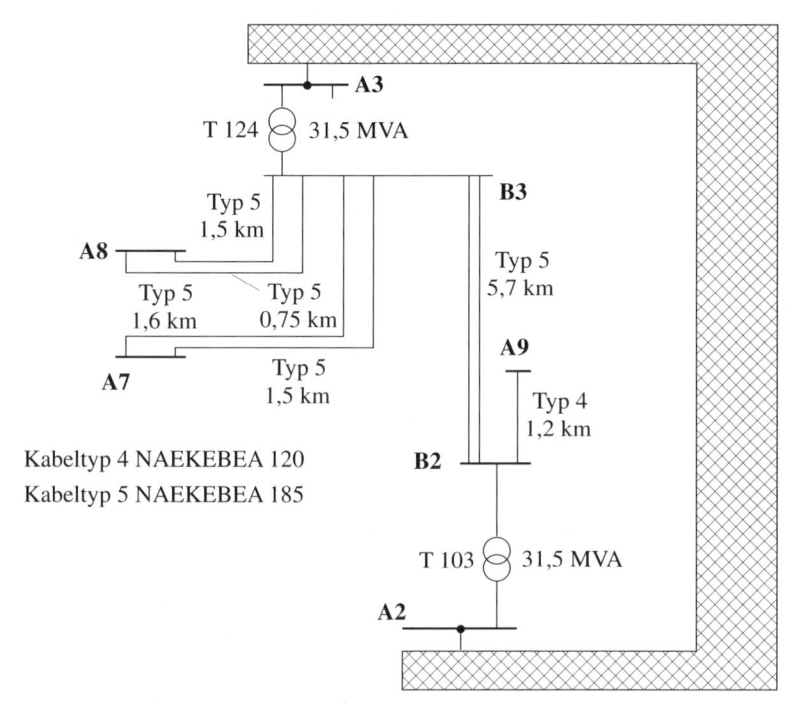

**Bild 2.31** Netzersatzschaltbild eines 110/30-kV-Netzes

Parallelschaltung der Kapazität der 30-kV-Kabel B2–B3 mit den Induktivitäten der 110/30-kV-Transformatoren, wobei diese wiederum in Reihe mit der Parallelschaltung der Kapazitäten des 110-kV-Netzes und der Induktivität der einspeisenden Netze zu sehen sind.

Für den zweiten dargestellten Betriebszustand (30-kV-Kabel zwischen B2 und B3 in B3 abgeschaltet) bleiben die Reihenresonanzstellen des 30-kV-Netzknotens B2 in etwa erhalten. Allerdings wird die Impedanz der Parallelresonanz erheblich größer, was zu einem starken Anstieg der Spannungsoberschwingungen für diesen Betriebszustand führen wird.

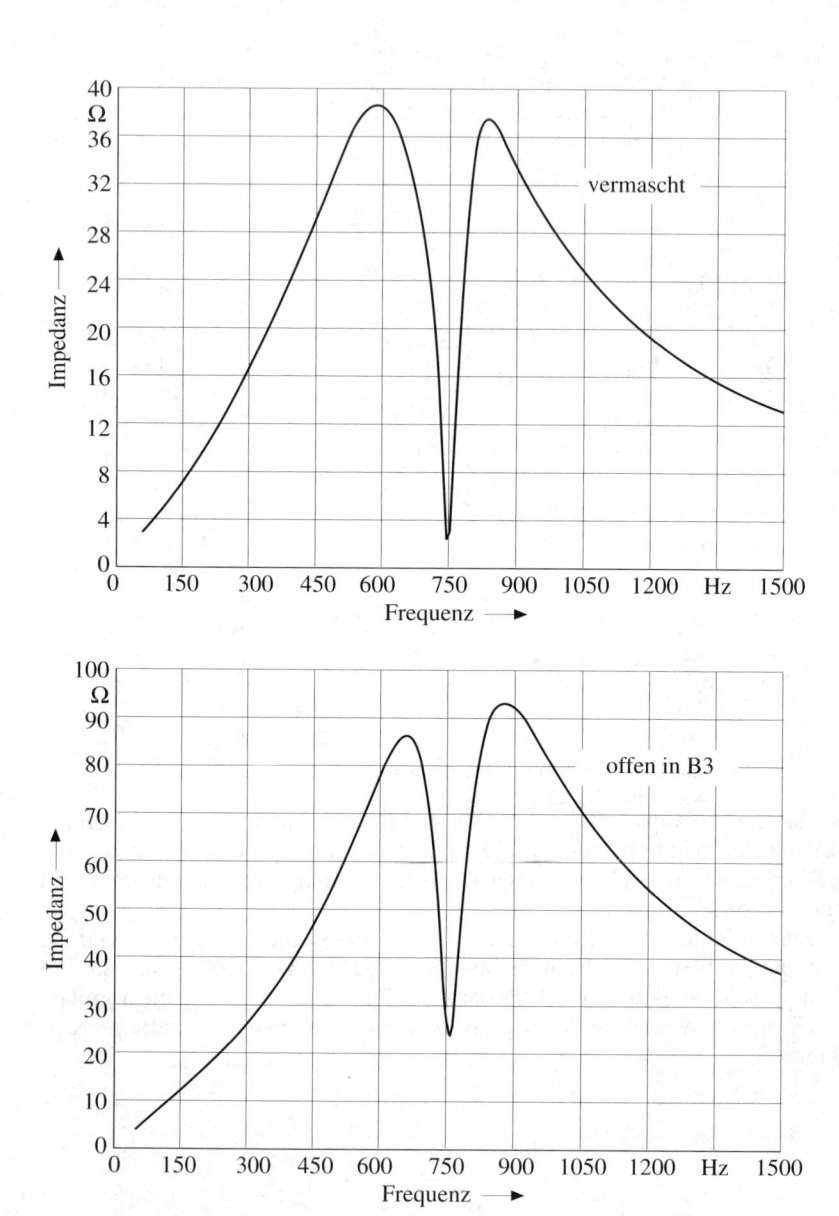

**Bild 2.32** Impedanzverlauf des 30-kV-Netzknotens B2 nach Bild 2.30
a) vermaschtes 30-kV-Netz
b) 30-kV-Kabel in B3 abgeschaltet

### 2.6.4 Typische Oberschwingungsspektren von NS-Verbrauchern

Nachstehend aufgeführte Stromverläufe und Stromoberschwingungsspektren (**Bild 2.33 bis Bild 2.37**) wurden im Labor für Elektrische Energieerzeugung und -verteilung der Fachhochschule Bielefeld mit einem Oberschwingungsmeß- und Analysesystem aufgenommen [2.13]. Es handelt sich dabei um „Hard-copy"-Bilder des Bildschirms. Dargestellt sind neben dem zeitlichen Verlauf des Stroms das zugehörige Oberschwingungsspektrum des Stroms sowie Kurzinformationen:

$I(1)$     Grundschwingungseffektivwert
$I(\text{eff})$    Gesamteffektivwert
$k(i)$     Oberschwingungsgehalt
$THD$   Total harmonic distortion
$f(1)$     Grundschwingungsfrequenz

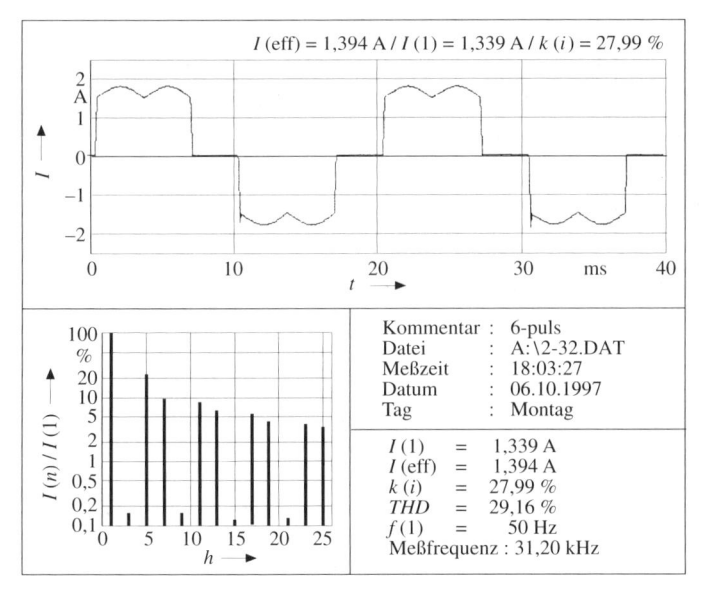

**Bild 2.33** Stromoberschwingungen einer ungesteuerten Drehstrombrücke; $p = 6$; 400 V; Belastung 310 $\Omega$

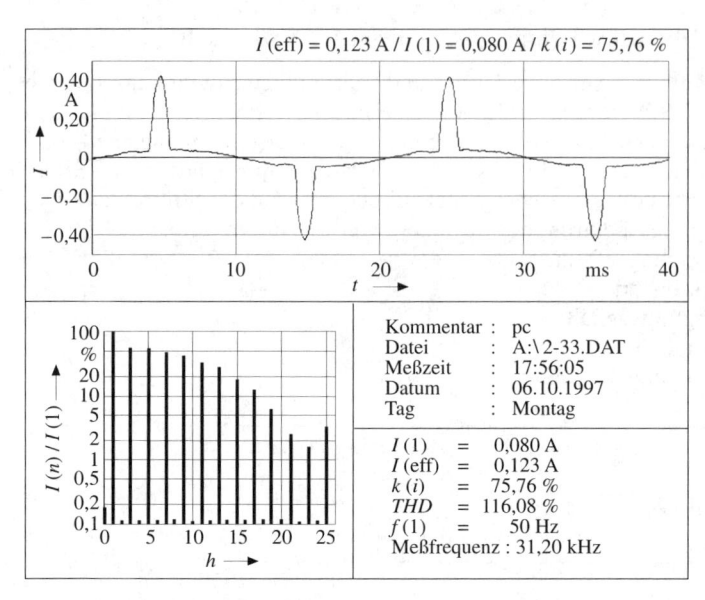

**Bild 2.34** Stromoberschwingungen eines Zweiweggleichrichters mit kapazitiver Glättung; 230 V; 130 VA

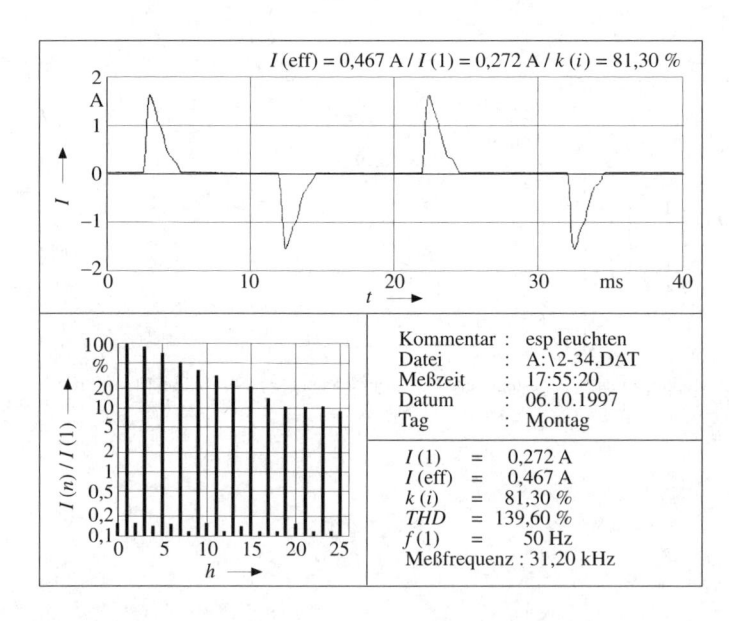

**Bild 2.35** Stromoberschwingungen von Kompaktleuchtstofflampen; 230 V; 3·20 W

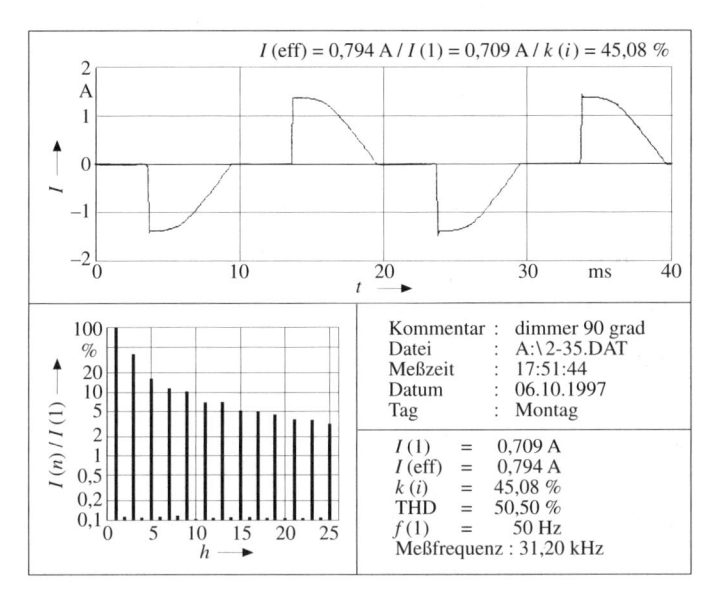

**Bild 2.36** Stromoberschwingungen eines Beleuchtungsreglers (Dimmer); 230 V; 200 W

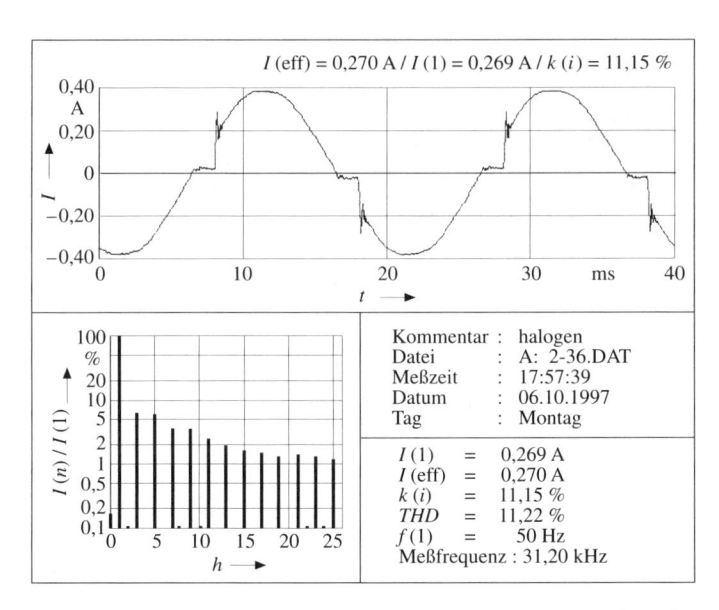

Diagramm 1 (oben): $I(\text{eff}) = 0{,}794\ \text{A}\ /\ I(1) = 0{,}709\ \text{A}\ /\ k(i) = 45{,}08\ \%$

| Kommentar | : | dimmer 90 grad |
|---|---|---|
| Datei | : | A:\2-35.DAT |
| Meßzeit | : | 17:51:44 |
| Datum | : | 06.10.1997 |
| Tag | : | Montag |
| $I(1)$ | = | 0,709 A |
| $I(\text{eff})$ | = | 0,794 A |
| $k(i)$ | = | 45,08 % |
| THD | = | 50,50 % |
| $f(1)$ | = | 50 Hz |
| Meßfrequenz | : | 31,20 kHz |

**Bild 2.37** Stromoberschwingungen eines elektronischen Konverters für Halogenleuchten; 230 V; 60 W

Diagramm 2 (unten): $I(\text{eff}) = 0{,}270\ \text{A}\ /\ I(1) = 0{,}269\ \text{A}\ /\ k(i) = 11{,}15\ \%$

| Kommentar | : | halogen |
|---|---|---|
| Datei | : | A: 2-36.DAT |
| Meßzeit | : | 17:57:39 |
| Datum | : | 06.10.1997 |
| Tag | : | Montag |
| $I(1)$ | = | 0,269 A |
| $I(\text{eff})$ | = | 0,270 A |
| $k(i)$ | = | 11,15 % |
| THD | = | 11,22 % |
| $f(1)$ | = | 50 Hz |
| Meßfrequenz | : | 31,20 kHz |

## 2.7 Literatur

[2.1] Brauner, G.; Wimmer, K.: Impact of consumer electronics in bulk areas. Proc. of 3rd European Power Quality Conference. Bremen, Nov. 7–9, 1995, S. 105–116
[2.2] Büchner, P.: Stromrichter-Netzrückwirkungen und ihre Beherrschung. Leipzig: VEB Deutscher Verlag, 1982.
[2.3] Jötten, R.: Leistungselektronik. Stromrichter und Schaltungstechnik. Wiesbaden: Vieweg-Verlag 1977
[2.4] Kloss, A.: Oberschwingungen. Beeinflussungsprobleme der Leistungselektronik. Berlin und Offenbach: VDE-VERLAG, 1989.
[2.5] Michels, M.; Schlabbach, J.: Experimentiersystem für Netzrückwirkungen. etz (Rubrik Ausbildung und Beruf) 115 (1994) H. 4, S. 198–199
[2.6] IEEE Task Force: Effects of harmonics on equipment. IEEE-PD 8 (1993) H. 2, April
[2.7] Grundsätze für die Beurteilung von Netzrückwirkungen. 3. Ausgabe, Frankfurt: VDEW, 1992.
[2.8] FGH: Frequenzabhängige Verbraucherstrukturen und deren Zusammenwirken mit dem elektrischen Versorgungsnetz. Technischer Bericht 1-273 der FGH, Mannheim, 1990.
[2.9] Gretsch, R.; Weber, R.: Oberschwingungsmessungen in Nieder- und Mittelspannungsnetzen – Netzimpedanzen. Elektrizitätswirtschaft 88 (1989), S. 745 ff.
[2.10] Gretsch, R.: Normung und Empfehlungen. In: FGH-Bericht 284 „Netzrückwirkungen". FGH, Mannheim 1995
[2.11] FGH: Referenz zu FGH-Programm: Netzoberschwingungs- und Rundsteueranalyse (NORA). Mannheim, 1997
[2.12] Schlabbach, J,; Seifert, G.; Weber, Th.: Unterstützung der Planung von Netzen unter dem Aspekt der Oberschwingungsbelastung durch digitale Berechnungsprogramme. Vorgesehen zur Veröffentlichung in der e-wirtschaft
[2.13] Michels, M.; Schlabbach, J.: PC-based measuring system for power system harmonics. 28th Universities Power Engineering Conference UPEC 1993, Stafford/UK, Beitrag D6, S. 869–872
[2.14] Göke, Th.: Zentrale Kompensation von Oberschwingungen in Mittelspannungsnetzen. Dissertation Universität Dortmund, Oktober 1997
[2.15] Göke, Th.: Berechnung von Netzen mit Bezug auf Oberschwingungen. In: Schlabbach, J.; et al.: Spannungsqualität – Voltage Quality. Schriften aus Lehre und Forschung Nr. 11. FH Bielefeld.

# 3 Spannungsschwankungen und Flicker

## 3.1 Definitionen

Veränderungen der Amplitude einer Spannung für einen Zeitraum, der länger als die Periodendauer der betrachteten Spannung ist, wird als Spannungsschwankung bezeichnet.
Derartige Spannungsschwankungen können einmalig, mehrmals, stochastisch oder auch regelmäßig auftreten.
Die Spannungsschwankung in Form eines Sprungs, einer Rampe oder eines quasi beliebigen Verlaufs wird über den Wert der relativen Spannungsänderung ($d$) beschrieben. **Bild 3.1** zeigt einige Formen von Spannungsschwankungen.

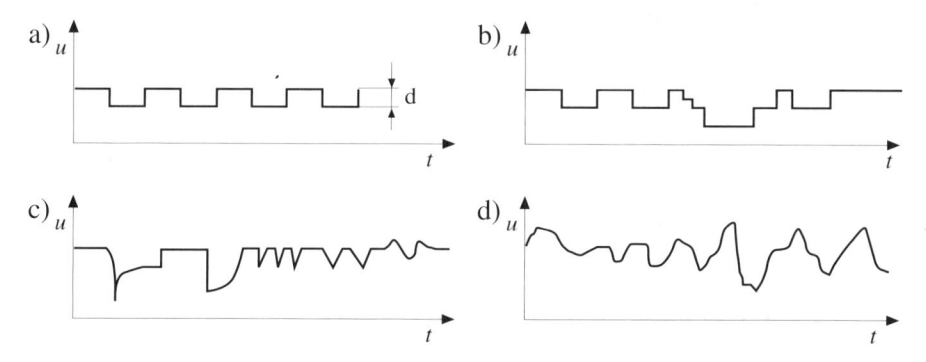

**Bild 3.1** Spannungsschwankungen
a) periodische Folge gleichförmiger, rechteckförmiger Spannungsänderungen
b) zeitlich regellose Folge sprungartiger Spannungsänderungen
c) Reihenfolge von Spannungsänderungen
d) stochastische oder stetige Spannungsschwankungen

Treten diese Spannungsschwankungen mit einer Frequenz von etwa 0,005 Hz bis etwa 35 Hz auf, führt dies im allgemeinen je nach Amplitude zu einem mehr oder minder starken Lichtflimmern, das vom menschlichen Auge wahrgenommen werden kann. Diesen subjektiven Eindruck von Leuchtdichteschwankungen bezeichnet man kurz als Flicker. Er hängt in der Intensität von der Höhe der Spannungsschwankung, von der Frequenz, mit der die Spannungsschwankung auftritt, und vom Leuchtmittel ab. Neben diesen physikalischen Einflußfaktoren wird der Flickereindruck in seiner Wahrnehmung auch von den Umgebungsbedingungen sowie dem physischen und psychischen Zustand der Person bestimmt, die den Flickererscheinungen ausgesetzt ist.

Eine andere Form von Spannungsschwankungen liegt vor, wenn der Spannungsverlauf im Momentanwert von der erwarteten Sinusform abweicht. Derartige Schwankungen entstehen durch transiente Überspannungen und durch Kommutierungsvorgänge.
**Bild 3.2** zeigt einen Spannungsverlauf, der durch Kommutierungseinbrüche gekennzeichnet ist.

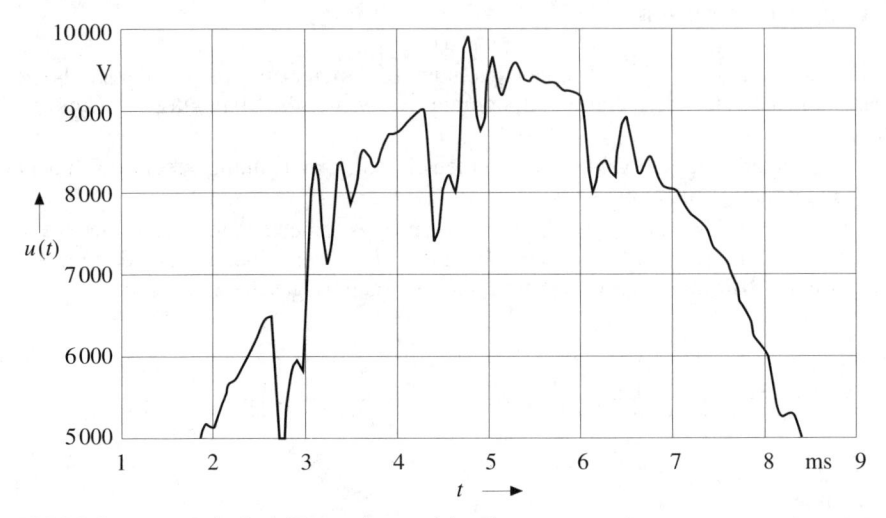

**Bild 3.2** Spannungsverlauf mit Kommutierungseinbrüchen

## 3.2 Entstehung und Ursachen

### 3.2.1 Spannungsschwankungen

Spannnungsschwankungen können auf verschiedene Ursachen zurückgeführt werden. Für die Aspekte der Netzrückwirkungen sind die Spannungsschwankungen von Interesse, die durch Veränderungen der Lastsituation an einem Netzknoten oder Anschlußpunkt hervorgerufen werden. Die Lastsituation an einem Anschlußpunkt wird zum einem durch die aktuelle Zusammensetzung der Einzellasten bestimmt, zum anderen kann eine Last betriebsbedingt ihre aktuelle Energieaufnahme verändern. Spannungsschwankungen in nennenswertem Umfang werden z.B. von folgenden Lasten hervorgerufen:
– gepulste Leistungen bei Schwingungspaketsteuerung
– Widerstandsschweißmaschinen
– anlaufende Antriebe
– gepulste Leistungen bei Thermostatsteuerungen
– Antriebe mit stark wechselnder Belastung
– Lichtbogenöfen

Spannungsschwankungen und Spannungseinbrüche entstehen unter anderem durch Netzfehler, wie Erdschlüsse, Erdkurzschlüsse und Kurzschlüsse im elektrischen Energieversorgungsnetz. Diese Fehler beeinträchtigen die Spannungsqualität an einem Anschlußpunkt je nach Fehlerort. Der Fehlerort kann im EVU-Netz, im eigenen Netz oder auch im Netz eines anderen EVU-Kunden liegen, der sich in „elektrischer Nähe" befindet.
Auch Zu- und Abschalten von großen Gleichrichteranlagen und Blindstromkompensationsanlagen, die last- bzw. blindleistungsbezogen gesteuert werden, kann zu Spannungsschwankungen führen. Neben diesen lastbezogenen Ursachen für Spannungsschwankungen führen auch Schaltmaßnahmen im Rahmen des Netzbetriebs zu Veränderungen des Spannungsniveaus. Beim Zu- und Abschalten von Leitungen kommt es durch die Veränderung der Kurzschlußleistungsverhältnisse zu Spannungsveränderungen, die im Rahmen der eigentlichen Schalthandlung auch von transienten Überspannungen begleitet werden können. Auch Fehlersituationen im Netz führen zu Spannungsschwankungen oder sogar zu Spannungsunterbrechungen, die je nach Nähe zum Fehlerort unterschiedlich stark ausgeprägt sein können. Alle nicht durch die Lasten verursachten Spannungsschwankungen beeinträchtigen zwar die Spannungsqualität, sind aber nicht den Netzrückwirkungen zuzuordnen. In gleicher Weise wie die Lasten können auch Eigenerzeugungsanlagen Spannungsschwankungen verursachen.
Aus technischer Sicht resultiert die Spannungsschwankung aus der Veränderung der Summe aller Teilspannungsfälle über die Impedanzen zwischen dem Anschlußpunkt und den speisenden Quellen, bedingt durch Stromänderungen am Anschlußpunkt.

### 3.2.2 Flicker

Bei Spannungsschwankungen, die zu Flickererscheinungen führen, wird eine zahlenmäßige Bewertung des Flickerpegels aus der Wahrnehmung der Flickererscheinungen abgeleitet. Dazu betrachtet man als Lichtquelle eine Doppelwendelglühlampe (230 V, 60 W). Die Spannungsschwankungen führen über die Leuchtdichteschwankungen und die Übertragungsstrecke „Lampe–Auge–Gehirn" zu einem momentanen Flickereindruck ($p_f$).
Die Ursachen für Flickererscheinungen sind mit den Ursachen von Spannungsschwankungen gleichzusetzen. Beim Betrachten der Flicker wird die physikalische Größe Spannung allerdings nicht direkt bewertet, sondern unter Berücksichtigen einer speziellen Übertragungsfunktion sowie einer statistischen Betrachtung über einen definierten Zeitbereich.

## 3.3 Flickerberechnung nach Faustformeln

### 3.3.1 Vorbemerkungen

Die Flickerbewertung basiert auf dem Wahrnehmen von Spannungsschwankungen mit bestimmten Erscheinungsformen und verschiedenen Frequenzen, bzw. Wiederholraten durch den Menschen. Dabei gilt die Voraussetzung, daß ein ganz spezielles Leuchtmittel verwendet wird. Bei diesem Leuchtmittel handelt es sich um die Doppelwendelglühlampe (60 W, 230 V). Aus Personenversuchen wurde für verschiedene Wiederholraten und Spannungsänderungen ermittelt, ob eine Leuchtschwankung von nicht sichtbar über gut sichtbar bis zu unverträglich einzustufen ist [3.1]. **Bild 3.3** zeigt die Ergebnisse dieser Untersuchungen (CENELEC-Kurve).

**Bild 3.3** CENELEC-Kurve [3.2]
Störgrenze für $P_{st} = 1$ bei rechteckförmigen Spannungsänderungen

In weiten Teilen kann diese Kurve durch einfache Näherungsformeln beschrieben werden.
Als wesentliche Einflußgrößen sind hier die relative Spannungsänderung ($d(t)$) und die Wiederholrate ($r$) zu berücksichtigen. Die Kurvenform der Spannungsänderung wird durch Hinzuziehen von Formfaktoren berücksichtigt.
Grundvoraussetzung für Flickerberechnungen ist das Ermitteln der relativen Spannungsänderung. Sie muß, sofern sie nicht gemessen werden kann, aus den Netz- und Lastdaten berechnet werden.

## 3.3.2 Berechnen des Spannungsfalls in allgemeiner Form

Beim Berechnen des Spannungsfalls, der sich am Anschlußpunkt einer Last einstellt, ist je nach Anschlußort des Verbrauchers unterschiedlich vorzugehen. Die einfachere Berechnung ergibt sich beim Betrachten von symmetrischen Drehstromverbrauchern. Für diese Berechnung kann man ein Ersatzschaltbild gemäß **Bild 3.4** wählen. Die Impedanz des Netzes sowie die Last sind durch einen ohmschen und einen induktiven Anteil gekennzeichnet.

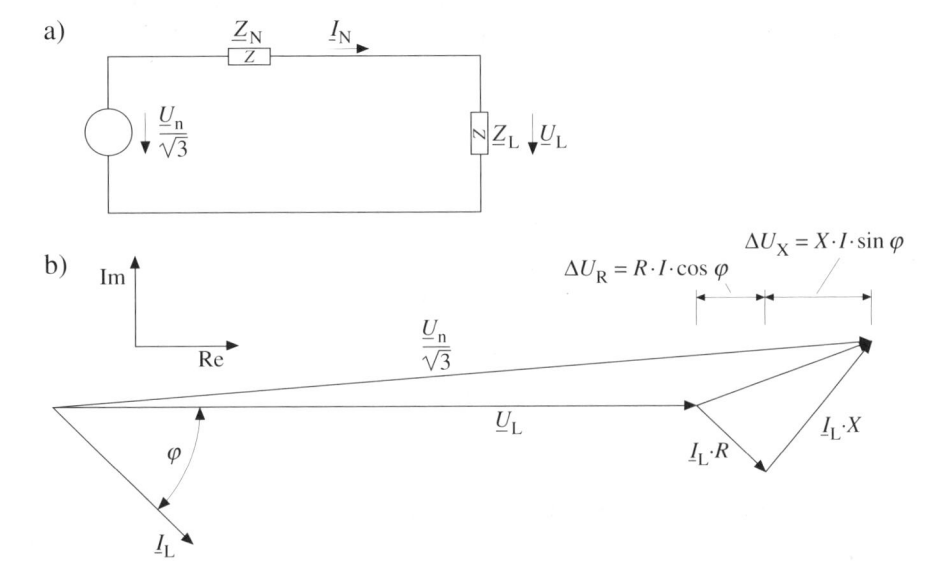

**Bild 3.4** Spannungsfall für symmetrische Belastung
a) Ersatzschaltbild (ESB)
b) Zeigerdiagramm

Der Spannungsfall über der Netzimpedanz $Z_N$, bestehend aus einem ohmschen und einem induktiven Anteil ($R_N$ und $X_N$), errechnet sich zu

$$\Delta U = \Delta I_L \cdot Z_N \tag{3.1}$$

bzw.

$$\Delta U \cong \Delta U_R + \Delta U_X = (R \cdot \cos \varphi + X \cdot \sin \varphi) \Delta I_L \tag{3.2}$$

Die Kurzschlußleistung am Anschlußpunkt bestimmt sich zu

$$S_{k3}'' = \sqrt{3} \cdot U_n \cdot I_k \tag{3.3}$$

bzw.

$$S_{k3}'' = U_n^2 / Z_N \tag{3.4}$$

Der Laststrom $I_L$ kann auch durch die Anschlußleistung $S_A$ dargestellt werden:

$$\Delta I_L \approx \Delta S_A / (\sqrt{3} \cdot U_n) \tag{3.5}$$

Diese Gleichung gilt unter der Voraussetzung, daß der Spannungsfall über der Netzimpedanz im Vergleich zur Netzspannung ($U_n$) gering ist.
Aus den Gln. (3.1) und (3.5) folgt näherungsweise der Spannungsfall

$$\Delta U = U_n \cdot \Delta S_A / (\sqrt{3} \cdot S''_{k3}) \tag{3.6}$$

Betrachtet man den Fall der Wechselstromlast am Drehstromnetz, gestaltet sich die Rechnung etwas anders. Das Ersatzschaltbild für diesen Fall ist in **Bild 3.5** dargestellt.

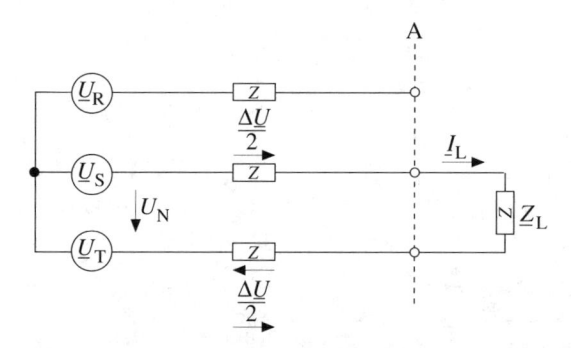

**Bild 3.5** Ersatzschaltbild für eine Wechselstromlast am Drehstromnetz

Die Kurzschlußleistung am Anschlußpunkt (A) berechnet sich zu

$$S''_{k3} = \sqrt{3} \cdot U_n \cdot I_k \tag{3.7}$$

Die Veränderung der Anschlußleistung des Verbrauchers ergibt sich aus

$$\Delta S_A = \Delta I_L \cdot U_n \tag{3.8}$$

unter der Voraussetzung, daß der Spannungsfall über der Netzimpedanz relativ gering ist. Für den Spannungsfall gilt

$$\Delta U = \Delta I_L \cdot 2 \cdot Z_N \tag{3.9}$$

Mit den Gln. (3.4) und (3.8) kann Gl. (3.9) wie folgt umgestellt werden:

$$\Delta U = 2 \cdot (\Delta S_A / S''_{k3}) \cdot U_n \tag{3.10}$$

Diese physikalische Spannungsänderung ist die Spannungsänderung der Außenleiterspannung. Zum Bestimmen der Spannungsänderung der Außenleiter-Erdspannung wird **Bild 3.6** herangezogen.

$$\Delta U_T = (\sin 60°) \cdot \Delta U / 2 \tag{3.11}$$

oder

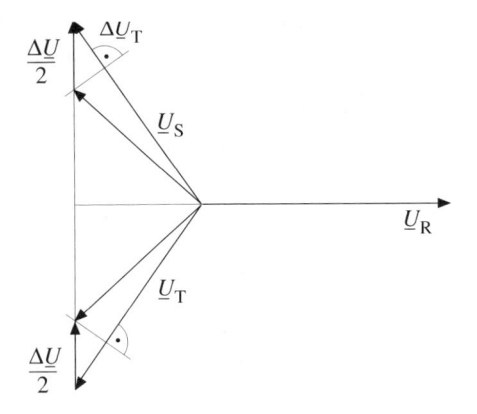

**Bild 3.6** Zeigerdiagrammm der Außenleiter-Erdspannung

$\Delta U_T = (\sqrt{3}/4) \cdot \Delta U$ (3.12)

Mit Gl. (3.10) folgt:

$\Delta U_T = (\sqrt{3}/2) \cdot (\Delta S_A / S''_{k3}) \cdot U_n$ (3.13)

Dies gilt analog für $\Delta U_S$.

Eine Alternative zum einfachen Bestimmen der Spannungsänderung bietet **Bild 3.7**.

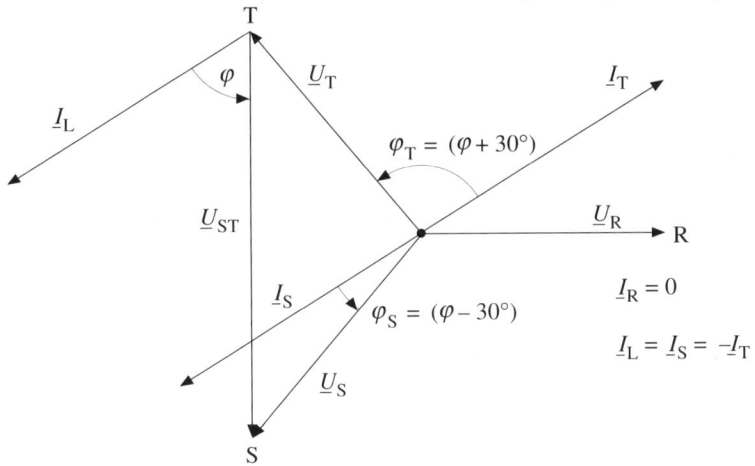

**Bild 3.7** Zeigerdiagramm für alternative Betrachtung

Basierend auf der Kenntnis der Laststromänderung ($\Delta I_L$) kann die maximale Spannungsänderung ($\Delta U$) der Außenleiter-Erd-Spannungen wie folgt bestimmt werden:

Mit
$$Z_K = R + jX \tag{3.14}$$
kann $\Delta U$ bestimmt werden nach folgender Beziehung:
$$\Delta U = \mathrm{MAX}\{\Delta U_S; \Delta U_T\} \cong \mathrm{MAX}\{[R\cos(\varphi \pm 30°) + X\sin(\varphi \pm 30°)] \cdot \Delta I_L\} \tag{3.15}$$
In bezogener Darstellung folgt aus Gl. (3.15)
$$\Delta u = \mathrm{MAX}\{[r\cos(\varphi \pm 30°) + x\sin(\varphi \pm 30°)] \cdot \sqrt{3} \cdot \Delta S_A\} \tag{3.16}$$
Dies entspricht einer Berechnung der Spannungsänderung gemäß
$$\Delta u = \sqrt{3}(r \cdot \Delta P + x \cdot \Delta Q) \tag{3.17}$$
Für die Betrachtung einer Wechselstromlast, die an einem Niederspannungsnetz zwischen einem Leiter und dem Neutralleiter betrieben wird, kann vom Ersatzschaltbild gemäß **Bild 3.8** ausgegangen werden.

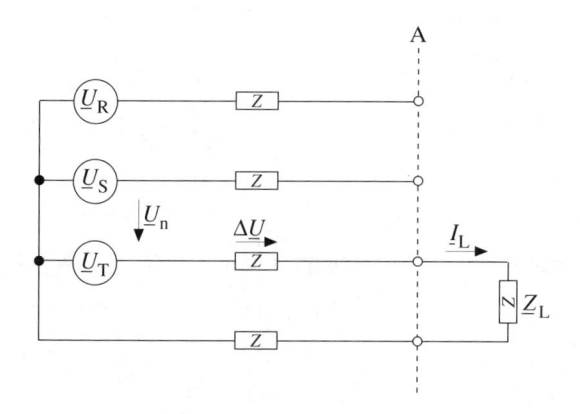

**Bild 3.8** Ersatzschaltbild einer Wechselstromlast am Niederspannungsnetz

Die Kurzschlußleistung am Anschlußpunkt A ergibt sich zu
$$S_{k3}'' = \sqrt{3} \cdot U_n \cdot I_k \tag{3.18}$$
bzw.
$$S_{k3}'' = U_n^2 / Z_N \tag{3.19}$$
Der Laststrom ($I_L$) wird aus der Anschlußleiterspannung ($U_N$) und der Lastimpedanz ($Z_L$) bestimmt:
$$I_L \cong U_n / (\sqrt{3} \cdot Z_L) \tag{3.20}$$
Die Anschlußleistung berechnet sich in diesem Fall aus
$$S_A = U_n^2 / (3 \cdot Z_L) \tag{3.21}$$
bzw.
$$S_A = U_n \cdot I_L / \sqrt{3} \tag{3.22}$$

Der Spannungsfall über der Netzimpedanz ($\Delta U$) wird aus der Laststromänderung ($\Delta I_L$) und der Lastimpedanz ($Z_L$) bestimmt:

$$\Delta U = \Delta I_L \cdot Z_N \tag{3.23}$$

Mit Gl. (3.4) und Gl. (3.22) kann Gl. (3.23) auch wie folgt ausgedrückt werden:

$$\Delta U = \sqrt{3}\,(\Delta S_A / S''_{k3})U_n \tag{3.24}$$

### 3.3.3 $A_{st}/P_{st}$-Berechnung

Die CENELEC-Kurve läßt sich näherungsweise durch vereinfachte Betrachtungen nachbilden. Der Störfaktor, der durch ein einzelnes Ereignis hervorgerufen wird, kann durch seine Flickernachwirkungsdauer ($t_f$) bestimmt werden [3.3]:

$$t_f = 2{,}3\,\mathrm{s} \cdot (d \cdot F)^3 \tag{3.25}$$

$d$ relative Spannungsänderung in %
$F$ Formfaktor

Da sich die einzelnen Störfaktoren linear überlagern, kann die Summenstörwirkung aus der Summation der einzelnen Störfaktoren, bezogen auf ein Zeitintervall, berechnet werden.
Der Flickerstörwert für kurze Zeitintervalle ($A_{st}$) kann wie folgt berechnet werden (Zeitintervall 10 min):

$$A_{st} = (\Sigma t_f)/600 \tag{3.26}$$

Die Kennzeichnung st steht für *short term* und wird im allgemeinen zu 10 min gewählt. Wird die Flickerstörung durch eine regelmäßige Spannungsänderung hervorgerufen, die beispielsweise durch die Wiederholrate ($r$) bestimmt ist, geht Gl. (3.26) über in

$$A_{st} = (2{,}3\,\mathrm{s} \cdot r \cdot (d \cdot F)^3)/600\,\mathrm{s} \tag{3.27}$$

Sind die Spannungsschwankungen durch eine Frequenz beschrieben, bedeutet das, daß sich für die Wiederholrate der Spannungsschwankungen der doppelte Wert ergibt. Das heißt, 1 Hz entspricht zwei Änderungen pro Sekunde.
Für einige Betrachtungszeiträume ist der Langzeit-Flickerpegel definiert, der sich auf einen Zeitraum von 2 h erstreckt. Bei Berechnungen für diesen Fall ist in Gl. (3.26) lediglich der Wert 600 s durch den Wert 7 200 s zu ersetzen.
Alternativ zur Betrachtung von Flickerpegeln in Form von $A_{st}$-Werten können sie auch in Form von $P_{st}$-Werten betrachtet werden. Die Näherungsformel für die $P_{st}$-Wert-Berechnung lautet [3.1]

$$P_{st} = 0{,}36 \cdot d \cdot r^{0{,}31} \cdot F \tag{3.28}$$

$A_{st}$- und $P_{st}$-Werte stehen gemäß folgender Beziehung in Verbindung:

$$A_{st} = P_{st}^3 \tag{3.29a}$$

bzw.
$$P_{st} = \sqrt[3]{A_{st}} \tag{3.29b}$$

Gemäß Gl. (3.28) ist der $P_{st}$-Wert proportional zur Höhe der Spannungsänderung. Der $A_{st}$-Wert hingegen verhält sich proportional zur Wiederholrate.

Wie die Spannungsfallberechnung für den Wechsel- bzw. Drehstromfall durchgeführt werden kann, wurde in Abschnitt 3.3.2 dargestellt. Für die $P_{st}/A_{st}$-Berechnung mit Näherungsformeln kann man auch die relative Spannungsänderung mit Näherungsformeln bestimmen. Das heißt, daß die relative Spannungsänderung direkt aus der Leistungsänderung ($\Delta S_A$) und der Kurzschlußleistung ($S_k$) berechnet werden kann.

Der zur Berechnung der Flickerstörfaktoren ($A_{st}$ bzw. $P_{st}$) notwendige Formfaktor ($F$) läßt sich, je nach Form der Spannungsänderung, entsprechenden Grafiken entnehmen (**Bild 3.9** bis **Bild 3.11**) [3.2].

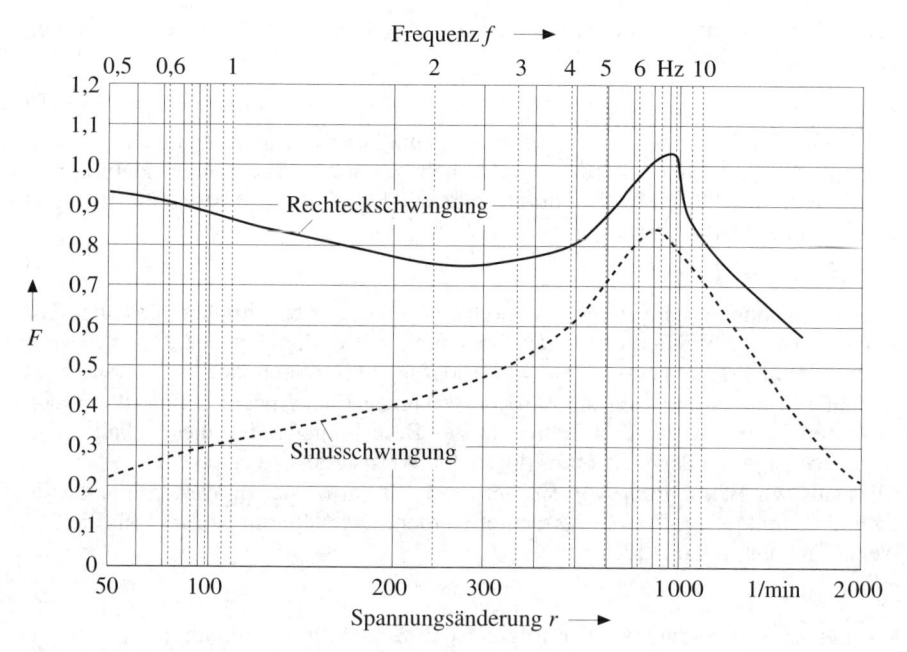

**Bild 3.9** Formfaktoren für periodische Spannungsschwankungen

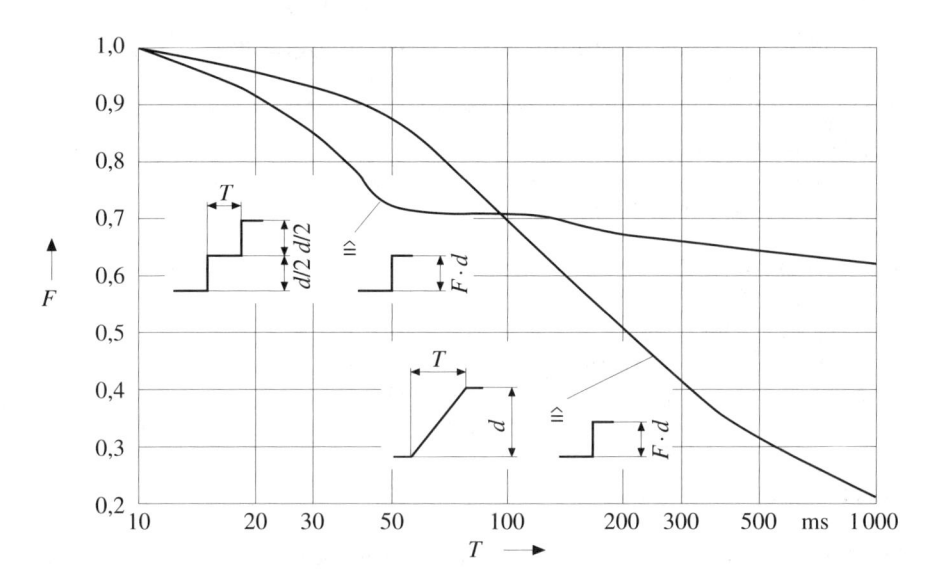

**Bild 3.10** Formfaktoren für Rampen und Teilsprünge

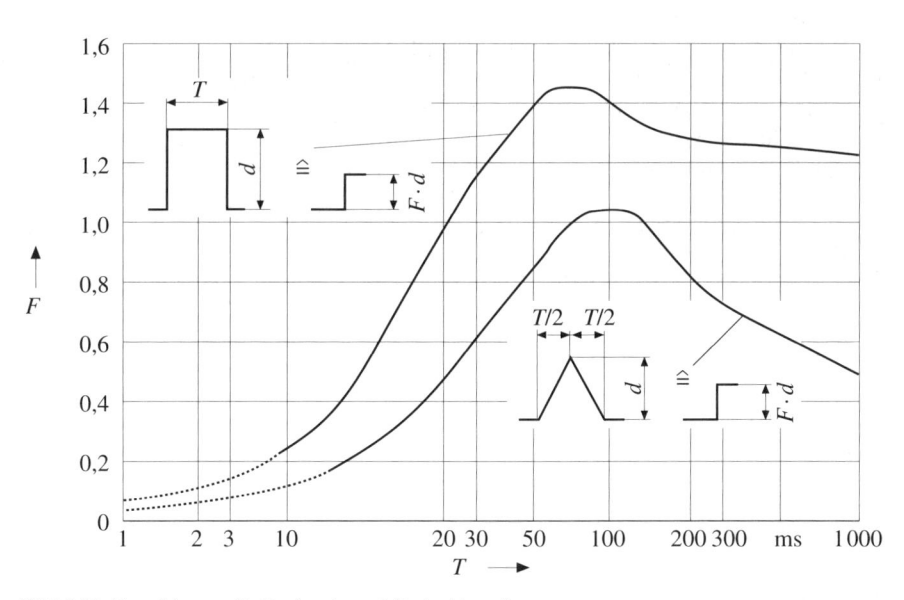

**Bild 3.11** Formfaktoren für Rechteck- und Dreieckimpulse

127

## 3.4 Flickerberechnung für stochastische Signale

### 3.4.1 Mathematische Beschreibung des Flickeralgorithmus

Der Algorithmus der Flickerberechnung basiert auf dem Bewerten von Spannungsschwankungen mit der Nachbildung des Wahrnehmungsmodells der Wirkungskette „Lampe–Auge–Gehirn" (**Bild 3.12**).

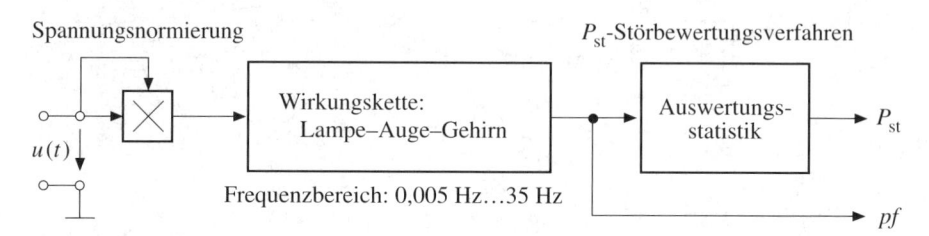

**Bild 3.12** Flickermeter-Struktur

Das Modell für die Lampe und das $P_{st}$-Störbewertungsverfahren werden in den folgenden Abschnitten beschrieben. Die Übertragungsfunktion für die Wahrnehmung von Flickererscheinungen findet man in Abschntt 5.2.5.
Die Übertragungsfunktion der Doppelwendelglühlampe ist essentieller Bestandteil des Flickeralgorithmus.
Für den Zusammenhang von Spannungsschwankungen und Lichtstromänderungen ist die Übertragungsfunktion der Lichtquelle nachzubilden. Bei Allgebrauchsglühlampen wird eine Wolframwendel auf eine hohe Temperatur erhitzt. Die aufgenommene Wirkleistung $P_L(t)$ ist proportional zur Wendeltemperatur. Der Lichtstrom folgt der Temperatur trägheitslos. Lichtstromschwankungen werden durch die Trägheit der Wendel gedämpft [3.3].

$$P_L(t) = (U^2/R)[1 + \cos(2\omega t)] \qquad (3.30)$$

Für kleine Temperaturschwankungen $\Delta\vartheta$ kann die Differentialgleichung der Glühlampe wie folgt angegeben werden:

$$m_w c \,[d(\Delta\vartheta)/dt] + P_m/C_L = P_{ab}(t) \qquad (3.31)$$

mit

$$P_{ab}(t) = P_L(t) - P_m, \quad P_m = U^2/R \qquad (3.32)$$

Aus Gl. (3.27) folgt unter der Voraussetzung $\Phi$ proportional $\Delta\vartheta$ für den Lichtstrom:

$$\Phi(t) = \Phi\cos(2\omega t - \varphi) \qquad (3.33)$$

mit

$$\Phi(t) = K/\sqrt{1 + (2\omega\tau)^2} \qquad (3.34)$$

Die Übertragungsfunktion zwischen den Schwingungen der elektrischen Leistung der Glühlampe und den Lichtstromschwingungen entspricht der eines Tiefpaßfilters erster Ordnung.
Für ein amplitudenmoduliertes Spannungssignal

$$u = u\sin(\omega t)[1 + m\sin(\omega_f t)] \quad \text{mit } m = \Delta U/U \tag{3.35}$$

ist der Lichtstrom unter der Voraussetzung $m \ll 1$ mit $\omega_f$ ebenfalls amplitudenmoduliert.
Für die Doppelwendelglühlampe gilt:

$$\frac{\Delta \Phi/\Phi}{\Delta U/U} = \frac{3{,}8}{\sqrt{1 + (\omega_f \tau)^2}} \tag{3.36}$$

### 3.4.2 Das $P_{st}$-Störbewertungsverfahren

Mit dem $P_{st}$-Störbewertungsverfahren wird der momentane Flickereindruck in den Flickerpegel überführt [3.3]. Über den Zeitraum des Meßintervalls wird der momentane Flickereindruck klassifiziert. Aus diesen Werten ermittelt man die relative Häufigkeit der Meßwerte des momentanen Flickereindrucks. Aus den Werten der relativen Häufigkeit werden dann die Werte der relativen Summenhäufigkeit bestimmt. Aus dem Verlauf dieser Werte wird der Flickerpegel durch Auswertung bestimmter Punkte ermittelt. **Bild 3.13** zeigt den möglichen Verlauf der relativen Summenhäufigkeit für ein Meßintervall. Zu festgelegten Summenhäufigkeitswerten werden die Pegel des momentanen Flickereindrucks mit der Bestimmungs-Gl. (3.37) ausgewertet.

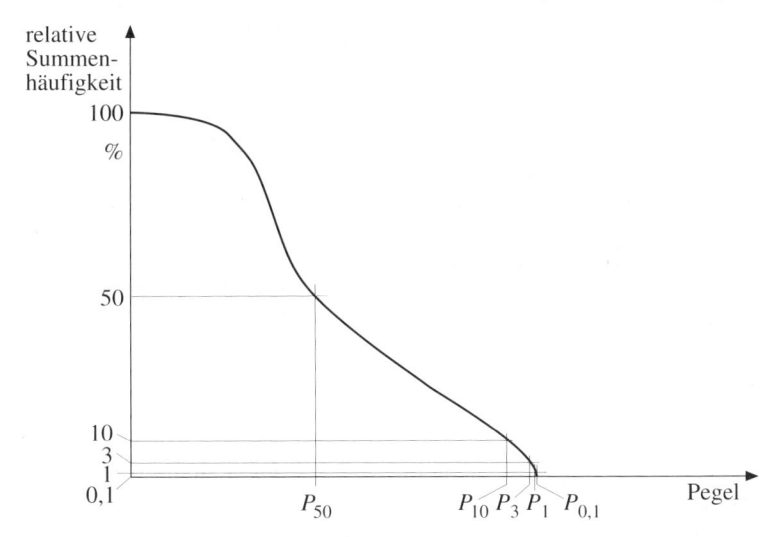

**Bild 3.13** $P_{st}$-Störbewertungsverfahren

Die Werte $P_i$ geben an, welcher momentane Flickerpegel für $i$ Prozent der Beobachtungszeit überschritten wurde:

$$P_{st} = \sqrt{0{,}0314\,P_{0{,}1;g} + 0{,}0525\,P_{1{,}0;g} + 0{,}0657\,P_{3{,}0;g} + 0{,}28\,P_{10;g} + 0{,}08\,P_{50;g}} \qquad (3.37)$$

Dieses Bewertungsverfahren wird als geglättetes Bewertungsverfahren bezeichnet, wenn die einzelnen Werte $P_i$ aus mehreren Stützwerten ermittelt wurden.

$$P_{0{,}1;g} = P_{0{,}1}$$
$$P_{1{,}0;g} = (1/3)(P_{0{,}7} + P_{1{,}0} + P_{1{,}5})$$
$$P_{3{,}0;g} = (1/3)(P_{2{,}2} + P_{3{,}0} + P_{4{,}0})$$
$$P_{10;g} = (1/5)(P_{6{,}0} + P_{8{,}0} + P_{10} + P_{13} + P_{17})$$
$$P_{50;g} = (1/3)(P_{30} + P_{50} + P_{60}) \qquad (3.38)$$

Eine weitere wichtige Größe zur Beurteilung von Flickererscheinungen liefert der Langzeit-Flickerpegel $P_{lt}$:

$$P_{lt} = \sqrt[3]{(1/N) \sum_{i=1}^{N} P_{sti}^3} \qquad (3.39)$$

Bei dieser Betrachtung werden hohe Flickerpegel besonders hoch bewertet. Der Betrachtungszeitraum beträgt hier im allgemeinen 2 h ($N = 12$). $P_{lt}$ wird aus einem gleitenden Meßintervall ermittelt.

Der Vorteil der Flickermessung besteht in der direkten Überführung von Spannungsschwankungen verschiedener Formen und Amplituden in eine Bewertungszahl.

## 3.5 Auswirkungen von Spannungsschwankungen

Die Auswirkungen von Spannungsschwankungen liegen zum einem in der störenden Wirkung von Leuchtdichteschwankungen, die in aller Regel noch vor Betriebsbeeinträchtigungen von Betriebsmitteln und Geräten wahrgenommen werden.

Zum anderen resultieren aus Spannungsschwankungen ganz unterschiedliche Störphänomene. Hierzu gehören:
– Regelungsvorgänge für spannungswinkelgeführte Regelungen
– Brems- bzw. Beschleunigungsmomente von direkt ans Netz angeschlossenen Motoren
– Beeinträchtigung von elektronischen Geräten, bei denen sich die Schwankung der Versorgungsspannung über das Netzgerät bis zur Elektronik durchsetzt.

Gerade der letztgenannte Punkt ist von großer Bedeutung. Störphänomene dieser Art können bei Geräten aller Anwendungen auftreten. Die folgenden Geräte sind besonders hervorzuheben:

- Computer, Drucker, Kopierer
- Überwachungsgeräte
- Steuereinheiten, Steuerrechner
- Komponenten der Kommunikationstechnik

Spannungsschwankungen durch Kommutierungseinbrüche führen ebenfalls zu den bereits genannten Auswirkungen. Darüber hinaus führen sie in besonderem Maß zu Belastungen von Kondensatoren. Die relativ steilflankigen Kommutierungseinbrüche können unter Umständen auch Resonanzstellen sehr hoher Frequenz (einige Kilohertz) in elektrischen Netzen anregen.

## 3.6 Normung

Die Normen sind festen Anwendungsgebieten zuzuordnen. Neben der Normung der Verträglichkeitspegel für öffentliche und industrielle Netze existieren auch Normen für das Beurteilen der Störaussendung und der Störfestigkeit.

Die Spannungsqualität in öffentlichen Niederspannungsnetzen ist in VDE 0839 Teil 2-2 definiert. Die gültigen Verträglichkeitspegel für Industrienetze findet man in VDE 0839 Teil 2-4. Die EN 50160 umfaßt eine Festlegung von Verträglichkeitspegeln für öffentliche Mittel- und Niederspannungsnetze.

Die Richtwerte für die Flickerstörbeurteilung sind in **Tabelle 3.1** wiedergegeben.

|  | $A_{lt}$ | $A_{st}$ | $d$ |
|---|---|---|---|
| **zulässiger Störfaktor** | | | |
| Niederspannung | 0,4 | 1 | |
| Mittelspannung | 0,3 | 0,75 | |
| Hochspannung | 0,2 | 0,5 | |
| **zulässiger Störfaktor durch eine Kundenanlage*)** | | | |
| Niederspannung | 0,05 | 0,2 | 0,03 |
| Mittelspannung | 0,05 | 0,2 | 0,02* |
| Hochspannung | 0,05 | 0,2 | 0,02* |

*) In Ausnahmefällen sind hier höhere Werte zulässig.

Tabelle 3.1 Richtwerte für die Flickerstörbeurteilung [3.2]

Eine Entscheidung über die Zulässigkeit eines Anschlusses in Nieder-, Mittel- oder Hochspannungsnetzen ist mit dem Beurteilungsschema nach **Tabelle 3.2** gegeben. Werden beim Anschluß einer Kundenanlage ein $A_{st}$-Wert von 0,2 und ein $A_{lt}$-Wert von 0,5 nicht überschritten, ist ein Anschluß grundsätzlich zulässig. In Sonderfällen kann einem einzelnen Kunden ein höherer Störfaktor zugewiesen werden. Dies gilt im wesentlichen immer dann, wenn weitere Kunden an einen Verknüpfungspunkt angeschlossen sind, die den ihnen zustehenden Anteil am gesamten Störfaktor nicht

| Bedingung für $A_{st}$ und $A_{lt}$ | Konsequenz für den Anschluß |
|---|---|
| $A_{st} < 0,2$ und $A_{lt} < 0,05$ | zulässig |
| $0,2 < A_{st} < 0,5$ oder $0,05 < A_{lt} < 0,2$ | eingeschränkt zulässig |
| $A_{lt} > 0,2$ | unzulässig, Maßnahmen erforderlich |

**Tabelle 3.2** Beurteilungsschema für Flickerpegel [3.2]

ausnutzen. Dabei bleibt zu berücksichtigen, daß einem einzelnen Kunden für die Störaussendung im Langzeitbereich für den $A_{lt}$-Wert maximal 0,2 zugestanden wird (**Bild 3.14**).

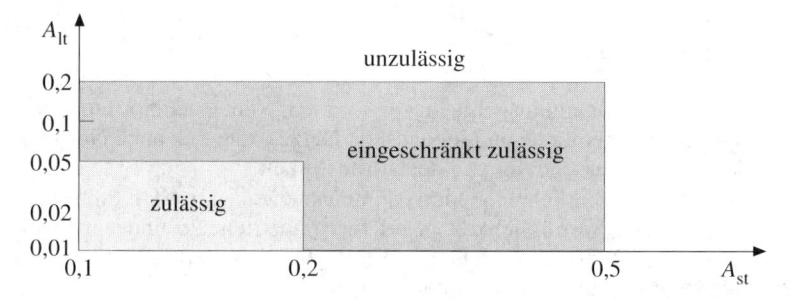

**Bild 3.14** Beurteilungsschema für Flickerpegel

Für ein Verhältnis der Kurzschlußleistung am Verknüpfungspunkt zur Anschlußleistung des Kunden von mehr als 1 000 ist der Anschluß zulässig. Dieses Kriterium ist von untergeordneter Bedeutung, wenn es sich um eine Einphasenlast handelt.

Die Grenzwerte für die Stromaussendung von Geräten sind in die Klassen für Geräte mit $I_N \leq 16$ A und Geräte mit $I_N > 16$ A (VDE 0838 Teil 5) unterteilt. Diese Normen enthalten neben den Grenzwerten auch die Prüfbedingungen für Gerätehersteller.

Die Störfestigkeit für Betriebsmittel ist in VDE 0160 festgelegt. Für Kommutierungseinbrüche sind Grenzwerte gemäß **Bild 3.15** zulässig. Bei einem Spannungssignal gemäß Bild 3.15 müssen die elektrischen Betriebsmittel noch einwandfrei funktionieren.

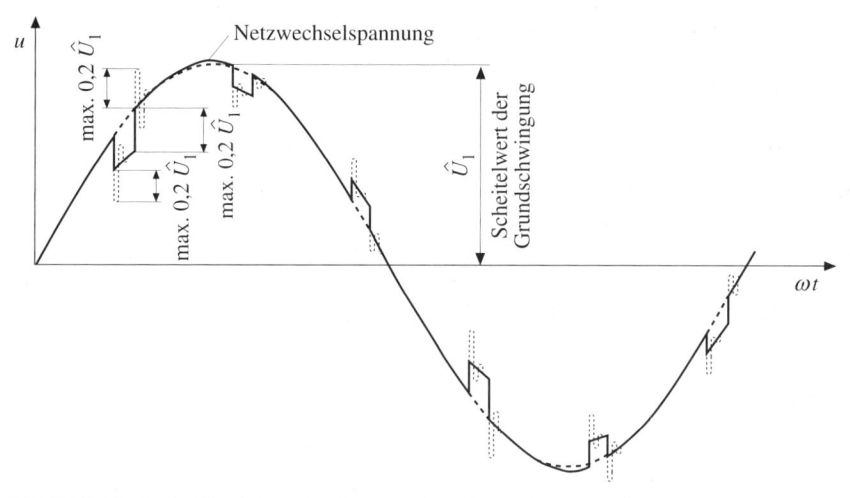

**Bild 3.15** Maximale Abweichung der Spannung bei Kommutierungseinbrüchen und Kommutierungsschwingungen

## 3.7 Meß- und Rechenbeispiele

### 3.7.1 Flickermessung im Niederspannungsnetz

Das Ergebnis einer Flickermessung aus dem Niederspannungsnetz ist in **Bild 3.16** dargestellt. Die Messung wurde auf der 400-V-Spannungsebene eines Ortsnetztransformators durchgeführt ($S_N$ = 630 kVA). Dieser Transformator versorgt ein

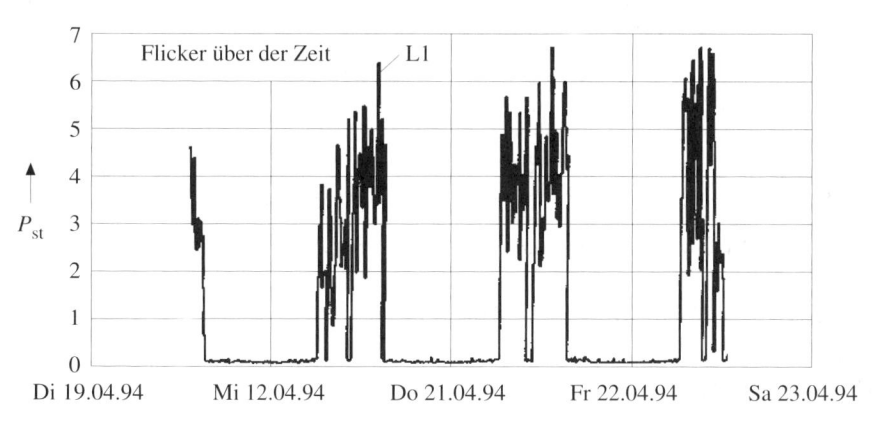

**Bild 3.16** Beispielmessung – Flicker

133

kleines Gewerbegebiet. Die Meßergebnisse zeigen ein ausgeprägtes Tagesprofil. Die Flickerpegel liegen tagsüber deutlich über dem Wert von $P_{st} = 0{,}7$ bzw. $P_{st} = 1$, dennoch kam es in diesem Fall zu keinerlei Beschwerden.

### 3.7.2 Berechnung einer Industrieanlage zur Widerstandsheizung

Gegeben sei eine Widerstandsheizung, die über einen Transformator an eine 10-kV-Sammelschiene angeschlossen ist.
Die Widerstandsheizung sei unsymmetrisch zwischen zwei Leitern angeschlossen. Die Sammelschiene wird über zwei parallele, 1,5 km lange Papier-Masse-Kabel mit 185 mm² Leiterquerschnitt gespeist. **Bild 3.17** zeigt den Aufbau.

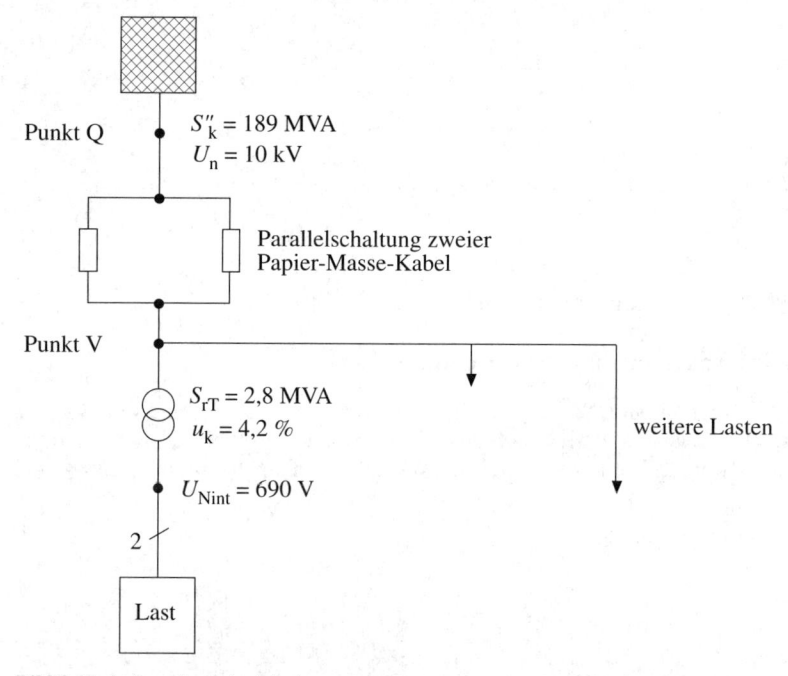

Punkt Q  $S''_k = 189$ MVA
$U_n = 10$ kV

Parallelschaltung zweier Papier-Masse-Kabel

Punkt V

$S_{rT} = 2{,}8$ MVA
$u_k = 4{,}2\ \%$

weitere Lasten

$U_{Nint} = 690$ V

Last

**Bild 3.17** Aufbau der Beispielanlage

Für das Ersatzschaltbild (ESB) ergeben sich folgende Ersatzimpedanzen:
*Punkt Q*
$X_{kQ} \approx Z_{kQ} = U_n^2 / S''_{kQ} \Rightarrow X_{kQ} = 0{,}529\ \Omega$
*Leitung*
Anhand einer Tabelle wurden folgende Beläge ermittelt:
Widerstandsbelag:   0,164 Ω/km
Reaktanzbelag:      0,090 Ω/km

Daraus folgt für die resultierenden ESB-Elemente der Leitung:
$X_L = (1/2) \cdot 0{,}090$ (Ω/km) $\cdot 1{,}5$ km $= 0{,}068$ Ω
$R_L = (1/2) \cdot 0{,}164$ (Ω/km) $\cdot 1{,}5$ km $= 0{,}123$ Ω
Transformator (bezüglich Oberspannungsseite):
$R_T \approx 0$
$\Rightarrow Z_T = X_T = u_k \cdot (U_n^2 / S_{rT}) \Rightarrow Z_T = 1{,}5$ Ω

Mit diesen Werten ergibt sich das Ersatzschaltbild nach **Bild 3.18**.

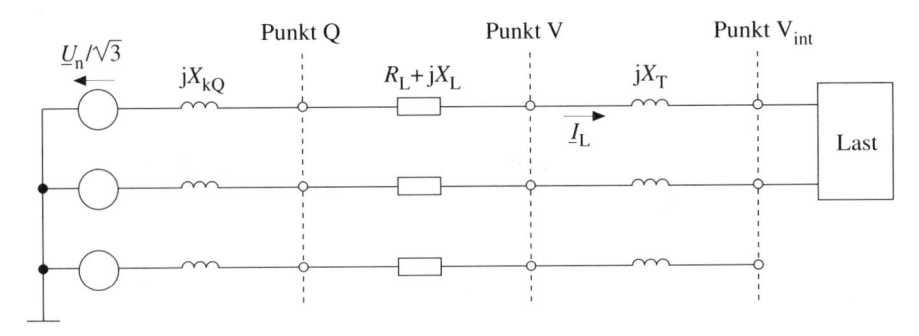

**Bild 3.18** Ersatzschaltbild der Anordnung

Die Heizung stellt eine Grundlast von 600 kW dar, wobei regelmäßige rechteckförmige Leistungsänderungen um 800 kW auftreten (**Bild 3.19**).

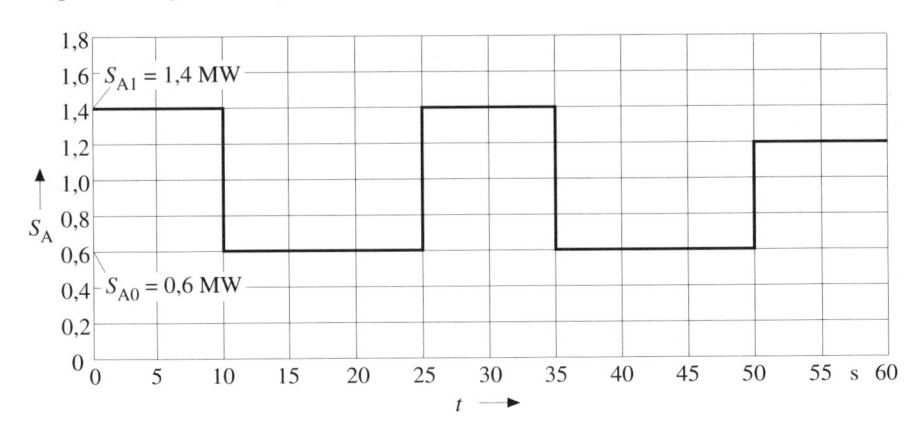

**Bild 3.19** Leistungsänderungen

Der Anschluß der Last soll bezüglich Flicker im Punkt V beurteilt werden.

Bei einer Grundlast von 600 kW ergibt sich ein Spannungsfall $U_{0\Delta}$ (Betrachtung der verketteten Spannung) von

$U_{0\Delta} = 2 \cdot I_L \cdot Z_{ges}$

mit

$Z_{ges} = \sqrt{(X_{kQ} + X_L)^2 + R_L^2}$

$I_L = S_{A0}/U_n$

$Z_{ges} = 0{,}6095\ \Omega$

$I_L = 60\ A$

$U_{0\Delta} = 73{,}14\ V$

Ändert sich die Leistung auf 1,4 MW, ergibt sich für den Spannungsfall

$U_{1\Delta} = U_{0\Delta} \cdot (1{,}4\ MW/600\ kW) = 170{,}66\ V$

Damit folgt für die Spannungsänderung

$\Delta U_\Delta = U_{1\Delta} - U_{0\Delta} = 97{,}52\ V$

Für die Änderung der Außenleiter-Erd-Spannung gilt:

$\Delta U_Y = (\sqrt{3}/4) \cdot \Delta U_\Delta \Rightarrow \Delta U_Y = 42{,}23\ V$

Damit ist die relative Spannungsänderung:

d = $(\sqrt{3}\ \Delta U_Y/U_n) = 0{,}0073 \Rightarrow 0{,}73\ \%$

Hieraus folgt, daß weitere Untersuchungen erforderlich sind.
Gemäß VDEW-Broschüre [3.2] ergibt sich eine Flickernachwirkungsdauer $t_f$ von:

$t_f = 2{,}3\ s \cdot (100 \cdot d \cdot F)^3$

Der Formfaktor $F$ für den aus Bild 3.16 resultierenden Spannungsänderungsverlauf beträgt $F = 1$.
Daraus folgt:

$t_f = 0{,}895\ s$

Für die Flickerstörfaktoren $A_{lt}$ und $A_{st}$ gilt:

$A_{st} = \dfrac{\sum t_f}{10 \cdot 60\ s}$ (10-min-Intervall)

$A_{lt} = \dfrac{\sum t_f}{120 \cdot 60\ s}$ (2-h-Intervall)

Im konkreten Fall folgt somit:

$$A_{st} = \frac{40 \cdot t_f}{10 \cdot 60 \text{ s}} = 0{,}0596$$

Da es sich um ein zeitlich konstantes Signal handelt, sind hier $A_{st}$ und $A_{lt}$ identisch.

$$A_{lt} = \frac{480 \cdot t_f}{120 \cdot 60 \text{ s}} = 0{,}0596$$

Gemäß VDEW-Broschüre [3.2] ist der Anschluß damit nicht unbedingt, sondern nur in Ausnahmefällen möglich, denn es gilt:

$0{,}05 < A_{lt} < 0{,}2$

Wird die Häufigkeit auf 400 in 2 h reduziert, ergibt sich hingegen:

$$A_{lt1} = \frac{400 \cdot t_f}{120 \cdot 60 \text{ s}} = 0{,}0497$$

In diesem Fall ist der Anschluß gerade zulässig.

## 3.8 Literatur

[3.1] Nevries, K.-B.; Pestka, J.: Bewertung der Flickerwirkung von Spannungsschwankungen in öffentlichen Versorgungsnetzen und die abgeleitete zulässige Störemission einzelner Kundenanlagen, Elektrizitätswirtschaft 86 (1987), S. 245–250

[3.2] Grundsätze für die Beurteilung von Netzrückwirkungen, 2. Auflage. Frankfurt: Verlags- und Wirtschaftsgesellschaft der Elektrizitätswerke m.b.H (VWEW), 1987

[3.3] Mombauer, W.: Digitale Echtzeit-Flickermeßtechnik, FGH-Bericht 1–279, 1993

# 4 Spannungsunsymmetrien

## 4.1 Entstehung und Ursachen

Spannungsunsymmetrien entstehen im Energieversorgungssystem zum einen durch die Unsymmetrie der Betriebsmittel, zum andern werden sie durch unsymmetrische Belastungszustände hervorgerufen. Haupteinflußfaktor in bezug auf die Betriebsmittel sind beispielsweise die Freileitungen. Bedingt durch die geometrische Anordnung, führen die unterschiedliche gegenseitige Beeinflussung und die unterschiedliche Leiter-Erdkapazität zu Unsymmetrien.

Im Rahmen der Netzrückwirkungen sind die unsymmetrischen Belastungszustände die Ursache für die entstehenden Unsymmetrien. Im Niederspannungsnetz entstehen sie hauptsächlich durch die zahlreichen Wechselstromlasten, die zwischen den Leitern und dem Neutralleiter angeschlossen werden. Diese „normale" Betriebsart von Verbrauchern ist auch der Grund dafür, daß das Niederspannungsnetz in Form eines niederohmig geerdeten Netzes (TN-Netz) betrieben wird. In der Mittel- und Hochspannungsebene bilden die zwischen zwei Leitern betriebenen Wechselstromlasten die seltenen Lasten. Einige der typischen Lasten dieser Kategorie sind:

- Lichtbogenöfen
- Widerstandsschmelzöfen
- Bahnstromversorgungen
- Hochstromprüfanlagen

In vielen Fällen sind die Lasten, die Unsymmetrien verursachen, aufgrund ihrer Konstruktion und Betriebsweise auch gleichzeitig Verursacher von Spannungsschwankungen und damit auch in bezug auf Flickererscheinungen von Bedeutung.

## 4.2 Beschreibung von Unsymmetrien

### 4.2.1 Vereinfachte Betrachtung

Die Unsymmetrie der Spannung ist durch das Verhältnis vom Gegensystem zum Mitsystem der symmetrischen Komponenten definiert:

$$k_U = U_2/U_1 \tag{4.1}$$

$k_U$ kann näherungsweise wie folgt ermittelt werden:

$$k_U \cong S_A/S_{k3}'' \tag{4.2}$$

Für genauere Betrachtungen ist die Rechnung aufwendiger.

### 4.2.2 Symmetrische Komponenten

Die Definition der Spannungsunsymmetrie basiert auf der Darstellung des Drehstromsystems in Form der symmetrischen Komponenten. Gemäß Transformationsvorschrift kann jedes Drehstromsystem durch die Überlagerung von zwei symmetrischen Drehstromsystemen und einem Wechselstromsystem dargestellt werden. Bei den Drehstromsystemen handelt es sich um das Mitsystem und das Gegensystem, ein System, das mit gegenläufiger Drehrichtung dreht. Das Wechselstromsystem heißt Nullsystem.

Die Transformation der Spannungen des Drehstromsystems wurde in Abschnitt 1.4.3 für Außenleiter-Erd-Spannung ausführlich beschrieben. Es gilt

$$\begin{bmatrix} \underline{U}_0 \\ \underline{U}_1 \\ \underline{U}_2 \end{bmatrix} = \frac{1}{3} \begin{bmatrix} 1 & 1 & 1 \\ 1 & \underline{a} & \underline{a}^2 \\ 1 & \underline{a}^2 & \underline{a} \end{bmatrix} \cdot \begin{bmatrix} \underline{U}_R \\ \underline{U}_S \\ \underline{U}_T \end{bmatrix} \qquad (4.3)$$

Die Ableitungen für die Außenleiter-Erd-Spannungen können völlig analog auch für die Außenleiter-Spannungen vorgenommen werden.

Betragsmäßig ergeben sich bei beiden Berechnungen die gleichen Unsymmetriegrade. **Bild 4.1** enthält die Zeigerdarstellungen verschiedener Drehstromsysteme.

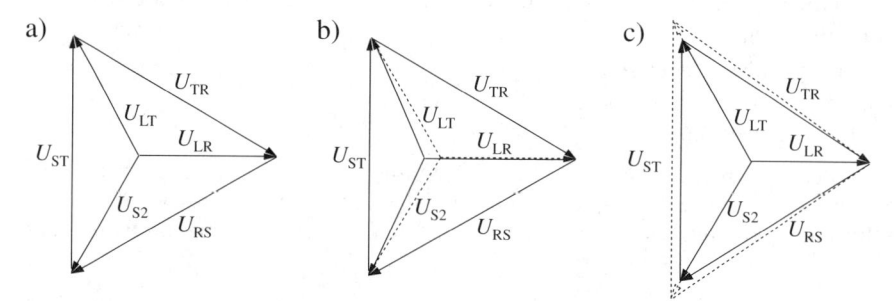

**Bild 4.1** Zeigerdarstellungen verschiedener Drehstromsysteme
a) symmetrisches System
b) symmetrisches System mit Nullsystem
c) unsymmetrisches System

Für das abgebildete symmetrische System ergibt sich keine Unsymmetrie. Das Drehstromsystem mit Nullsystem, aber mit symmetrischen Außenleiter-Spannungen, weist keine Unsymmetrie im betrachteten Sinn auf. Den Fall der „unsymmetrischen" Sternspannungen bei symmetrischen Außenleiter-Spannungen findet man im allgemeinen in Mittelspannungsnetzen mit Erdschlußkompensation über Petersen-Spulen vor. Die rein betragsmäßigen Unterschiede der Außenleiter-Erdspannungen sind kein Maß für die Unsymmetrie. Das Netz mit den unterschiedlichen Außenleiter-Spannungen weist eine Unsymmetrie im Sinn der Definition auf.

## 4.3 Auswirkungen von Spannungsunsymmetrien

Spannungsunsymmetrien führen bei Antriebsmaschinen zu erhöhten Verlusten. Bei Synchronmaschinen soll der Strom des Gegensystems auf Werte von 5 % bis 10 % des Bemessungsstroms begrenzt bleiben. Bei Asynchronmaschinen können Spannungsunsymmetrien von 2 % bereits zu schädlichen Erwärmungen führen. Bei leistungselektronischen Schaltungen mit einer Ableitung der Zündwinkel aus den Spannungen verursachen Unsymmetrien eine Welligkeit der erzeugten Gleichspannung. Bei zwölfpulsigen Schaltungen führt die Unsymmetrie zu einer 100-Hz-Komponente der Gleichspannung und im Gegenzug zu einer Oberschwingungsstromkomponente der Ordnung $h = 3$ im Netzstrom.

## 4.4 Normung

Die Störaussendung einer einzelnen Störung soll im Bereich der Unsymmetrie einen Wert von $k_U = 0{,}7\,\%$ nicht überschreiten [4.1]. Der Verträglichkeitspegel für Mittelspannungsnetze ist auf 2 % festgelegt. Dieser Wert wird in VDE 839 Teil 2-2 und Teil 2-4 genannt. DIN EN 50160 weist ebenfalls einen Wert von 2 % aus. Dabei sind Zehn-Minuten-Mittelwerte zu bewerten.
Die Störverträglichkeit für elektrische Betriebsmittel ist gemäß VDE 0160 mit 2 % festgelegt. VDE 0160 definiert zusätzlich auch eine Unsymmetrie für das Verhältnis der Spannung des Nullsystems in Relation zur Spannung des Mitsystems. Auch für diese Größe wird ein Grenzwert von 2 % festgelegt.

## 4.5 Meß- und Rechenbeispiel

### 4.5.1 Unsymmetriemessung in industriell geprägtem 20-kV-Netz

**Bild 4.2** zeigt den Verlauf der Spannungsunsymmetrie über den Zeitraum von 12 Tagen eines industriell geprägten 20-kV-Netzbezirks mit einer Spitzenlast von etwa 7,8 MW. Gemessen wird auf der Sekundärseite des speisenden Transformators. Im Netzbezirk befinden sich mehrere dezentrale Einspeisungen.
Aufgetragen sind die Mittelwerte der Spannungsunsymmetrie über jeweils 60 s. Die Periodik der Unsymmetrie entspricht der Lastperiodik in dem Netzbezirk. Der 15.08. ist im betrachteten Versorgungsgebiet ein gesetzlicher Feiertrag. Der Meßzeitraum überschreitet die Lastperiode deutlich. Die Unsymmetriespitze am 18.08., um 16.24 Uhr konnte mit weiteren Messungen auf eine einpolige Kurzunterbrechung in der überlagerten 400-kV-Ebene zurückgeführt werden.
Die Spannungsunsymmetrie liegt trotz der vorwiegend industriellen Verbraucher deutlich unterhalb des zulässigen Verträglichkeitspegels von 2 %. Der tatsächlich erfaßte 95-%-Pegel liegt für die Messung bei 0,28 %.

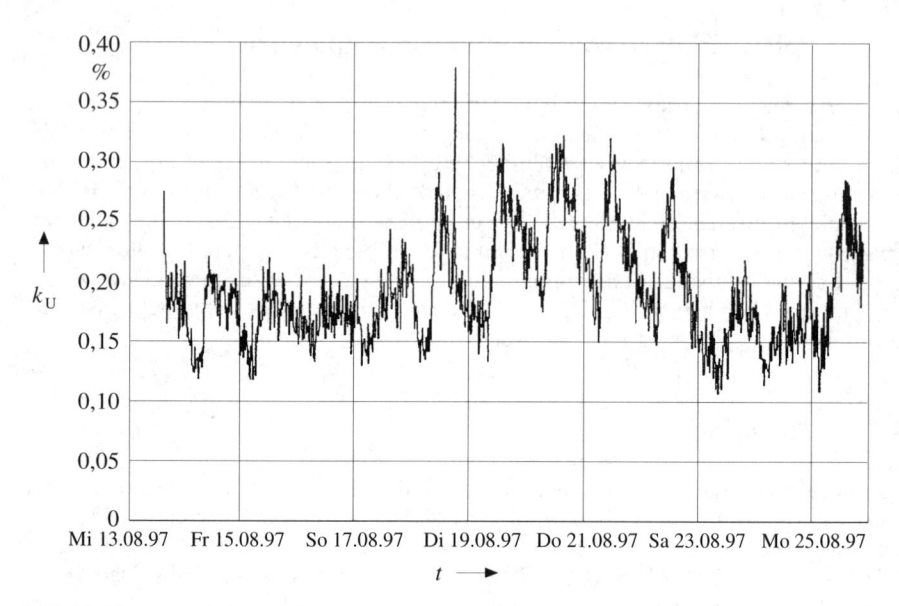

**Bild 4.2** Unsymmetrie im Mittelspannungsnetz

### 4.5.2 Unsymmetriebestimmung einer Industrieanlage

Für dieses Beispiel wird wiederum die Anlage aus Abschnitt 3.7.2 herangezogen und die Unsymmetrie für Punkt V betrachtet.
Die Kurzschlußleistung im Punkt V ergibt sich aus
$$S''_{kV} = U_n^2/Z_{ges} = 160 \text{ MVA}$$
Der Anschluß einer unsymmetrischen Last ist zulässig bei
$$S_A/S''_{kV} < 0,7\,\%$$
Für die Grundlast ($S_{A0}$) von 600 kW gilt:
$$S_{A0}/S''_{kV} = (600 \text{ kW})/(164 \text{ MVA}) = 3,7 \cdot 10^{-3} < 0,7\,\%$$
Bei Maximallast ($S_{A1}$) von 1,4 MW ergibt sich:
$$S_{A1}/S''_{kV} = 8,5 \cdot 10^{-3} > 0,7\,\%$$
Die Störaussendung liegt über der für eine Einzelanlage zulässigen Störaussendung von 0,7 %. Im Einzelfall kann dem Anschluß evtl. dennoch zugestimmt werden.

## 4.6 Literatur

[4.1] Grundsätze für die Beurteilung von Netzrückwirkungen. 2. Auflage. Frankfurt: Verlags- und Wirtschaftsgesellschaft der Elektrizitätswerke m.b.H (VWEW), 1987

# 5 Messung und Bewertung von Netzrückwirkungen

## 5.1 Vorbemerkungen

Mit dem zunehmenden Einsatz von Betriebsmitteln und Lasten mit nichtlinearer Strom-Spannungskennlinie und/oder zeitlich nicht stationärem Betriebsverhalten treten Netzrückwirkungen in den elektrischen Energieversorgungsnetzen der öffentlichen Versorgung sowie der Industrie in verstärktem Maße auf. Parallel zur Entwicklung entsprechender Normen und Empfehlungen zur Definition von Grenzwerten und Verträglichkeitspegeln werden Meßverfahren und Meßgeräte entwickelt, mit denen die im Rahmen der Netzrückwirkungen relevanten Meßgrößen meßtechnisch erfaßt werden können. Von besonderem Interesse sind dabei folgende Größen:
- Spannungsschwankungen
- Flicker
- transiente Überspannungen
- Spannungsunsymmetrien
- Oberschwingungen
- Zwischenharmonische

**Bild 5.1** faßt diese Größen in Abhängigkeit vom Frequenzbereich, in den die Meßgrößen einzuordnen sind, zusammen. Einen weiteren Aspekt bilden die Amplituden, mit denen die einzelnen Größen auftreten.

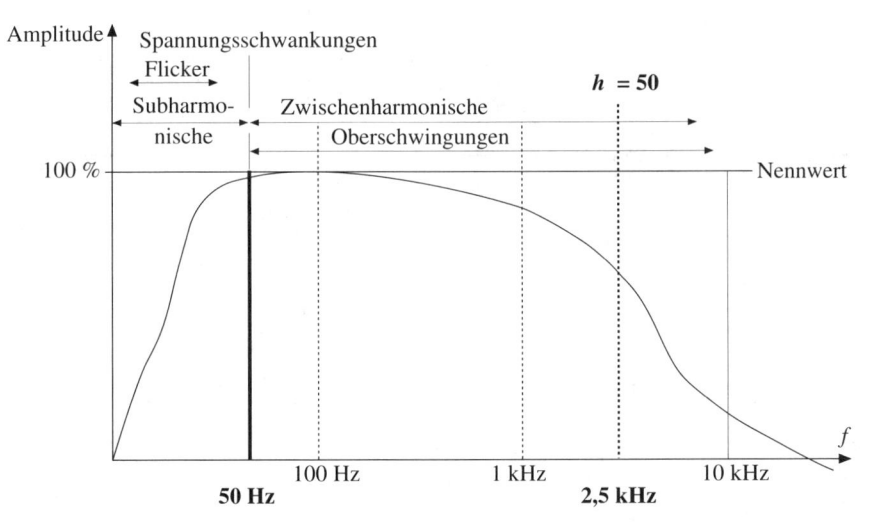

**Bild 5.1** Betrachteter Frequenzbereich für Netzrückwirkungen

Für Spannungsschwankungen ist keine präzise Aussage über den Frequenzbereich möglich. Die Amplituden liegen im Bereich von einigen Prozent des Effektivwerts. Bei Flickererscheinungen liegt die Frequenz in einem Bereich von einigen Millihertz bis zu etwa 35 Hz. Die Amplituden liegen im Bereich von bis zu einigen Prozent.
Für Oberschwingungen wird heute im allgemeinen das Spektrum bis zu einer Frequenz von 2,5 kHz betrachtet. Für die Spannung liegen die Amplituden ebenfalls in der Größenordnung von einigen Prozent. Bei den Stromoberschwingungen können Werte durchaus in der Größenordnung der Grundschwingung oder sogar darüber liegen. Spannungsunsymmetrien liegen im allgemeinen in der Größenordnung von 1 % bis 2 % und beziehen sich auf die Grundschwingung (siehe Kapitel 2 und 3).

## 5.2 Abtastsysteme

### 5.2.1 Allgemeine Kenngrößen

Mit Einführung der Digitaltechnik treten Geräte, die im Zeitbereich arbeiten, immer weiter in den Hintergrund. Der Meßgerätemarkt hat sich auf der technischen Seite rasant entwickelt. Die Computer sind immer leistungsfähiger geworden, ausge-

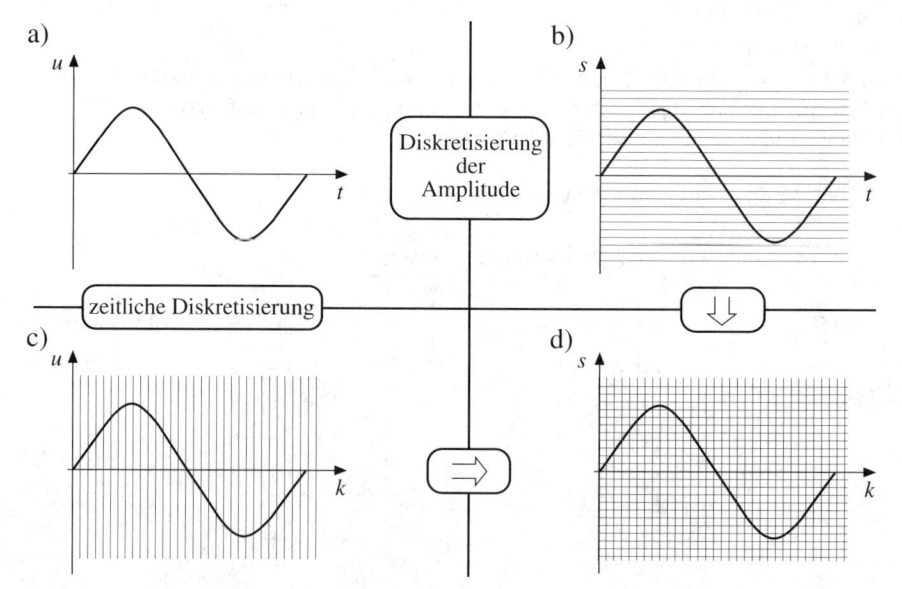

**Bild 5.2** Diskretisierung von Amplitude und Zeit
a) zeitkontinuierlich/wertekontinuierlich
b) zeitkontinuierlich/wertediskret
c) zeitdiskret/wertekontinuierlich
d) zeitdiskret/wertediskret

drückt durch die steigende Anzahl von Rechenoperationen je Zeiteinheit; die digitale Signalverarbeitung stößt in bezug auf Abtastfrequenz und Amplitudenauflösung in immer neue Bereiche vor. Dennoch bleibt der Einsatz kostenmäßig attraktiv.
Die zwei für die digitale Signalverarbeitung wesentlichen Größen sind Abtastfrequenz und Amplitudenauflösung.
In **Bild 5.2** ist dargestellt, wie über die Abtastung im Zeitbereich ein analoges Meßsignal in eine wertekontinuierliche Abtastfolge überführt wird. Wird nun auch die Amplitude, beispielsweise mit einem Analog-Digital-Konverter, in diskrete Amplitudenwerte umgesetzt, ensteht auf diese Weise die Wertefolge, die von einem Computer oder einem digitalen Signal-Prozessor (DSP) bearbeitet werden kann.

### 5.2.2 Grundstruktur eines digitalen Meßgeräts

Die Grundstruktur eines digitalen Meßgeräts besteht aus wenigen Komponenten (**Bild 5.3**). Mit einer Eingangsbeschaltung wird das Meßsignal entkoppelt. Diese Baugruppe begrenzt den Frequenzbereich des Meßgeräts auf den Arbeitsbereich und schützt die elektrisch empfindliche Mikroelektronik. Das Frequenzband wird mit einem Tiefpaßfilter, dem Antialiasing-Filter, begrenzt.
Ein Analog-Digital-Konverter (A/D-Konverter) setzt das kontinuierliche Analogsignal in eine amplituden- und wertediskrete Abtastfolge um. Zwischen Eingangsbeschaltung und Konverter liegt das Abtast- und Halteglied. Diese Komponente hat die Aufgabe, das zu messende Signal für die Zeit der Analog-Digital-Umsetzung konstant zu halten.
Die vom A/D-Konverter bereitgestellte Abtastfolge wird dann vom Rechenwerk weiterverarbeitet. Dabei handelt es sich heute um einen Mikrocontroller, einen digitalen Signal-Prozessor oder auch um ein komplexes Prozessorsystem. Dieses Rechenwerk steuert auch die Anzeige und die im allgemeinen vorhandene Speichereinheit.
Die Abtastfrequenz und weitere Steuersignale für das Rechenwerk und ggf. auch für die Anzeige werden von einem Steuerwerk erzeugt. Das kann im wesentlichen ein Quarzgenerator mit entsprechenden Teilerstufen sein oder eine Phase-Locked-Loop-

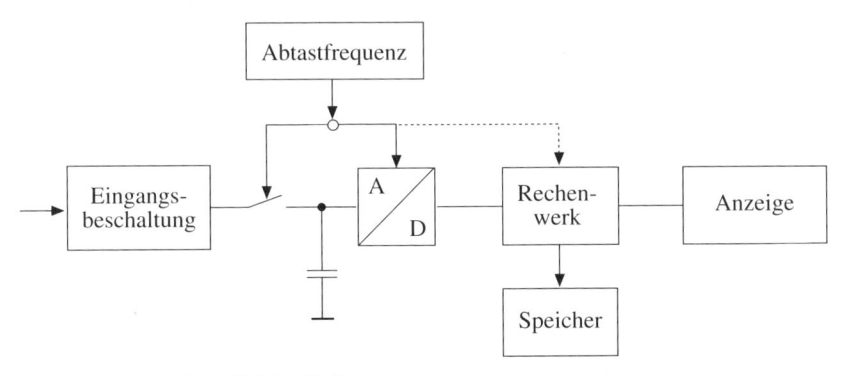

**Bild 5.3** Grundstruktur digitaler Meßgeräte

(PLL-)Baugruppe. Das Erzeugen der Abtast- und Steuerfrequenzen mit einem Quarzgenerator führt zu Abtastfolgen, bei denen die Abtastimpulse mit hoher Präzision in immer gleichen Abständen folgen. Auf diese Weise ist eine Bestimmung von Zeitabschnitten aus einer aufgezeichneten Abtastfolge ohne weiteres möglich. Diese Art der Abtastfrequenzerzeugung kommt bei Oszilloskopen und bei anderen schreibenden Geräten, etwa bei Transientenrecordern, zum Einsatz. Wird jedoch eine Abtastfolge benötigt, die in einem zahlenmäßig festen Verhältnis zu einem dominanten Frequenzanteil in einem Meßsignal liegt und ist die Frequenz dieses Signals gewissen Schwankungen unterworfen, dann kommt zur Erzeugung der Abtastfrequenz nur eine PLL in Frage. Die Struktur dieser Komponente ist in **Bild 5.4** dargestellt.

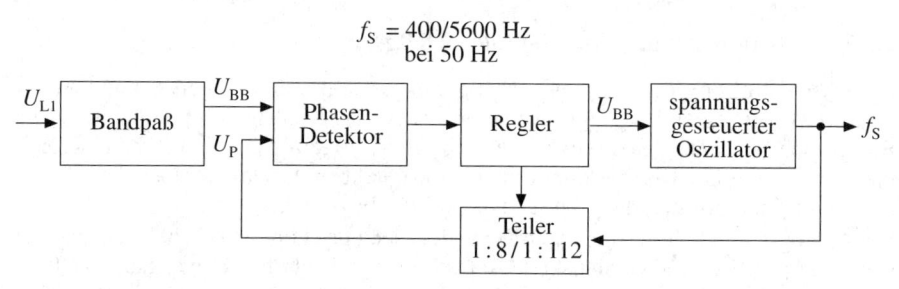

$f_S = 400/5600$ Hz bei 50 Hz

**Bild 5.4** Phase-Locked-Loop-Baugruppe

In diesem Zusammenhang sei darauf hingewiesen, daß die Frequenz im Verbundnetz der UCPTE im Bereich 49,95 Hz bis 50,05 Hz schwanken kann [5.1] (**Bild 5.5**).

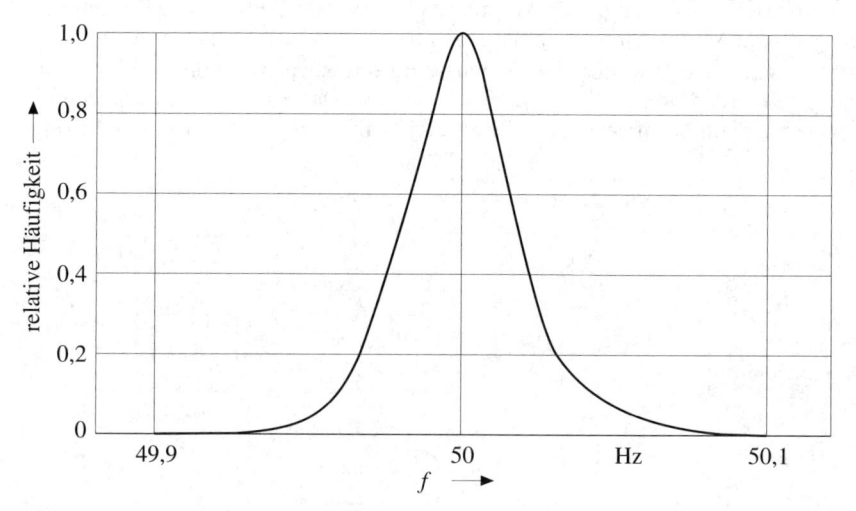

**Bild 5.5** Relative Häufigkeit der Netzfrequenz im UCPTE-Netz (Meßdauer ein Jahr)

Direktes Zuordnen von Meßsignalen zu bestimmten Zeitpunkten ist bei Einsatz einer PLL nicht mehr möglich. Entweder muß die Frequenz der PLL oder der entsprechende äquivalente Zählerwert gespeichert werden. Mit diesen Werten kann dann die zeitliche Zuordnung rekonstruiert werden. Die PLL kommt vornehmlich bei Oberschwingungsanalysatoren und Flickermetern zum Einsatz.

### 5.2.3 Transientenrecorder

Für das Messen von Spannungsschwankungen kommen Schreiber bzw. Transientenrecorder zum Einsatz. Die Spannungsschwankung muß dann anhand des Zeitverlaufs der gemessenen Spannung bewertet werden. Meßgeräte zur Aufzeichnung von Spannungschwankungen entsprechen dem in **Bild 5.6** abgebildeten Prinzip.

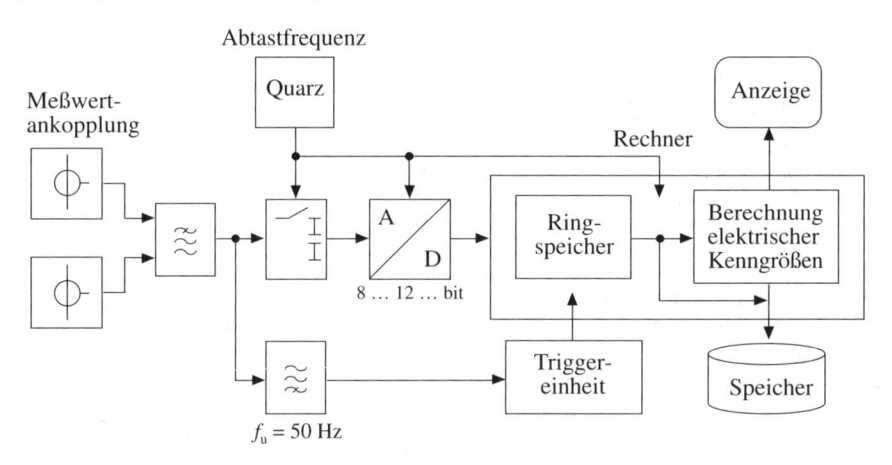

**Bild 5.6** Prinzipieller Aufbau eines Transientenrecorders

Die Kennzeichen eines Transientenrecorders sind durch seine Amplitudenauflösung, seine Abtastfrequenz und seine Speichertiefe charakterisiert. Die Amplitudenauflösungen liegen im Bereich von 12 bit bis 14 bit (4 096 Stufen bis 16 384 Stufen). Die Abtastfrequenzen haben Werte von einigen 10 kHz bis zu einigen 100 kHz. Heute stehen zur Aufzeichnung sehr schneller Signale, z. B. transienter Überspannungen, Transientenrecorder mit Abtastfrequenzen von einigen Megahertz zur Verfügung. Diese Geräte haben dann meist eine Amplitudenauflösung von 8 bit bis 10 bit (256 Stufen bis 1 024 Stufen).

Die aufgenommenen Meßwerte können direkt ausgedruckt werden. Für eine weitere Analyse der Meßwerte mit einem Rechner sind spezielle Programmpakete oder allgemeine Statistik- oder Tabellenkalkulationsprogramme einsetzbar.

### 5.2.4 Oberschwingungsanalysatoren

Für das Erfassen von Oberschwingungen sind seit langem verschiedene Arten von Meßgeräten im Einsatz. Oberschwingungsanalysatoren können beispielsweise auf der Basis selektiver Filter realisiert sein, gekoppelt mit einer Effektivwertmessung. Diese Geräte werden jedoch kaum noch eingesetzt. Bedingt durch die technische Entwicklung im Bereich der Rechnertechnik, kommen überwiegend Geräte zum Einsatz, die aus Abtastsystemen bestehen und Oberschwingungskomponenten mit der Fourier-Transformation bzw. mit der diskreten Fourier-Transformation (DFT) berechnen.

Ein Oberschwingungsanalysator, der die Oberschwingungskomponenten mit der Fourier-Transformation ermittelt, besteht aus folgenden Komponenten:
- Meßsignalankopplung/Verstärker
- Anti-Aliasing-Filter
- Abtast-Halte-Glieder
- Multiplexer (ggf.)
- Analog-Digital-Wandler
- Rechnereinheit
- Anzeigeeinheit
- Speichermedium
- Einheit zum Erzeugen der Abtastfrequenz und Steuerwerk

Die genannten Komponenten sind gemäß Prinzipdarstellung (**Bild 5.7**) kombiniert. Das Meßsignal kann sowohl galvanisch getrennt als auch galvanisch gekoppelt eingespeist werden. Danach wird es für die einzelnen Meßbereiche verstärkt, so daß sich eine möglichst gute Aussteuerung der A/D-Wandler ergibt. Im Rahmen dieser Komponente kann auch die Grundschwingung kompensiert werden. Die Meßsignale werden dann zum Anti-Aliasing-Filter geführt und bandbegrenzt. Die soweit vorverarbeiteten Signale werden auf die Abtast-Halte-Glieder geschaltet.

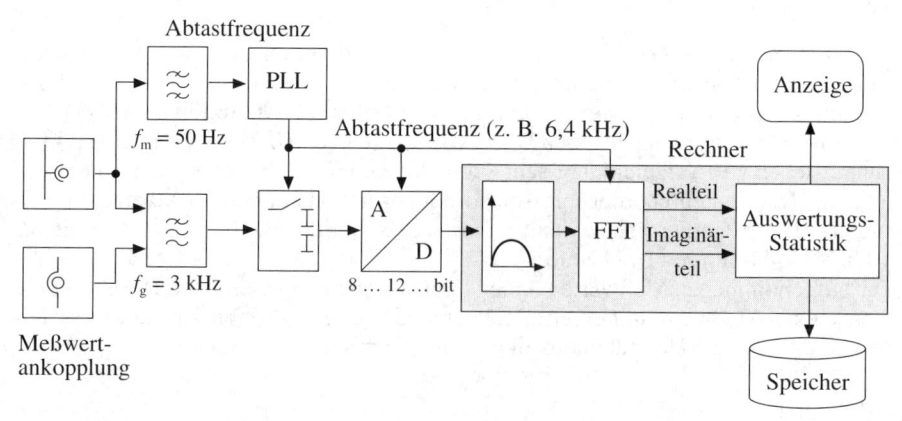

**Bild 5.7** Struktur eines Oberschwingungsanalysators

Die bis jetzt beschriebenen Baugruppen sind für jeden Meßkanal vorhanden. Je nach Aufbau des Geräts werden die Meßsignale der einzelnen Kanäle über einen Multiplexer auf einen zentralen A/D-Wandler geführt, oder es ist für jeden Meßkanal ein eigener Wandler vorhanden. Als A/D-Wandler kommen heute im wesentlichen Komponenten mit einer Auflösung von 12 bit bis 16 bit zum Einsatz (4 096 bis 65 536 Quantisierungsstufen). Die digitalisierten Meßwerte werden der Rechnereinheit zugeführt und dort analysiert. Von hier aus werden die Meßergebnisse zur Anzeige geleitet, gegebenenfalls statistisch aufbereitet und gespeichert. Das Meßgerät wird über ein Steuerwerk gesteuert. Ein wesentlicher Bestandteil dieses Steuerwerks ist die Einheit zur Erzeugung der Abtastfrequenz. Hierbei handelt es sich im allgemeinen um eine Präzisionszeitbasis in Kombination mit einer PLL (Phase-Locked Loop).

### 5.2.5 Flickermeter

Für das meßtechnische Erfassen von Flickerpegeln kann entweder ein Transientenrecorder oder ein Flickermeter eingesetzt werden. Das Flickermeter liefert den momentanen Flickereindruck ($p_f$-Wert) und den Flickerpegel ($P_{st}$ oder $A_{st}$) in bezug auf ein einzustellendes Meßintervall (1 min, 5 min oder 10 min) als direkten Meßwert. Den prinzipiellen Aufbau eines in Digitaltechnik realisierten Flickermeters zeigt **Bild 5.8** [5.2].

Das Flickermeter besteht aus verschiedenen Funktionsblöcken [5.3]. Der erste Block regelt die Verstärkung der Meßspannung. Die Meßspannung wird über einen Tiefpaß 1. Ordnung mit einer Ausregelzeit von 60 s auf 100 % ausgeregelt. Durch diese Maßnahme können die Spannungsänderungen als relative Größe betrachtet werden.

Block 2 berücksichtigt die Quadrierung in der Lampenübertragungsfunktion ($\Phi = U^2$). Das Signal wird mit einem Tiefpaßfilter in Block 2 demoduliert. Hierbei handelt es sich um ein Butterworth-Tiefpaßfilter 6. Ordnung. Es unterdrückt zugleich die Signalanteile mit doppelter Modulationsfrequenz, die durch die Quadrierung entstehen. In Block 3 wird zum einen der Tiefpaßcharakter der Lampe nachgebildet, zum anderen realisiert dieser Block das Formfilter mit Bandpaßcharakteristik zum Nachbilden der Übertragungsfunktion des menschlichen Auges:

$$F(s) = \frac{k\omega_1 s}{s^2 + 2\lambda s \omega_1^2} + \frac{1 + \dfrac{s}{\omega_2}}{\left(1 + \dfrac{s}{\omega_3}\right)\left(1 + \dfrac{s}{\omega_4}\right)} \tag{5.1}$$

Die Parameter sind
$k = 1{,}74802$
$\lambda = 2\pi\, 4{,}05981$
$\omega_1 = 2\pi\, 9{,}15454$
$\omega_2 = 2\pi\, 2{,}27979$
$\omega_3 = 2\pi\, 1{,}22535$
$\omega_4 = 2\pi\, 21{,}9$

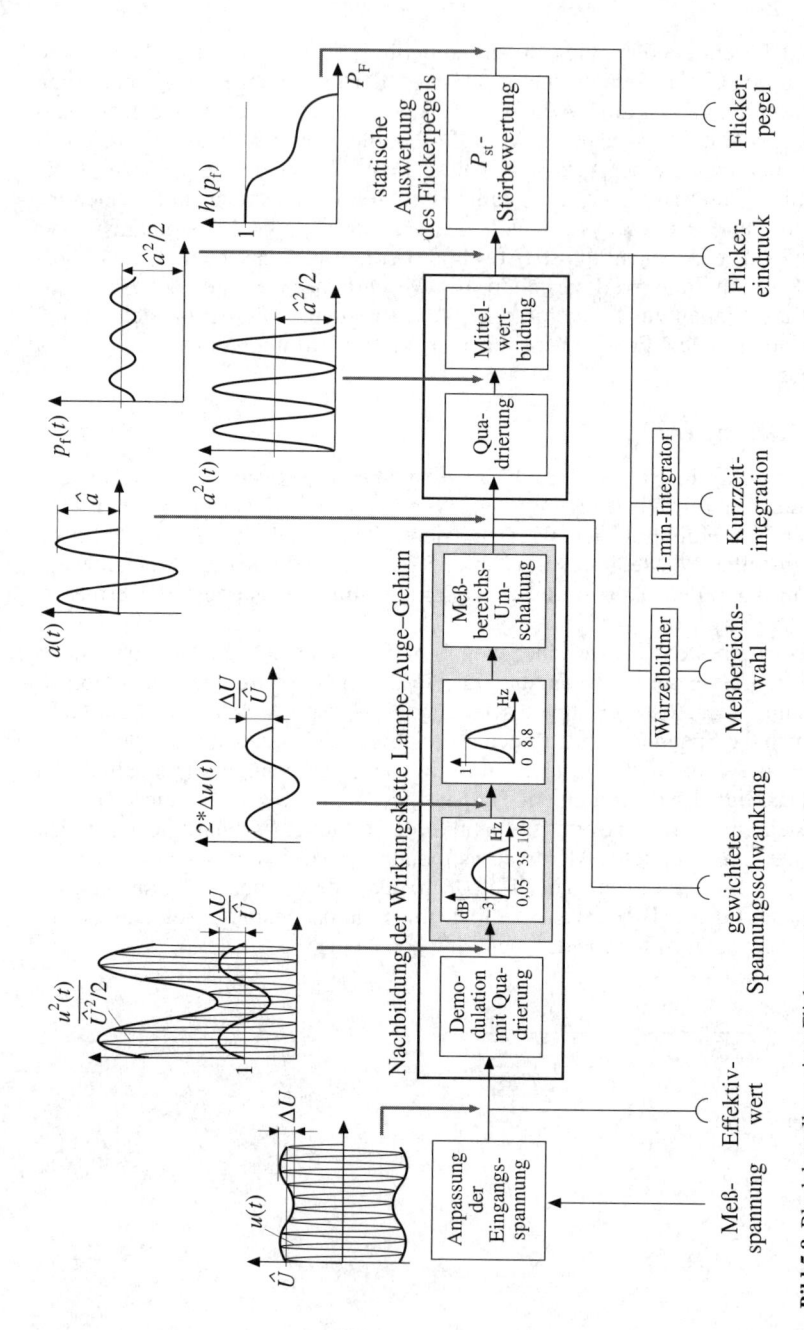

**Bild 5.8** Blockdarstellung eines Flickermeters

Block 4 enthält einen Varianzschätzer, der durch Quadrieren mit anschließender Tiefpaßfilterung 1. Ordnung ($\tau = 300$ ms) realisiert wird. Am Ausgang dieses Blocks liegt das Signal des momentanen Flickerpegels vor ($p_f$). Dieser Pegel wird mit dem $P_{st}$-Störbewertungsverfahren im Block 5 statistisch bewertet (siehe Abschnitt 3.4.2).

### 5.2.6 Kombinationsgeräte

Im Bereich der Meßgeräte zum Erfassen und Untersuchen der Spannungsqualität und zum Bestimmen von Netzrückwirkungen können je nach betrachtetem Teilaspekt verschiedene Geräte zum Einsatz kommen. Eine Zuordnung der Geräte zu den einzelnen Aspekten der meßtechnischen Bestimmung der Spannungsqualität ist in **Tabelle 5.1** zusammengefaßt.

| Meßeinrichtung | Spannungsschwankung | Flicker | Unsymmetrien | Oberschwingungen | Zwischenharmonische | Meßzeitraum | Genauigkeit | komplexe Auswertung vorhanden | möglich |
|---|---|---|---|---|---|---|---|---|---|
| x–t–Schreiber | ↓ | ↓ | ↓ | ↓ | ↓ | | | | |
| mechanisch | 0 | – | | | | bis zu Tagen | + | nein | nein |
| elektronisch | + | – | | | | bis zu Tagen | 0 bis + | nein | ja |
| Speicheroszilloskop | + | – | – | | | kurz | 0 bis + | nein | ja |
| Transientenrecorder | + | 0 | + | 0 | 0 | kurz | 0 bis + | | |
| Spektrumanalysator | | | | | | | | | |
| Laborgeräte | | | 0 | + | | kurz | + | bedingt | ja |
| Handgeräte | | | – | 0 | | bis zu Tagen | – bis + | bedingt | bedingt |
| Spezialgeräte | | | + | + | + | bis zu Wochen | + | ja | ja |
| Flickermeter | ? | + | | | | bis zu Wochen | + | ja | / |

**weitere Aspekte!**

Feld-Tauglichkeit   Bedienbarkeit   Datenaustausch   Abgleichmöglichkeit

**Tabelle 5.1**

Bedingt durch den hohen Integrationsgrad, der mit heutiger Technik erreicht werden kann, stehen einige Meßgräte zur Verfügung, die eine Kombination von Transientenrecorder, Oberschwingungsanalysator, Flickermeter und Oszilloskop darstellen. Diese Geräte sind teilweise in der Lage, die einzelnen Meßfunktionen zeitgleich auszuführen. Des weiteren sind diese Geräte mit speziellen Analysefunktionen und einer entsprechenden Software zum Auswerten der Messungen ausgestattet.

## 5.3 Meßwertverarbeitung

### 5.3.1 Statistische Verfahren

Beim Beurteilen von Netzrückwirkungen werden die Momentanwerte einer Kenngröße nicht direkt bewertet. Meßergebnisse werden in Relation zu Verträglichkeitspegeln unter statistischen Gesichtspunkten bewertet. Für kurze Zeiträume sind Überschreitungen von Verträglichkeitspegeln zulässig. Dies gilt beispielsweise für gestörte Betriebszustände und Schalthandlungen (siehe hierzu auch Abschnitt 1.1).

Bedingt durch die Problematik, daß Messungen im Bereich der Netzrückwirkungen und der Spannungsqualität im allgemeinen über einen längeren Zeitraum durchgeführt werden müssen, um eine Beurteilung oder Analyse zu ermöglichen, ist die Aussagekraft einzelner Meßergebnisse stark eingeschränkt. Das heißt, man hat eine große Anzahl von Einzelergebnissen zu sichten und zu beurteilen. Zum Auswerten und Verdichten von Meßergebnissen werden aus diesem Grund eine Reihe von einfachen Verfahren eingesetzt, die die eigentlichen Meßergebnisse mit unterschiedlichen Zielrichtungen weiterverarbeiten.

Im einzelnen kommt den folgenden Methoden zur Bearbeitung einer Zeitreihe ($s[n]$) eine große Bedeutung zu. Die Zeitreihe kann quasi jeden Basismeßwert einer Messung repräsentieren. Ob es sich um eine Spannung oder um eine Oberschwingungskomponente handelt, ist an dieser Stelle nicht von Bedeutung.

Betrachtet man die Beispielzeitreihe $s[n]$ in **Bild 5.9**, so ist die Mittelwertbildung eine häufig angewandte Methode zum Glätten des Meßsignals. Sie kann in Form der einfachen Mittelung vorgenommen werden. Neben der einfachen Mittelwertbildung kommen auch Verfahren zum Einsatz, bei denen der quadratische oder der geometrische Mittelwert bestimmt wird. Mit letzteren wird beispielsweise der Langzeit-Flickerstörwert ($P_{lt}$) festgestellt.

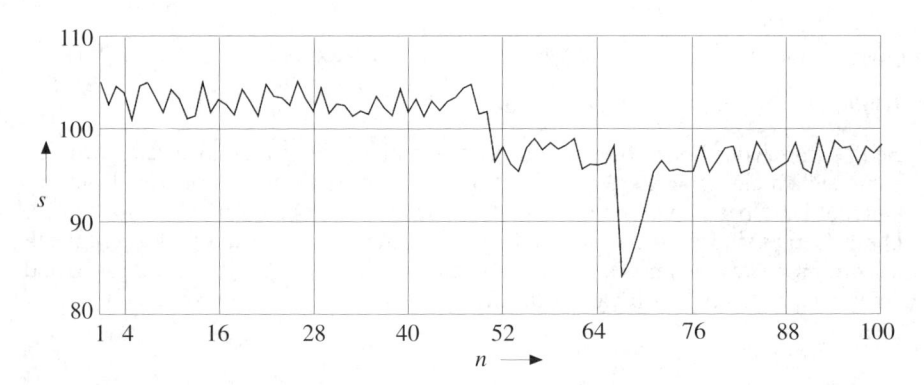

**Bild 5.9** Meßwertefolge $s[n]$

Mit dem quadratischen Mittelwert werden Spannungs- und Stromeffektivwerte berechnet.
Arithmetischer Mittelwert:

$$\bar{S}_A = \frac{1}{N} \sum_{i=1}^{N} s[i] \tag{5.2}$$

Quadratischer Mittelwert:

$$\bar{S}_Q = \sqrt{\frac{1}{N} \sum_{i=1}^{N} s[i]^2} \tag{5.3}$$

Kubischer Mittelwert:

$$\bar{S}_K = \sqrt[3]{\frac{1}{N} \sum_{i=1}^{N} s[i]^3} \tag{5.4}$$

Entscheidend für die Frage, ob sich das Datenvolumen bei der Mittelwertbildung verringert oder aber konstant bleibt, hängt davon ab, ob die Mittelwerte „gleitend" oder „springend" gebildet werden (**Bild 5.10**). Bei gleitender Mittelwertbildung bleibt das Datenvolumen konstant. Das heißt, für jeden neuen Wert wird der erste Wert des betrachteten Intervalls weggelassen und ein neuer hinzugenommen. Wird der Mittelwert springend ermittelt, hängt die erreichte Reduktion des Datenvolumens von der Länge des Mittelungsintervalls ab. Bei den springend ermittelten Mittelwerten hängt der erhaltene Signalverlauf unter Umständen vom Beginn der Mittelung ab. Die Mittelwertbildung glättet ein Signal.

Ein weiterer Schritt zur Beschreibung einer Meßwertefolge ist die relative Häufigkeit. Die relative Häufigkeit gibt an, wieviele Meßwerte einer Folge in Relation zur Gesamtzahl der Meßwerte innerhalb einer bestimmten Amplitudenklasse liegen. **Bild 5.11** zeigt die relative Häufigkeit für den Signalverlauf gemäß Bild 5.9. Bei der relativen Häufigkeit geht einerseits die zeitliche Zuordnung der einzelnen Werte der Ausgangsfolge verloren. Andererseits können so beliebig lange Folgen auf begrenztem Raum zusammengefaßt werden. In einem Blick wird sichtbar, in welchem Bereich die Amplitudenwerte mit welcher Verteilung liegen.
Für die Häufigkeit gilt:

$$h[n] = \sum_{i=0}^{n_{\max}} \frac{s[i]}{s[i]}\bigg|_{s[i]=s[n]} \tag{5.5}$$

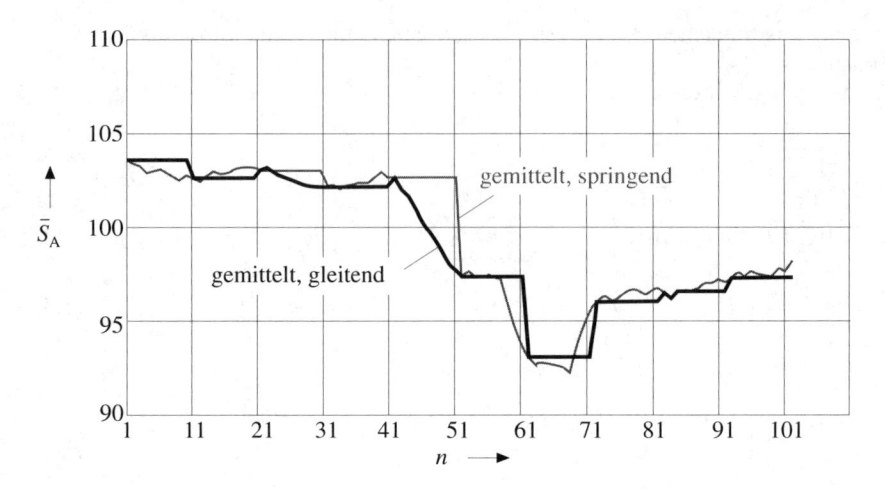

**Bild 5.10** Mittelung der Meßwerte mit einem gleitenden bzw. einem springenden Fenster

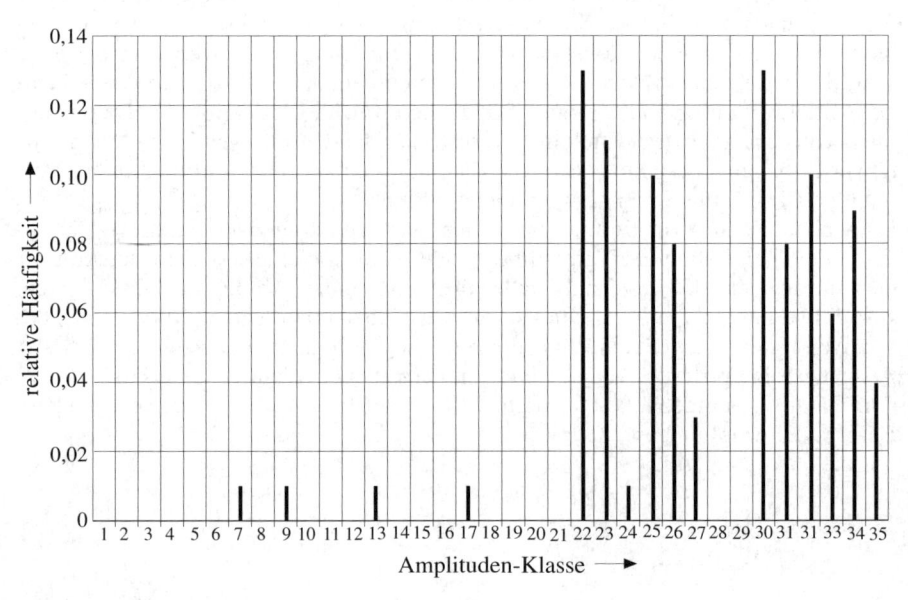

**Bild 5.11** Relative Häufigkeit der Folge $s[n]$

Aus der Häufigkeit ($h[n]$) kann auch die relative Häufigkeit berechnet werden:

$$h_{\text{rel}}[n] = \frac{h[n]}{\sum_{i=0}^{n_{\max}} h[i]} \tag{5.6}$$

Eine weitere Form zum Beschreiben von Meßwerten liegt im Bestimmen der relativen Summenhäufigkeit. Aus der relativen Häufigkeit wird die relative Summenhäufigkeit ermittelt, indem alle relativen Häufigkeiten summiert werden, die größer oder gleich dem betrachteten Amplitudenwert sind. **Bild 5.12** zeigt den Verlauf der relativen Summenhäufigkeit der Amplitude der Zeitreihe $s[n]$.

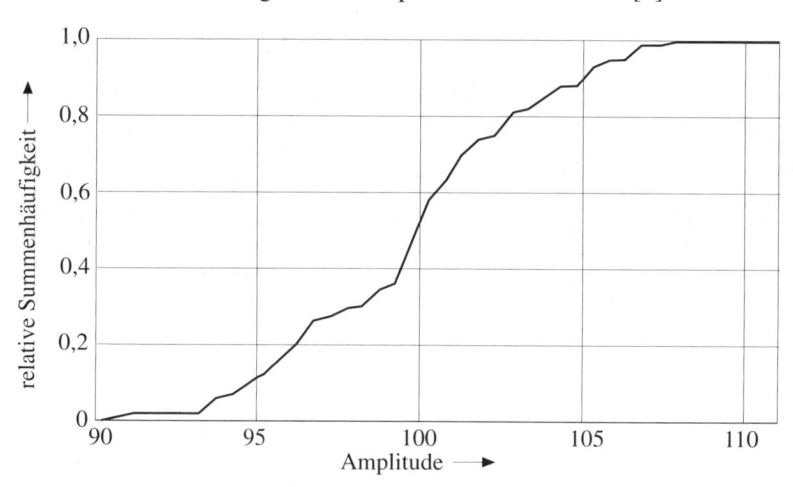

**Bild 5.12** Relative Summenhäufigkeit (normale Darstellung)

Rein formal kann die relative Summenhäufigkeit nach Gl. (5.7) bestimmt werden:

$$C[n] = \sum_{i=n}^{n_{\max}} h_{\text{rel}}[i] \tag{5.7}$$

Im Bereich der Netzrückwirkungen wird im allgemeinen die in **Bild 5.13** dargestellte Form gewählt.
Aus dem Verlauf der relativen Summenhäufigkeit können die Amplituden zu verschiedenen Zeitdauern in Relation zum gesamten Meßzeitraum abgelesen werden. Das Bestimmen der relativen Summenhäufigkeit wird beispielsweise auch im $P_{\text{st}}$-Störbewertungsverfahren angewendet.
Für das Überprüfen der Verträglichkeitspegel von Oberschwingungen wird der 95-%-Summenhäufigkeitswert betrachtet. Das heißt, bezogen auf das Betrachtungs-

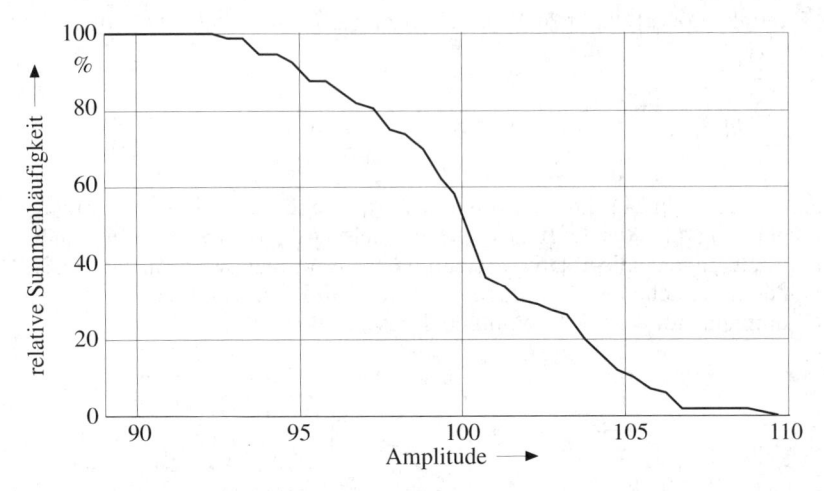

**Bild 5.13** Relative Summmenhäufigkeit (Darstellung für NRW)

intervall muß der entsprechende Meßwert der Oberschwingungsspannung für 95 % des Betrachtungsintervalls unterhalb des Verträglichkeitspegels liegen. Der Bemessungszeitraum ist auf das Lastspiel abzustimmen und unterliegt somit keiner vorhersagbaren Zeitdauer. **Bild 5.14** zeigt den exemplarischen Verlauf der Summenhäufigkeit einer Kenngröße (Grundschwingung). In diesem Beispiel sind die 95-%- und die 99-%-Summenhäufigkeitswerte eingetragen.

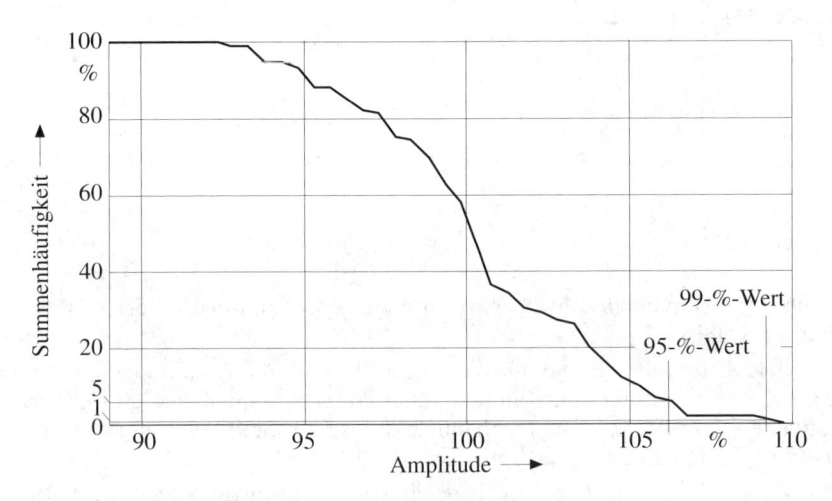

**Bild 5.14** Beispiel für die Summenhäufigkeit einer Kenngröße

## 5.3.2 Meß- und Auswertemöglichkeiten

Um eine breite Basis für erfolgreiche Messungen aufzubauen, bedarf es zum einen eines breiten Umfangs an Meßmöglichkeiten, zum anderen sind geeignete Methoden erforderlich, um die vielfältigen Meßergebnisse von Kurz- und Langzeitmessungen auszuwerten und zu organisieren.

Die Zusammenfassung der unmittelbaren physikalischen Meßergebnisse in Kombination mit daraus abgeleiteten Folgegrößen ergibt bereits eine Vielzahl von Einzelinformationen mit ganz unterschiedlichem Informationsgehalt. Dies sind im einzelnen die folgenden Größen (siehe hierzu auch Abschnitte 2.2.1 und 3.4):

**Spannung und Strom in Form des Momentanwerts**
Diese Größen können direkt gemessen werden und werden in Form von Zeitreihen gespeichert.

**Spannungs- und Stromeffektivwert**
Diese Größen werden aus den jeweiligen Momentanwerten berechnet.

**Wirk-, Blind- und Scheinleistung, Leistungsfaktor**
Sie werden entweder aus den Effektivwerten oder aus den Momentanwerten berechnet.

**Oberschwingungskomponenten für Strom und Spannung nach Betrag und Phase**
Berechnet wird mit der Fourier-Transformation. Auf der Basis dieser Größen können wiederum Folgegrößen berechnet werden.

**Winkel der Oberschwingungskomponenten in Relation zur Grundschwingung**

**Winkel der Oberschwingungskomponenten zwischen Spannung und Strom**

**Oberschwingungswirkleistung und Oberschwingungsblindleistung**

**Totaler harmonischer Verzerrungsfaktor (THD)**

**Gewichteter Verzerrungsfaktor für Induktivitäten**

**Gewichteter Verzerrungsfaktor für Kapazitäten**

**Teilverzerrungsfaktor**

**Kurzzeitflickerstörwert $P_{st}, A_{st}$**
Berechnung mit dem Flickerberechnungsalgorithmus aus den Spannungsmomentanwerten

**Langzeitflickerwert $P_{lt}, A_{lt}$**
Berechnung aus den Kurzzeitflickerstörwerten

**Unsymmetriegrad von Spannung und Strom**
Berechnung aus den Grundschwingungskomponenten von Spannung und Strom

Neben diesen Größen oder deren Zeitreihen müssen für alle Werte, die in Relation zu Verträglichkeitspegeln betrachtet werden, die relativen Summenhäufigkeitswerte aus den jeweiligen Zeitreihen ermittelbar sein. Dabei ist es von Vorteil, wenn die Häufigkeitsgrenze frei vorgegeben werden kann. In jedem Fall müssen aber die Werte der 95-%-Summenhäufigkeit ermittelt werden, da die Verträglichkeitspegel sich auf diesen Wert beziehen. Will man den Bezug von 95-%-Summenhäufigkeitswerten in Relation zu Verträglichkeitspegeln sachgerecht durchführen, muß von vornherein der Meßzeitraum so gewählt werden, daß er einem Lastspiel oder einem Vielfachen dieses Zeitraums entspricht. Da man oft über das Lastspiel im vorhinein keine Informationen hat, ist es von Vorteil, wenn die für die eigentliche Bewertung benutzten Meßabschnitte frei festgelegt werden können.

## 5.4 Genauigkeitsbetrachtungen

### 5.4.1 Algorithmen und Auswertung

Die Genauigkeit einer Messung, betrachtet über die gesamte Meßstrecke einschließlich Auswertung, Statistik und Anzeige, ist unterschiedlichen Fehlereinflüssen unterworfen. Die eigentliche Meßgenauigkeit im Rechnen beim Erfassen der Strom- und Spannungsmeßwerte wird in Abschnitt 5.4.2 betrachtet. Die Beurteilung der Spannungsqualität ist, bedingt durch den Frequenzbereich, in dem die verschiedenen Effekte auftreten, nur durch Anwenden mehrerer Meßfunktionen möglich. Jede Meßfunktion für sich unterliegt verschiedenen Beschränkungen.
Die Oberschwingungsanalyse ist zum einen durch die Abtastfrequenz bandbegrenzt, zum anderen nimmt die Fensterseite, mit der die Meßwerte aufgenommen werden, Einfluß auf das Meßergebnis. Verändern sich die Oberschwingungspegel in einem Datenblock, der analysiert wird, schnell, erhält man ein Meßergebnis mit großen Abweichungen. Dies wirkt sich im besonderen bei Strommessungen aus. Beispielhaft sei auf die Strommessungen an Lichtbogenöfen hingewiesen. Um genaue Meßergebnisse zu erhalten, muß die Oberschwingungsamplitude bei einer Fensterbreite von beispielsweise 160 ms oder 200 ms für diesen Zeitraum nahezu konstant sein.
Bei der Flickermessung kommt es zu störenden Einflüssen, wenn sehr große Spannungsänderungen bzw. Spannungseinbrüche oder Spannungsunterbrechungen auftreten, da diese vom Flickermeter-Algorithmus nicht abgebildet werden können.
Für die Auswertung ist es wünschenswert, Quantisierungseinflüsse gering zu halten. Das heißt, für das Verarbeiten von Meßergebnissen in den Statistikfunktionen ist Quantisieren in der Größenordnung der Meßauflösung sinnvoll. Das bedeutet, daß bei einer Meßauflösung von 0,1 % des Nennwerts auch mit Klassen dieser Größe unterteilt werden sollte.

## 5.4.2 Meß- und Schutzwandler, Strommeßzangen

Die anzustrebende bzw. erforderliche Meßgenauigkeit hängt vom Ziel der Messungen ab. Die höchsten Ansprüche in bezug auf die Meßgenauigkeit sind dann zu erfüllen, wenn bei der Bewertung der Meßergebnisse gültige Verträglichkeitspegel als Referenzwerte herangezogen werden. In diesen Fällen, bei denen eventuell mit Kosten verbundene Konsequenzen für den Energieversorger oder den Kunden aus den Messungen abgeleitet werden, haben die eingesetzten Meßgeräte einem definierten Genauigkeitsbereich zu entsprechen. Des weiteren müssen in diesen Fällen auch die meßtechnischen Randbedingungen und Analyseverfahren vorgegebenen Mustern entsprechen, die eine Gleichbehandlung sowie reproduzierbare Meßergebnisse gewährleisten. Zu diesem Zweck sind in den Normen über die Auslegung von Meßgeräten zum Erfassen und Beurteilen von Netzrückwirkungen die wesentlichen Parameter, die die Meßergebnisse beeinflussen, festgelegt. Die zu betrachtende Meßkette entspricht **Bild 5.15**.

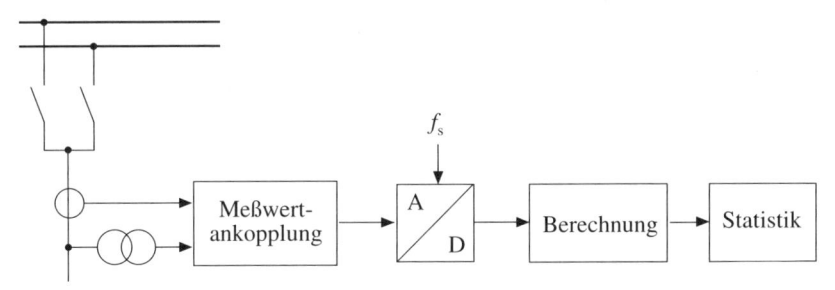

**Bild 5.15** Meßkette

Bei Messungen, die über Zwischenwandler durchgeführt werden, ist der Meßgenauigkeit besondere Aufmerksamkeit zu widmen.
Nach VDE 0847 Teil 4-7 sind die Übertragungseigenschaften für Spannungs- und Stromwandler der verschiedenen Spannungsebenen wie folgt zu beurteilen:

*Niederspannung*: Spannungs- und Stromwandler sind im allgemeinen gut geeignet

In **Bild 5.16** sind drei typische Beispiele für das Übertragungsverhalten von Strommeßzangen für den Einsatz im Niederspannungsnetz zusammengefaßt. Es sind dies zum einen eine Strommeßzange, die den gemessenen Strom in eine äquivalente Spannung umsetzt (A), zum anderen eine reine Strommeßzange (B). Zusätzlich ist das Übertragungsverhalten einer Rogowski-Meßspule dargestellt (C).

*Mittelspannung*: Spannungswerte mit 5 % Meßunsicherheit bei ca. 1 kHz; Winkelfehler <5° bis etwa 700 Hz

*Hochspannung*: Spannungswandler bis etwa 500 Hz gut geeignet

*Höchstspannung*: Spannungswandler oberhalb von 250 Hz nicht geeignet

Siehe hierzu **Bild 5.17**.

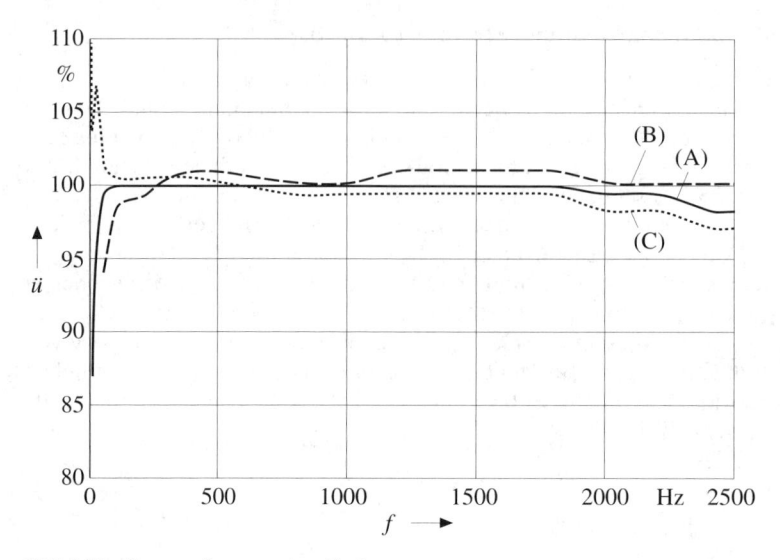

**Bild 5.16a** Strommeßzangen, Amplitudengang

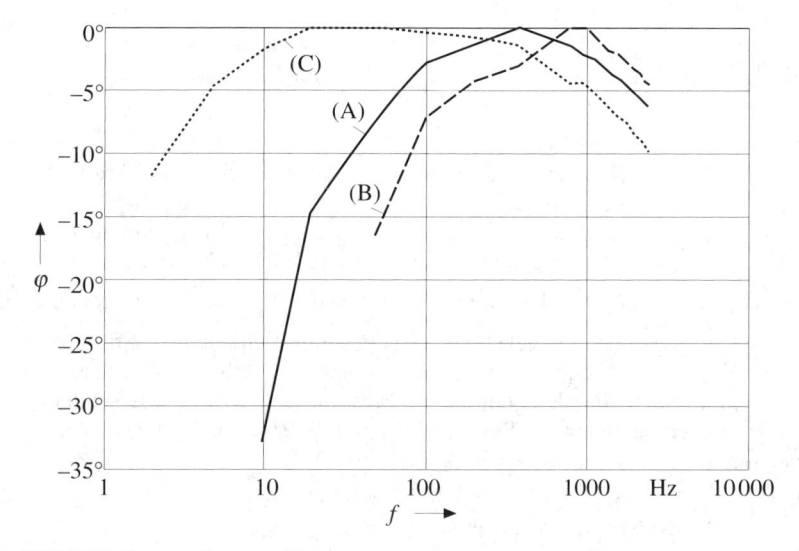

**Bild 5.16b** Strommeßzangen, Phasengang

160

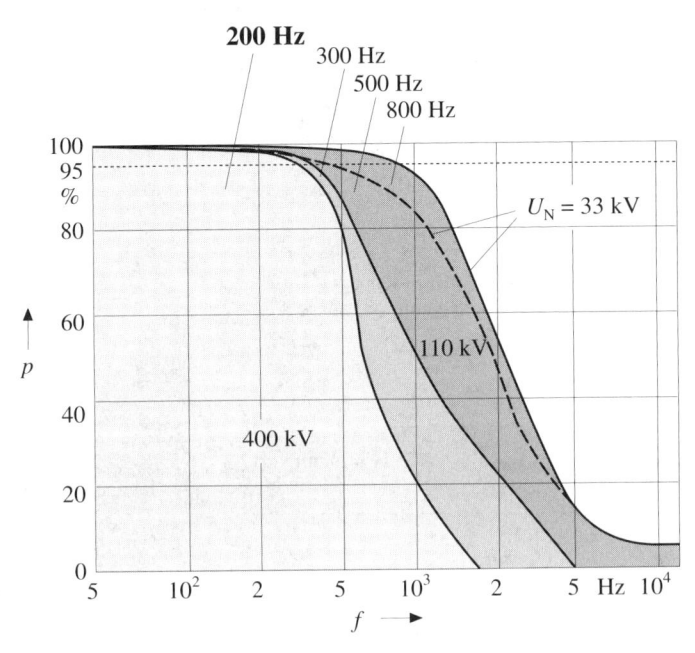

**Bild 5.17** Übertragungsverhalten von Spannungswandlern
Anzahl der gemessenen Spannungswandler: 41
——————— maximaler Fehler 5 %
------------ maximaler Fehler 5°

Beim Messen von Momentanwertverläufen, die im Zeitbereich beurteilt werden, sind Abtastfrequenz, Amplitudenauflösung, Linearität und Bandbreite die wesentlichen Kenngrößen. Diese gelten in gleicher Weise auch für Oberschwingungsmeßgeräte (**Bild 5.18**).
Allerdings sind darüber hinaus auch die Art der Fensterung der Meßwerte und die Blocklänge der Meßdaten, die zum Bestimmen der Oberschwingungswerte herangezogen werden, von entscheidendem Einfluß auf die Meßergebnisse. Die Blocklänge ist in besonderem Maß beim Messen von zeitlich nicht stationären Oberschwingungspegeln von Bedeutung und beeinflußt nicht nur die Genauigkeit der Oberschwingungsbeträge, sondern auch ganz erheblich die Winkelgenauigkeit.
Für die Durchführung von „normgerechten" Oberschwingungsmessungen gelten folgende Anforderungen (VDE 0847 Teil 4-7):
- Das Analyseintervall muß dem Verwendungszweck angepaßt sein.
- Die Meßgenauigkeit muß ausreichend hoch sein (Klasse A für Prüffeldmessungen, Klasse A oder B für Feldmessungen).
- Der Winkelfehler muß kleiner ±5° bzw. kleiner $h \cdot 1°$ sein ($h$ ist die Oberschwingungsordnung).

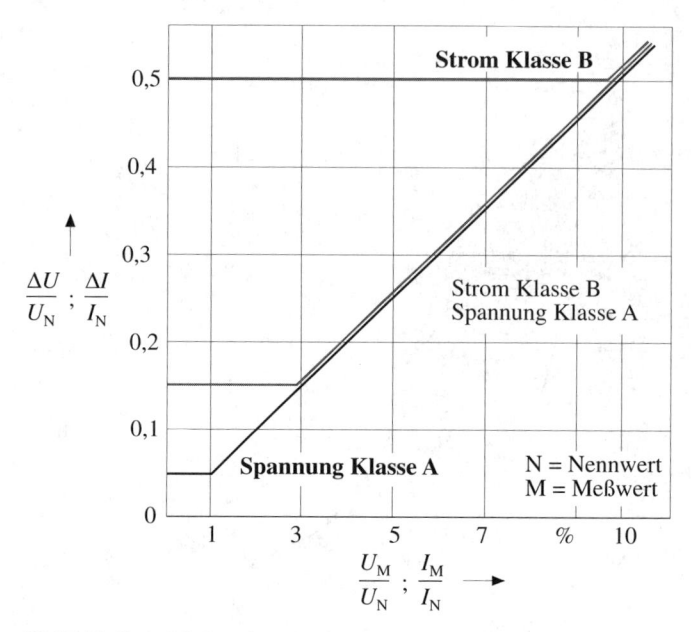

**Bild 5.18** Genauigkeit und Analyseintervall bei Oberschwingungsmessungen

## 5.5 Einsatz und Anschluß von Meßgeräten

### 5.5.1 Niederspannungsnetz

Im Niederspannungsnetz ist der Anschluß von Meßgeräten häufig unproblematisch. Die Spannungen lassen sich ohne den Einsatz von Zwischenwandlern messen. Die Ströme können häufig problemlos über Strommeßzangen gemessen werden. Somit entfällt der störende Einfluß von unbekannten Übertragungsfunktionen. Des weiteren brauchen beim Einsatz von Meßzangen keine Stromwandlerkreise aufgetrennt zu werden. **Bild 5.19** zeigt die möglichen Meß- und Lastsituationen im Niederspannungsnetz.

Für das Messen von Oberschwingungen und Flicker ist der Meßanschluß gleichermaßen gut geeignet. Die Außenleiter-Erdspannungen und die Leiterströme können direkt zueinander in Beziehung gesetzt werden. Für die Flickermessung sind die Außenleiter-Erdspannungen die geeignete Meßgröße, da auch die Leuchtmittel über die Außenleiter-Erdspannung versorgt werden.

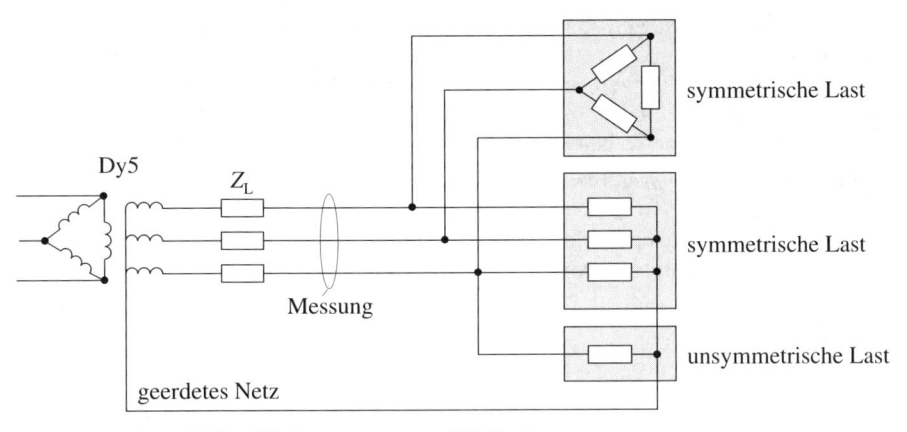

**Bild 5.19** Meßanschluß im Niederspannungsnetz (TN-Netz)

### 5.5.2 Mittel- und Hochspannungsnetze

Messungen im Mittel- und Hochspannungsnetz können nur über Zwischenwandler vorgenommen werden. Der Einbau von speziellen Meßwandlern mit bekannten Übertragungsfunktionen scheidet in den überwiegenden Fällen aller Messungen aus. Die möglichen Meß- und Lastsituationen sind in **Bild 5.20** dargestellt.

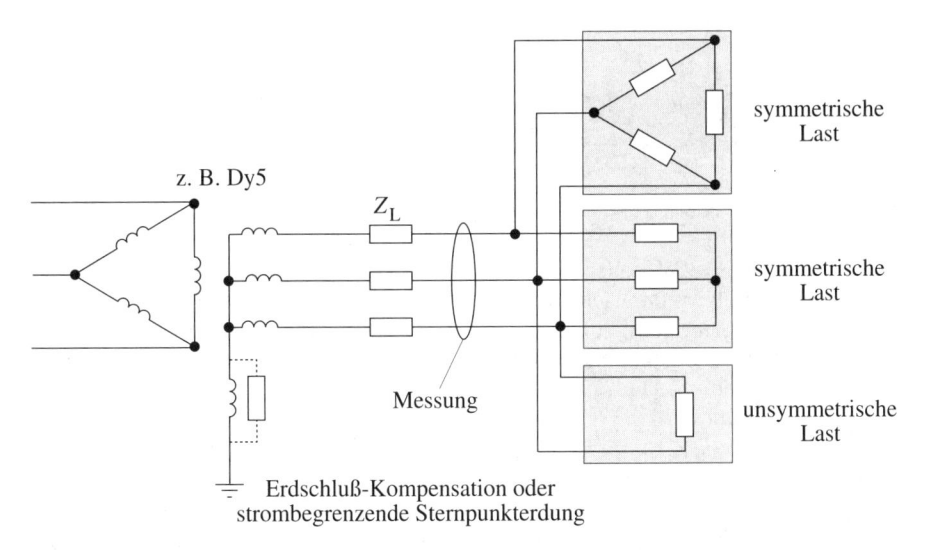

**Bild 5.20** Meßanschluß im Mittelspannungsnetz

163

Das heißt, bei der Bewertung von Meßergebnissen sind die in Abschnitt 5.4.2 gemachten Anmerkungen bezüglich des Einflusses der Übertragungsfunktion der Wandler zu berücksichtigen, in besonderem Maße bei der Bewertung von Oberschwingungsmessungen. Für die Bewertung von Flickermessungen spielt die Übertragungsfunktion keine so bedeutende Rolle.

Im Gegensatz zum Anschluß von Meßgeräten im Niederspannungsnetz kann im Mittel- und Hochspannungsnetz die Verschaltung der Meßeingänge nicht mehr frei gewählt werden. Je nach Aufbau der Wandlerfelder kann man in diesen Fällen unterschiedliche Konstellationen vorfinden (**Bild 5.21**).

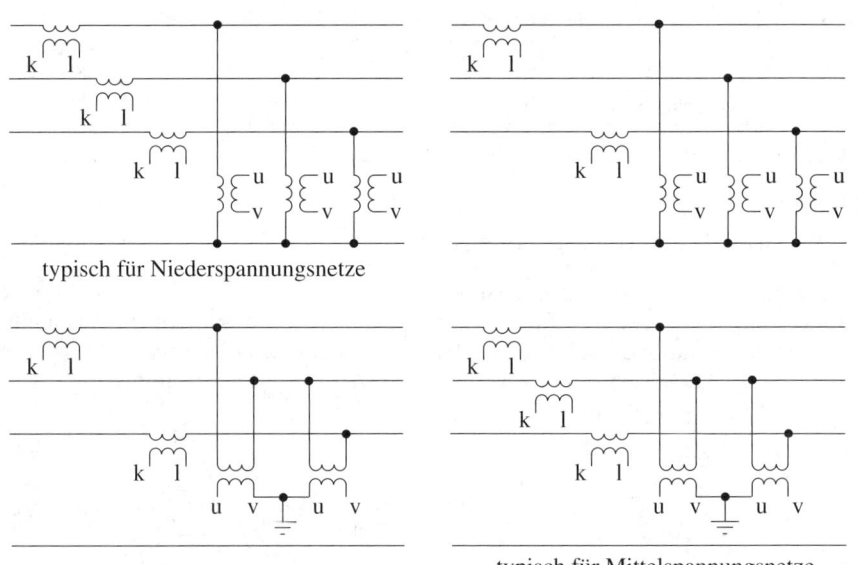

**Bild 5.21** Mögliche Wandlerverschaltungen in der Mittelspannung

Voll instrumentierte Wandlerfelder mit drei Spannungs- und drei Stromwandlern sind in der Mittelspannungsebene relativ selten. Für die Strommessung ist es von untergeordneter Bedeutung, ob zwei oder drei Stromwandler zur Verfügung stehen. Ein fehlender Strom kann gegebenenfalls „rechnerisch" aus zwei gemessenen Strömen ermittelt werden. Dies läßt sich auch am Meßgerät durch eine geeignete Verschaltung bewirken.

In bezug auf das Messen der Spannung wird die Sachlage etwas komplizierter. Für die Oberschwingungsmessung ist es wünschenswert, die Außenleiter-Erdspannungen sowie die Leiterströme zu messen. Auf diese Weise erhält man auch verwertbare Informationen zu den Winkelbeziehungen zwischen den Oberschwingungsspannungen und den Oberschwingungsströmen. Es besteht die Möglichkeit, die Außenleiterspannungen über einen künstlichen Sternpunkt in Außenleiter-Erdspannungen umzusetzen. Dies entspricht jedoch nur den tatsächlichen Gegebenheiten, wenn das Drehstromsystem kein Nullsystem aufweist. Des weiteren führt der künstliche Sternpunkt zu einer Kompensation der Oberschwingungen, deren Ordnung einem Vielfachen von drei entspricht.

Für eine Flickermessung sind die Außenleiterspannungen von Interesse. Nullsystemvorgänge sind für das Versorgen der Lasten im Mittelspannungsnetz bedeutungslos. Gerade in Mittelspannungsnetzen mit Erdschlußkompensation sind die Außenleiterspannungen bevorzugt zu messen, da sich bei ihnen jede Veränderung der Nullspannung im Meßergebnis bemerkbar macht. Jede Änderung im Netz kann hier zu Veränderungen im Nullsystem führen.

## 5.6 Normung

Im Rahmen der Normung sind bezüglich der Messung von Netzrückwirkungen bzw. der Spannungsqualität diverse Dinge verbindlich geregelt. Zum einen umfaßt die Normung die Verträglichkeitspegel für Spannungsschwankungen, Unsymmetrie und Oberschwingungen (siehe Abschnitte 2.4, 3.6 und 4.7), zum anderen werden im Rahmen der Normung auch die Meß- und Bewertungsverfahren sowie die erforderliche Meßgenauigkeit definiert.

In zunehmendem Maß sind die Normvorgaben nicht mehr auf die sich einstellenden Spannungspegel bezogen, sondern definieren Gruppen von Störaussendungen, die für einzelne Geräte oder Gerätegruppen zulässig sind. Dieser Umstand wirkt sich auf eine meßtechnische Beurteilung einer Sachlage günstig aus, da zwischen Ursache und Wirkung gezielt differenziert werden kann.

Im Rahmen der Oberschwingungsmessung gilt die VDE 0847 Teil 4-7. Diese Norm legt die Mindestanforderungen an Oberschwingungsmeßgeräte fest. Sie enthält Empfehlungen zu Berechnungsmethoden, zum Meßbereich und zu statistischen Berechnungen. Weiterhin sind dort Meßparameter und Genauigkeitsanforderungen spezifiziert. Die Genauigkeitsanforderungen gemäß Abschnitt 5.4.2 sind dieser Norm entnommen.

Geräte zur Flickermessung sind in VDE 0846 beschrieben. Diese Norm enthält die Meßmöglichkeiten und die Algorithmen zur Flickermessung. Darüber hinaus werden Testsequenzen vorgegeben, für die die Meßgenauigkeit spezifiziert ist.

## 5.7 Kennzeichen von Meßgeräten

Trotz der in der Normung festgelegten Merkmale, die ein Meßgerät zum Messen der Eigenschaften der Spannungsqualität aufweisen muß, bleiben noch einige Freiheitsgrade zur Ausgestaltung der Meßgeräte offen.

Welche Eigenschaften dann ganz besonders notwendig sind, hängt stark von den Einsatzzielen der Meßgeräte ab. Diese Ziele können sehr vielfältig sein, z.B.:
- Bewerten der Spannungsqualität
- Erstellen eines Oberschwingungskatasters
- Ermitteln von Basiswerten für Rechnungen
- Durchführen von Vergleichsmessungen
- Bestimmen von Störaussendungen
- Analyse von Störungsursachen
- Überprüfen und Bewerten von Abhilfemaßnahmen
- Dimensionieren von Betriebsmitteln

Betrachtet man einige Kennzeichen von Meßgeräten, so weisen diese, je nach Zielsetzung der Messungen, unterschiedliche Bedeutung auf. Im folgenden sind einige Kennzeichen genannt und charakterisiert:

## Meßeingänge

Bei den Meßeingängen ist neben der Kanalzahl der Spannungs- und Strommeßeingänge auch eine geeignete Auslegung der Meßbereiche wichtig. Für Messungen in den Anlagen der elektrischen Energieversorgung sind die Wertebereiche gemäß **Tabelle 5.2** verbreitet. Meßgeräte, die in elektrischen Energieversorgungsanlagen eingesetzt werden, müssen über eine entsprechend hohe Übersteuerungsfestigkeit verfügen, damit sie im Fall eines Netzfehlers keinen Schaden nehmen.

| Spannung | $100/\sqrt{3}$ V | Meßbereichsfaktor 1,4 |
|---|---|---|
| | 100 V | Meßbereichsfaktor 1,4 |
| | 230 V | Meßbereichsfaktor 1,4 |
| | 400 V | Meßbereichsfaktor 1,4 |
| Andere Meßbereiche über Wandler oder Vorteiler | | |
| **Strom** | 1 A | Meßbereichsfaktor 2 |
| | 5 A | Meßbereichsfaktor 2 |
| Andere Meßbereiche über Zwischenwandler | | |

**Tabelle 5.2** Meßeingänge

In bezug auf die Anzahl der Meßkanäle trifft man alle erdenklichen Varianten bei den verschiedenen Meßgeräten an. Eine vollständige Ausstattung ist mit je vier Spannungs- und Strommeßkanälen sicher gegeben. In diesem Fall kann man ein Drehstromsystem vollständig erfassen und hat noch die Möglichkeit, das Nullsystem bei Messungen im Niederspannungsnetz mit aufzunehmen. Mit je drei Meßkanälen für Spannung und Strom ist man nicht wesentlich schlechter gestellt, hat dann allerdings für zusätzliche Untersuchungen des Nullsystems mit einem erhöhten Aufwand bezüglich des Meßzeitraums zu rechnen. Geräte mit nur einem Kanal für

Strom oder Spannung bedeuten schon eine deutliche Einschränkung. Kann jeweils nur der Strom oder die Spannung erfaßt werden, erschwert das die Analyse eines Zusammenhangs zwischen Ursachen und Wirkung in vielen Fällen deutlich.

## Meßfunktionen

Betrachtet man die wünschenswerten Meßfunktionen, so stellt man fest, daß neben dem Oberschwingungsanalysator und dem Flickermeter als Spezialmeßfunktionen eine Oszilloskop-Funktion nützliche Dienste leistet. Denn spezielle Effekte, die nur einen Teil einer Netzperiode betreffen, können zwar mit den erstgenannten Meßfunktionen indiziert werden, eine genaue Betrachtung oder Analyse ist bei Maschinenanläufen oder auch Kommutierungsvorgängen jedoch nicht möglich. Dehnt man diese Überlegungen auf Erscheinungen aus, die für Zeiträume von einigen Perioden bis zu einigen Sekunden auftreten, ist auch die klassische Transientenrecorder-Funktion in vielen Fällen das einzige Hilfsmittel, bestimmte Phänomene genauer zu analysieren.

## Bandbreite

Die Bandbreite der Meßgeräte hängt vom Verwendungszweck ab. Geht man von der gegebenen Normung (VDE 0847 Teil 4-7; VDE 0846) aus, kann man feststellen, daß Oberschwingungsanalysatoren eine Mindestbandbreite von 2,0 kHz aufweisen müssen. Diese Geräte können dann Oberschwingungen bis zur 40. Ordnung messen. Für viele Betrachtungen reicht auch eine Bandbreite von 1,25 kHz aus. Damit ist man dann noch in der Lage, die 25. Oberschwingung zu erfassen. Bei vielen Messungen, die in den Bereich der Störungsanalyse und Störungsaufklärung hineingehen, wünscht man sich eine möglichst große Bandbreite. Geräte mit 2,5 kHz oder 3,0 kHz Bandbreite, die dann bis zur 50. oder 60. Ordnung die Oberschwingungskomponenten ermitteln, liefern häufig noch interessante Zusatzinformationen. Für ein Flickermeter ist keine so große Bandbreite erforderlich. Je nach Abtastfrequenz reichen hier Werte von 0,4 kHz bis 1,2 kHz aus.

Sind die Geräte aber mit der Funktionalität eines Oszilloskops oder eines Transientenrecorders ausgestattet, muß die Bandbreite möglichst groß sein. Betrachtet man beispielsweise eine Kommutierungsschwingung mit einer Schwingfrequenz von 4 kHz, kann dieser Signalverlauf bei einer Abtastfrequenz von 8 kHz bereits erkannt werden. Für eine deutliche Abbildung ist allerdings eine Abtastfrequenz von etwa 40 kHz erforderlich (zehnfache Signalfrequenz).

## Meßzeitraum

Für Messungen im Bereich der Spannungsqualität und Netzrückwirkungen in elektrischen Netzen der öffentlichen Energieversorgung kann davon ausgegangen werden, daß eine geschlossene Meßperiode mit einer Dauer von acht Tagen anzusetzen ist. Messungen in Industrieanlagen oder Messungen, die von einem vorbereiteten

Meßplan bestimmt werden, bei dem beispielsweise auch bestimmte Anlagenzustände gezielt eingestellt werden, kommen mit deutlich kürzeren Meßperioden aus.

**Datenaufzeichnung**

Die Datenaufzeichnung bei Langzeitmessungen muß in den meisten Fällen mit einem Mittelungsintervall von 10 min Dauer vorgenommen werden, um normgerecht zu sein.

Interessiert man sich für die Dynamik der aufgenommenen Meßgrößen, ist es nützlich, ein kürzeres Mittelungsintervall zu wählen. Bei einem Intervall von 1 min Dauer erhält man für 24 h 1440 Meßwerte. Dies bedeutet, daß eine Messung über acht Tage zu 11 520 Meßintervallen führt. Diese Größen müssen mit den Meßgeräten und dem entsprechenden Auswerteprogramm beherrschbar sein. Für spezielle Untersuchungen ist ein sehr kurzes Meßintervall von Bedeutung. Es sollte im Bereich von Sekunden liegen.

## 5.8  Durchführen von Messungen

Messungen werden im allgemeinen aufgrund ganz unterschiedlicher Ursachen ausgeführt. Im ersten Schritt zur Vorbereitung einer Messung ist das Ziel der Messung zu definieren. Es ist die Frage zu beantworten, was erreicht werden soll. Im nächsten Schritt sind die Meßorte auszuwählen und die Meßgeräte zu bestimmen. Mit Festlegen der Meßorte und der Meßgeräte sind die Aspekte um den Meßgeräteanschluß zu berücksichtigen. Besonders bei Messungen, die einen längeren Zeitraum in Anspruch nehmen, sind die Meßgeräte so zu plazieren, daß sie möglichst wenig stören. Dies ist in Schalt- und besonders in Kundenanlagen teilweise nicht ganz einfach. Die installierte Meßanordnung muß auch in angemessenem Rahmen vor unbefugtem Zugriff geschützt werden.

## 5.9  Literatur

[5.1]  UCPTE–Quelle
[5.2]  Köhle, S.: Ein Beitrag zur statischen Bewertung von Flickern. Elektrowärme International (1985) H. 10, S. 230–239
[5.3]  Mombauer, W.: Neuer digitaler Flickeralgorithmus. etz. Archiv 10 (1988), S. 289 –294

# 6 Abhilfemaßnahmen

## 6.1 Zuordnen der Abhilfemaßnahmen

Abhilfemaßnahmen zur Kompensation von Netzrückwirkungen können im elektrischen Netz an unterschiedlichen Stellen ansetzen (**Bild 6.1**).
Im folgenden sollen die verschiedenen Maßnahmen im Hinblick auf ihre Zuordnung gemäß Bild 6.1 dargestellt werden.

## 6.2 Reduktion der Störaussendung des Verbrauchers

In bezug auf die Kompensation von Oberschwingungen eines Verbrauchers, der über einen Transformator an das Netz angeschlossen wird, sind insbesondere hinsichtlich der Kompensation der dritten Oberschwingung die in **Bild 6.2** dargestellten Transformatorschaltungen geeignet. Da die dritte Oberschwingung bezüglich ihrer Darstellung in symmetrischen Komponenten ein reines Nullsystem bildet (siehe auch Abschnitt 1.4.3), ermöglicht der Einsatz von Transformatoren, die keine Übertragung des Nullsystems von der Primär- auf die Sekundärseite zulassen, die Kompensation dieser Oberschwingung. Bedingt durch Unsymmetrien des Transformatoraufbaus ist die Impedanz des Nullsystems endlich. Dies führt zu einer Übertragung der dritten Oberschwingung von etwa 10 % bis 15 % über die Transformatorwicklungen.

Wird verbraucherseitig das Netz über Stromrichter angebunden, z. B. bei Antrieben, kann das Steuerverfahren auf eine niedrige harmonische Verzerrung hin optimiert werden.

Dies läßt sich durch zwei sechspulsige Schaltungen erreichen. Mit einem Dreiwickler werden die Stromkomponenten derart überlagert, daß der resultierende Netzstrom insbesondere eine Komponente der zwölften Oberschwingung mit entsprechend geringer Amplitude enthält (**Bild 6.3**).

Netzgeführte Stromrichterschaltungen können nur im Blockbetrieb arbeiten, da die Thyristoren Kommutierungsspannung benötigen (**Bild 6.4a**). Dagegen brauchen selbstgeführte Stromrichterschaltungen keine Kommutierungsspannungen und können daher höherpulsig betrieben werden (**Bild 6.4b**). Hierdurch läßt sich die Oberschwingungsbelastung signifikant senken, was in Bild 6.4 anhand der dargestellten Strom-Spektren verdeutlicht wird.

Im Hinblick auf die prozeßseitige Reduktion von Flicker ist in Abschnitt 3.3.3 der Einfluß von Formfaktor, Frequenz und Änderung der Spannungsamplitude auf den Flickerwert dargestellt worden.

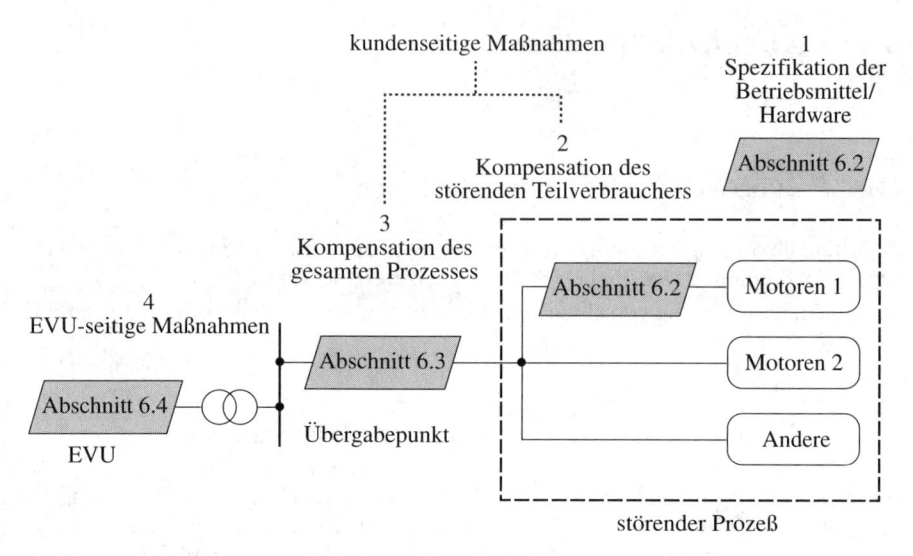

**Bild 6.1a** Zuordnen von Abhilfemaßnahmen: Störquelle

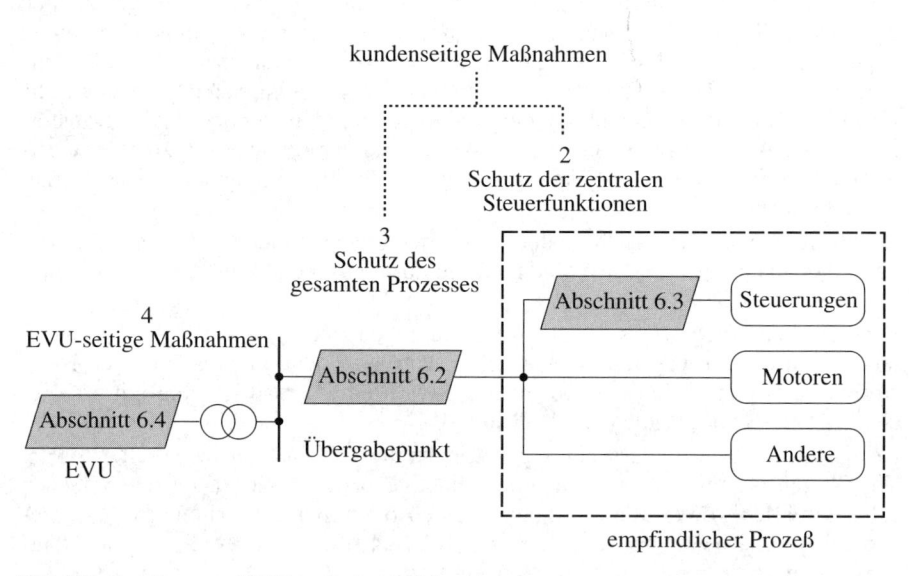

**Bild 6.1b** Zuordnen von Abhilfemaßnahmen: Störsenke

Eine oftmals eingesetzte Maßnahme zum Begrenzen des Spannungseinbruchs bei Antrieben ist die Integration von Anlaufstrombegrenzungen (Anlasser mit Spartransformator, Start über Widerstand oder Drosselspule, Teilwicklungsanlasser, Stern-Drei-

**Vermeidung der 3. Oberschwingung in der Sekundärspannung**

Ursache: Sättigung des Transformators

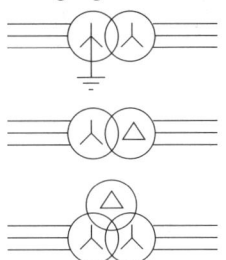

Generierung aller Harmonischen im Magnetisierungsstrom

**Vermeidung der 3. Oberschwingung im Netzstrom**

Ursache: nichtlineare Last

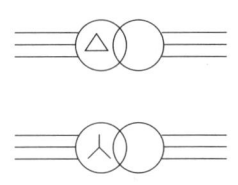

keine Übertragung des Nullsystems

**Bild 6.2** Transformatorschaltungen

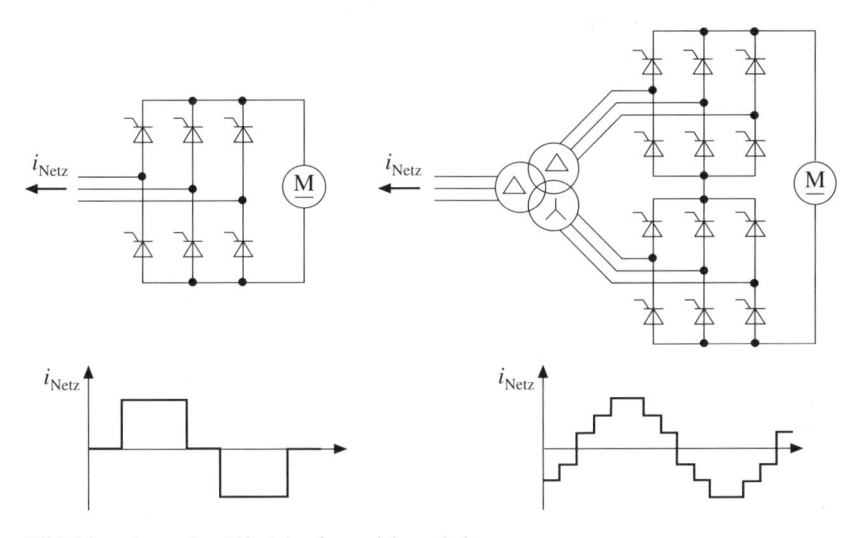

**Bild 6.3** sechs- und zwölfpulsige Stromrichterschaltungen

eck-Anlauf) bzw. Sanftanlaufeinrichtungen. Hierbei ist jedoch auf die durch diese Einrichtungen im Teillastbereich hervorgerufenen Oberschwingungen zu achten [6.1].

Beim Einsatz von Lichtbogenöfen und Schweißmaschinen können die Wahl von Gleichstromöfen bzw. Gleichstromschweißmaschinen und das Verriegeln einzelner Teilverbraucher ebenfalls zu einer Reduktion der Höhe der Spannungseinbrüche führen. Der Flickerformfaktor läßt sich bei Schweißmaschinen durch die Wahl der

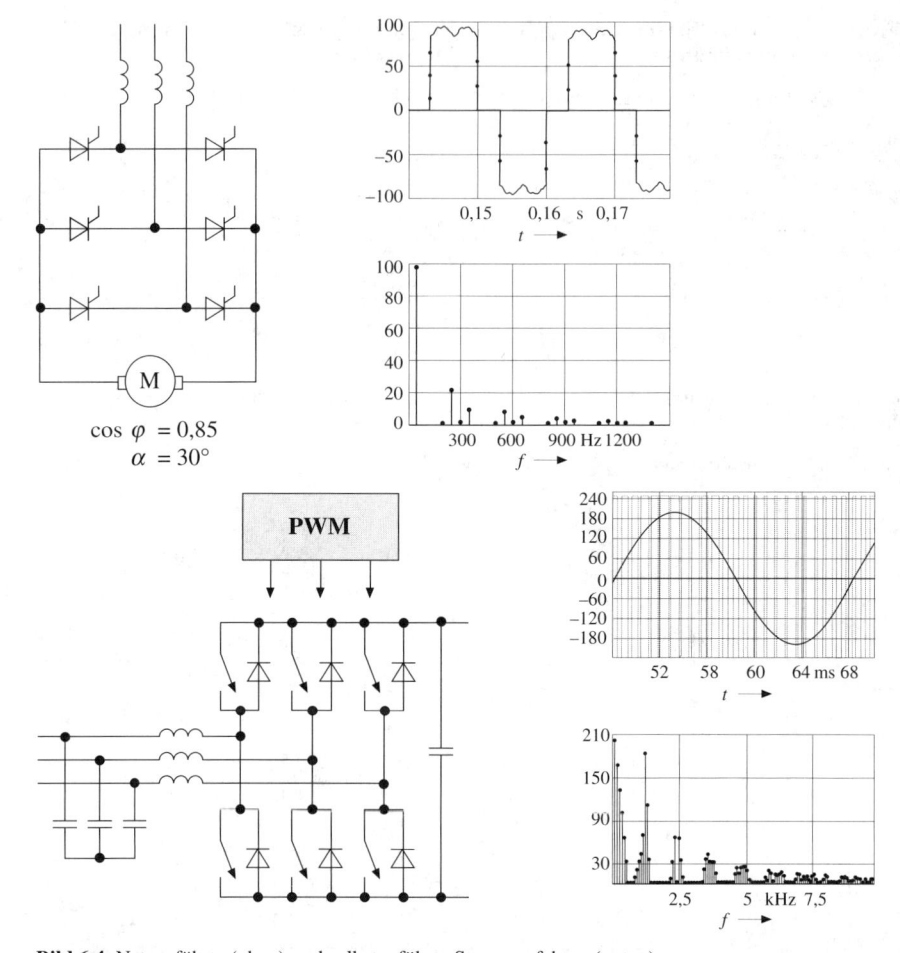

**Bild 6.4** Netzgeführte (oben) und selbstgeführte Steuerverfahren (unten)

Kurvenform der Schweißimpulse flickermindernd ändern. Gleiches läßt sich bei Lichtbogenöfen durch Änderungen der Elektrodenregelung erreichen, wobei diese Maßnahme außerdem zum Verändern der Flickerfrequenz genutzt werden kann.
Beim Beurteilen dieser Maßnahmen sind die Beeinträchtigung des Produktionsprozesses und die eventuell aufwendigeren Installations- und Schutztechniken zu berücksichtigen.

## 6.3 Verbraucherseitige Maßnahmen

### 6.3.1 Filterkreise

Unverdrosselte Kondensatoren bilden mit den Netzinduktivitäten einen Parallelschwingkreis (siehe Abschnitt 2.3.3). Durch Resonanzverstärkung können sie somit zum Erhöhen der Oberschwingungsbelastung des Netzes beitragen. Die Resonanzverstärkung wirkt sowohl auf Störpegel im Übertragungsnetz als auch auf die im Kundennetz erzeugten Oberschwingungsströme. Durch zu hohe Oberschwingungsstörpegel werden Kondensatoren wegen ihrer Frequenzeigenschaft sehr schnell überlastet, aber auch andere Verbraucher können in ihrer Funktion gestört werden. Eine höhere Spannungsauslegung von Kondensatoren ist daher keine Lösung. Für eine kritische Resonanzverstärkung reicht bereits Resonanznähe zu einer typischen Oberschwingungsfrequenz (**Bild 6.5**).

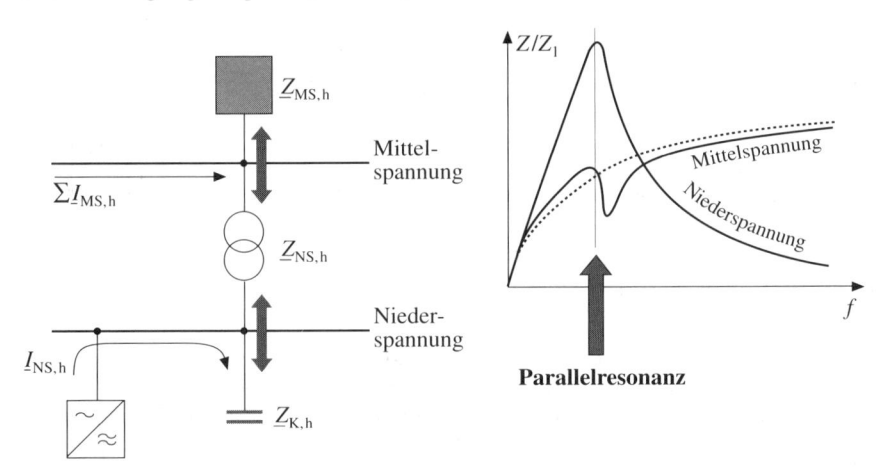

**Bild 6.5** Parallelresonanz

Neben Parallelresonanz kann bei Installation unverdrosselter Kondensatoren auch Reihenresonanz (siehe Abschnitt 2.3.3) zum übergeordneten Versorgungsnetz auftreten. Bei einer Reihenresonanz (**Bild 6.6**) wird grundsätzlich der Strom abgesaugt, es tritt also keine Stromverstärkung auf. Allerdings wird bei dieser Resonanz ebenfalls die Oberschwingungsspannung auf der Installationsebene der Kondensatoren verstärkt, so daß sich hierdurch durchaus beim Kunden unverträgliche Betriebsbedingungen ergeben können, wenn Resonanznähe zu einer typischen Oberschwingungsfrequenz gegeben ist. Netzresonanzen im Bereich typischer Oberschwingungsfrequenzen sind häufig Ursache für das Auslösen von Leistungsschaltern.

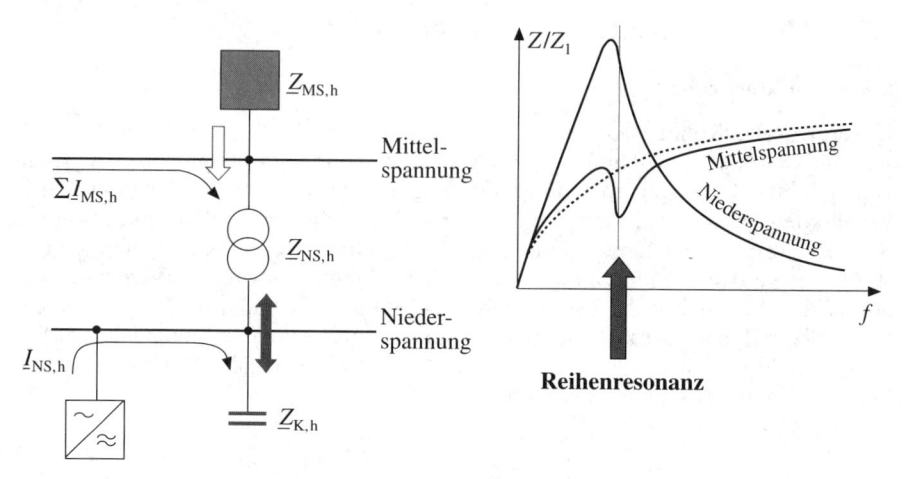

**Bild 6.6** Reihenresonanz

Bei unverdrosselten Kompensationsanlagen werden auch bei relativ geringer Oberschwingungsbelastung Verdrosselungen eingesetzt, um Resonanzproblematiken insbesondere im Bereich von Rundsteuerfrequenzen ($TF$) zu vermeiden.
Empfehlungen für die Verdrosselung:
- $TF < 190$ Hz: 7%-Verdrosselung
- $TF = 190$ Hz bis 250 Hz: 12,5%-Verdrosselung
- $TF > 250$ Hz: 7%-Verdrosselung

Allgemein können durch geeignetes Verdrosseln der Kondensatoren kritische Resonanzen im Bereich der typischen Oberschwingungsfrequenzen vermieden werden. Dadurch werden nicht nur die Kondensatoren vor einer Überlastung, sondern das ganze Netz vor den Auswirkungen der Resonanzverstärkung geschützt. Die Verdrosselung verhindert nicht nur das Ansteigen der Oberschwingungsbelastung durch Resonanzverstärkung, sondern verbessert zugleich auch die Netzqualität, da mit dem Verdrosseln der Kondensatoren eine Saugwirkung auf Oberschwingungsströme erzielt wird. Bei der Wahl der Verdrosselung muß gegebenenfalls die im Netzbereich des zuständigen Energieversorgers verwendete Rundsteuerfrequenz berücksichtigt werden, um unzulässiges Beeinflussen der Rundsteuerung zu vermeiden.

Bei Filterkreisanlagen (**Bild 6.7**) werden die einzelnen Filterkreise jeweils auf eine typische Oberschwingungsfrequenz abgestimmt. Hier wird also gezielt die Eigenschaft der Reihenresonanz genutzt, um Oberschwingungsströme verstärkt abzusaugen und damit die Netzqualität wesentlich zu verbessern. Eigentlich sind solche Filterkreisanlagen dazu gedacht, das Kundennetz zu säubern. Beim Auslegen solcher Anlagen darf aber die Oberschwingungsbelastung des übergeordneten Netzes nicht vergessen werden, denn die von dort kommenden Oberschwingungsströme sind keineswegs

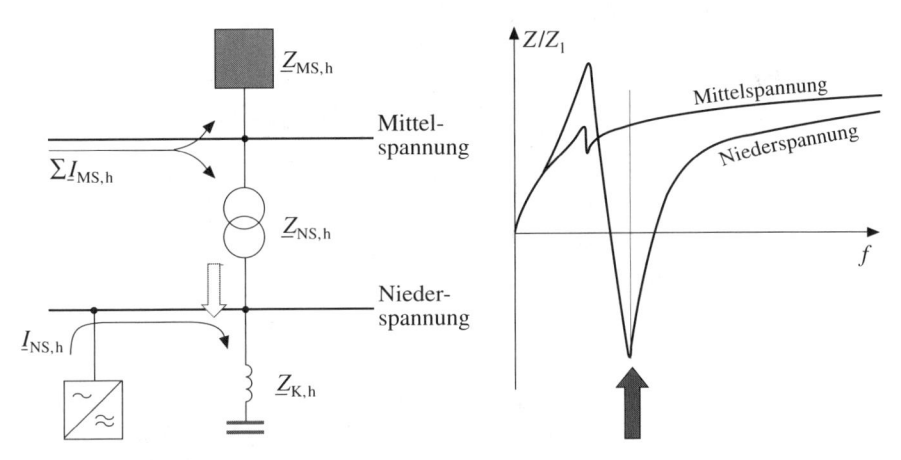

**Bild 6.7** Filterkreisanlage

zu vernachlässigen. Insbesondere bei der fünften Oberschwingung ist wegen der Fernsehpegel mit einer ganz erheblichen zusätzlichen Belastung zu rechnen.

Beim direkten Netzanbinden von Filterkreisanlagen wirken die Filterkreise auf alle Oberschwingungserzeuger im Kundennetz. Darüber hinaus ergibt sich eine hohe Oberschwingungsbelastung von außen, die beim Dimensionieren der Anlage in jedem Fall berücksichtigt werden muß. Durch Netzentkoppeln mit Strombegrenzungs- bzw. Kommutierungsdrosselspule wird nicht nur die Saugwirkung auf den zugeordneten Oberschwingungserzeuger wesentlich erhöht, sondern auch die Oberschwingungsbelastung von außen deutlich reduziert. Eine Netzentkopplung ist vor allem dann sinnvoll, wenn nur ein geringer Kompensationsbedarf besteht oder wenn mehrere Filterkreisanlagen im gleichen Netz wegen unterschiedlicher Auslegung nicht gekoppelt werden dürfen (**Bild 6.8**).

Filterkreise gleicher Abstimmfrequenz, die parallel am Netz betrieben werden sollen, müssen durch schaltbare Ausgleichsleitungen gekoppelt werden, um unterschiedliche Oberschwingungsbelastungen und damit eine Überlastung eines Filterkreises zu vermeiden (**Bild 6.9**). Ohne eine solche Kopplung würden Toleranzen in der Abstimmung zu einer sehr unterschiedlichen Oberschwingungsbelastung führen, die Ausgleichsleitungen hingegen erzwingen eine gleiche relative Oberschwingungsbelastung. Es ergibt sich aber auch, daß Filterkreise mit unterschiedlicher Auslegung nicht gekoppelt werden dürfen. Gegebenenfalls ist hier deshalb für eine ausreichende Entkopplung zu sorgen.

Filterkreisanlagen, die durch Kommutierungsdrosselspulen weitgehend vom Netz entkoppelt werden, benötigen beim parallelen Betrieb im gleichen Netz keine zusätzlichen Ausgleichsleitungen. Das Entkoppeln bewirkt bereits ausreichendes Trennen. Solche Filterkreisanlagen können als ausschließlich dem entsprechenden Oberschwingungserzeuger zugeordnet betrachtet werden, die Oberschwingungsbe-

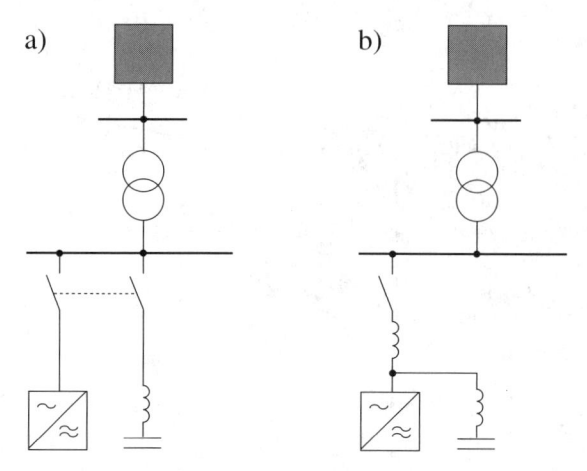

**Bild 6.8** Anschluß von Filterkreisanlagen
a) starke Netzkopplung, b) schwache Netzkopplung

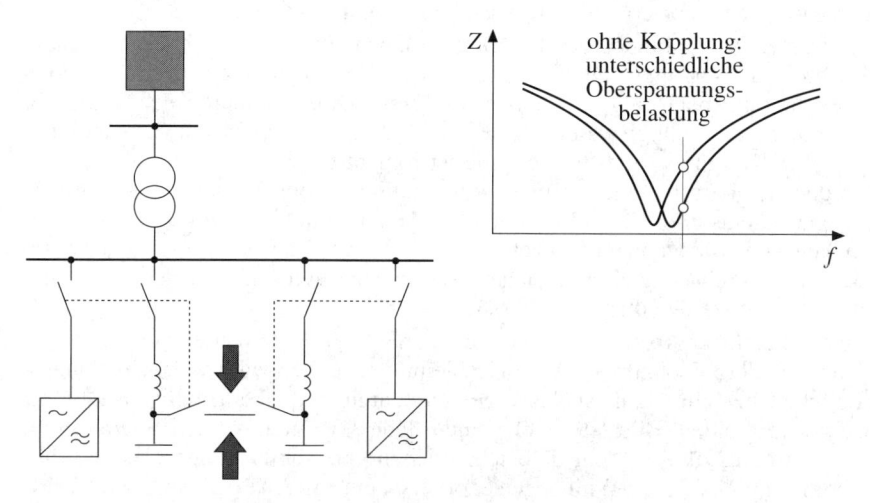

**Bild 6.9** Kopplung von Filterkreisen gleicher Abstimmfrequenz

lastung von außen ist verhältnismäßig gering im Vergleich zu direkt am Netz angeschlossenen Anlagen (**Bild 6.10**). Selbstverständlich kann eine Filterkreisanlage mit direkter Netzanbindung (z.B. installiert für mehrere Oberschwingungserzeuger) mit netzentkoppelten Anlagen, die jeweils nur für einen Oberschwingungserzeuger bestimmt sind, kombiniert werden, ohne daß Kopplungen durch Ausgleichsleitungen erforderlich sind.

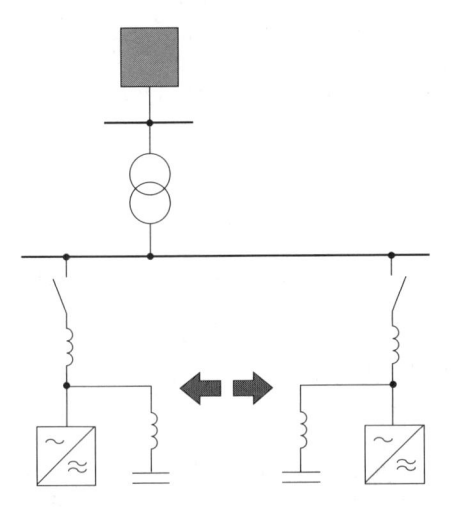

**Bild 6.10** Entkopplung von Filterkreisen gleicher Abstimmfrequenz

**Resonanzverstärkung!**

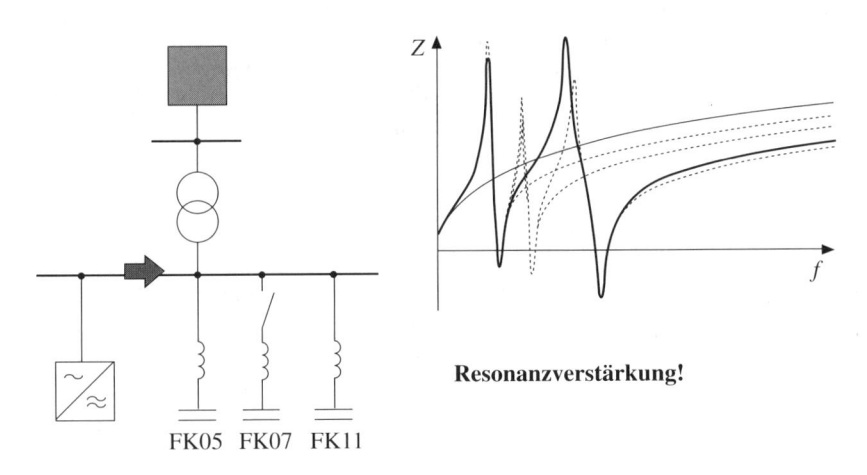

FK05  FK07  FK11

**Bild 6.11** Schutzeinrichtungen für Filterkreisanlagen

Mehrstufige Filterkreisanlagen müssen für die typischen Oberschwingungsfrequenzen stets in lückenloser Folge aufgebaut werden. Auch bei zwölfpulsigen Umrichtern kann wegen der immer vorhandenen Störpegel der fünften und siebten Oberschwingung daher nicht auf Filterkreise für diese Frequenz verzichtet werden. Mehrstufige Filterkreisanlagen werden stets in aufsteigender Folge zugeschaltet und in umgekehrter Reihenfolge abgeschaltet, um kritische Resonanzverstärkungen und daraus resultierende Anlagenüberlastungen zu vermeiden. Eine falsche Schaltfolge muß deshalb durch Zwangsverriegelung verhindert werden, die auch bei Ausfall eines Filterkreises wirksam wird.

Für Filterkreisanlagen gibt es verschiedene Schutzeinrichtungen (**Bild 6.11**), z.B.:
- Verriegeln der Schaltfolge
- Temperaturkontrolle der Filterkreis-Drosselspulen
- Sicherungsüberwachung
- Messen der Oberschwingungsbelastung
- Erfassen der Anlagenunsymmetrie

Zu allen Überwachungen gibt es die Möglichkeit der Zustandsanzeige, einer Warnmeldung sowie der Anlagenabschaltung.

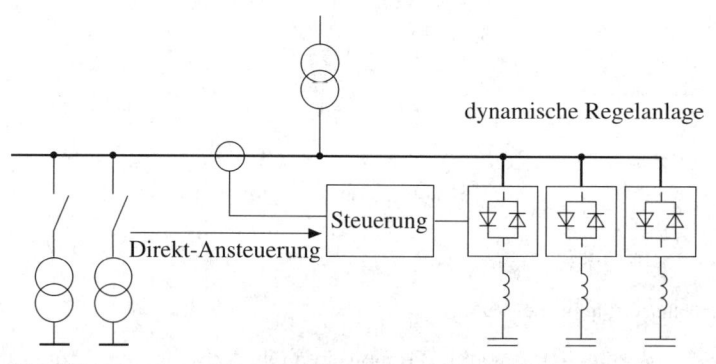

### 6.3.2 Dynamische Blindleistungskompensation

Flickerstörungen bzw. Spannungsschwankungen werden vor allem durch Blindleistungsveränderungen bedingt, aber auch beim Ändern der Wirkleistung verändert sich die Netzspannung. Durch Kompensation kann sowohl die Störwirkung der Blindleistungs- als auch die der Wirkleistungs-Flicker beseitigt werden. Wichtig hierbei ist vor allem eine möglichst kurze Reaktionszeit der Anlage. Im Gegensatz zur herkömmlichen Regelanlage wird bei der dynamischen Kompensation vorzugsweise der Kompensationsbedarf durch lastseitige Strommessung ermittelt. Durch dieses Open-loop-Verfahren wird die Regelverzögerung wesentlich reduziert. In besonderen Fällen wird zum Bekämpfen von Flickerstörungen darüber hinaus eine Direktansteuerung installiert. In **Bild 6.12** ist die Topologie einer solchen dynamischen Blindleistungskompensationsanlage dargestellt.

**Bild 6.12** Dynamische Blindleistungskompensation

### 6.3.3 Symmetrierschaltungen

Die Netzunsymmetrie läßt sich durch Blindleistungskompensation und Symmetrieren entsprechend der Steinmetz-Schaltung (**Bild 6.13**) beheben. Werden in einem

Netz viele leistungsstarke zweiphasige Lasten unabhängig voneinander betrieben, kann zum Beseitigen störender Netzunsymmetrien ein erheblicher Aufwand erforderlich sein.

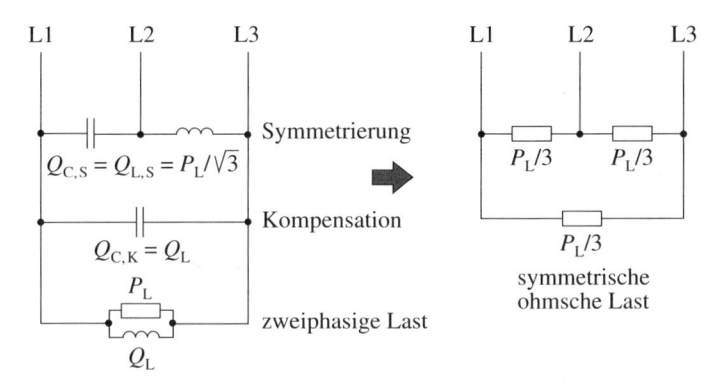

**Bild 6.13** Symmetrierschaltung

### 6.3.4 Aktives Filtern

Die in Abschnitt 6.3.1 beschriebenen Filterkreise werden auch als passive Filter bezeichnet, die ausgelegt werden, um definierte Oberschwingungen zu kompensieren. Die hiermit verbundenen Problematiken sind in diesem Abschnitt ebenfalls dargestellt. Eine vollkommen andere Wirkungsweise wird durch sogenannte aktive Filter erbracht, bei denen selbstgeführte Stromrichter zur Kompensation von Verzerrungsblindleistung durch Einspeisen des negativen Oberschwingungs-Spektrums verwendet werden. In Form einer Modellvorstellung betrachtet, saugt das passive Filter eine $n$-te Stromoberschwingung durch Resonanz ab. Das aktive Filter hingegen erbringt eine Addition der negativen Oberschwingungsströme. Diese Wirkungsweise ist im Vergleich in **Bild 6.14** dargestellt. Ein wichtiges Merkmal hierbei bildet das Berücksichtigen der Schaltfrequenz als Begrenzungsfaktor.

Zunächst wird auf die Einsetzbarkeit aktiver Filter als Oberschwingungskompensatoren eingegangen. Hierbei ist insbesondere die verwendete Netzanbindung mit selbstgeführten Stromrichterschaltungen von Bedeutung. Der Einsatz des aktiven Filters zur Kompensation niederfrequenter Netzrückwirkungen und insbesondere die Flickerkompensation werden im Zusammenhang mit der Betrachtung der Energiespeicher anschließend dargestellt.

Das beschriebene aktive Filter wird üblicherweise in der auch in Bild 6.14 dargestellten Funktionalität als Parallelfilter (direkte Kompensation der Stromoberschwingungen) ausgeführt, als Regelgröße sind der Strom oder die Spannung am Anschlußpunkt möglich. Das aktive Filter ist auch in der in **Bild 6.15** gezeigten Funktionalität als Serienfilter ausführbar (Isolation der Spannungsoberschwingun-

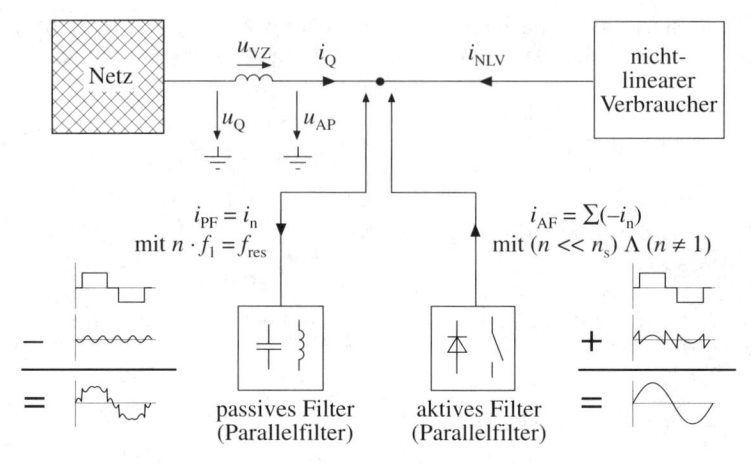

**Bild 6.14** Wirkungsweise aktiver und passiver Filter (Topologie: Parallelfilter)

gen). Hierbei wird das aktive Filter als Spannungsquelle zur Abschirmung sensibler Verbraucher gegen Netzrückwirkungen (Isolation) genutzt. Es kann auch zum Ausgleich von Spannungsverminderung und Spannungseinbrüchen genutzt werden. Dann ist jedoch ein „echter" Energiespeicher (z. B. Batterie) notwendig.

Im Zusammenhang mit dem Aufbau aktiver Filter können als selbstgeführte, gerichtete Ventile prinzipiell eingesetzt werden:

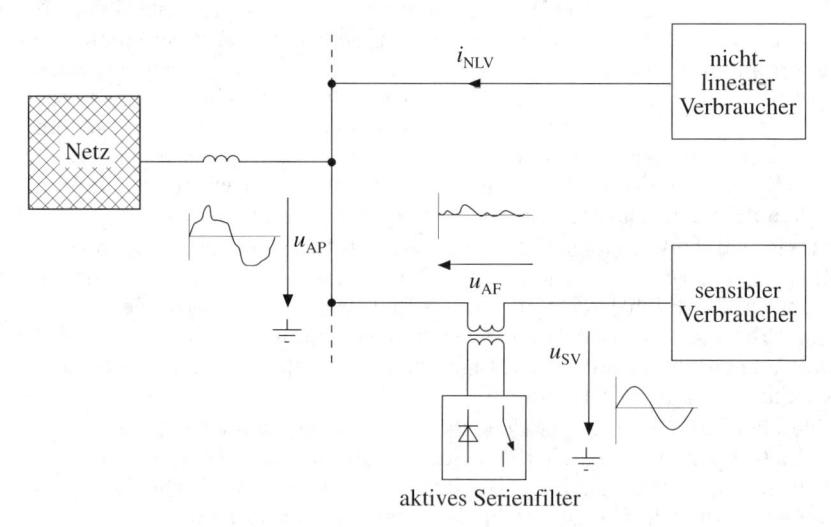

**Bild 6.15** Aktives Filter als Serienfilter

- GTO                Gate-Turn-Off-Thyristor
- IGBT               Insulated Gate Bipolar Transistor
- Power MOSFET   Metal-Oxide-Semiconductor Field Effect Transistor
- MCT                Metal-Oxide-Semiconductor Controlled Thyristor

Die netzseitige Stromrichterschaltung kann dabei entweder als *I*- oder als *U*-Stromrichter ausgeführt sein. Im ersten Fall wird auf der Gleichspannungsseite eine Stromquelle benutzt, im zweiten Fall eine Spannungsquelle. Die industrielle Entwicklung der Stromrichtertechnik der letzten Jahre hat deutlich gemacht, daß sich im Bereich selbstgeführter Schaltungen die *U*-Stromrichtertechnik durchsetzt und daher insbesondere auch für den Einsatz als aktive Filter gut geeignet ist.

In diesem Zusammenhang steht die Idee eines sogenannten Unified Power Conditioning Systems (UPCS) [6.2]. Leistungsmerkmale dieses pulsweitenmodulierten IGBT-Stromrichters sind dabei:

- Reduktion von Kommutierungseinbrüchen
- Reduktion von Oberschwingungen
- Reduktion von Spannungsschwankungen (Flicker)
- Bereitstellen von Blindleistung

Dabei ergibt sich die entsprechend **Bild 6.16** dargestellte Topologie für das UPCS. Abhängig von der geforderten Verbesserung der Spannungsqualität, reicht die UPCS-Leistung für Betriebsnetze mit einem Vielfachen der UPCS-Leistung aus, da die Abweichungen der Spannung von ihrem Idealwert nur im Prozentbereich liegen. Auch für die Blindleistungsbereitstellung ist ein Bruchteil der gesamten Kundenlast ausreichend.

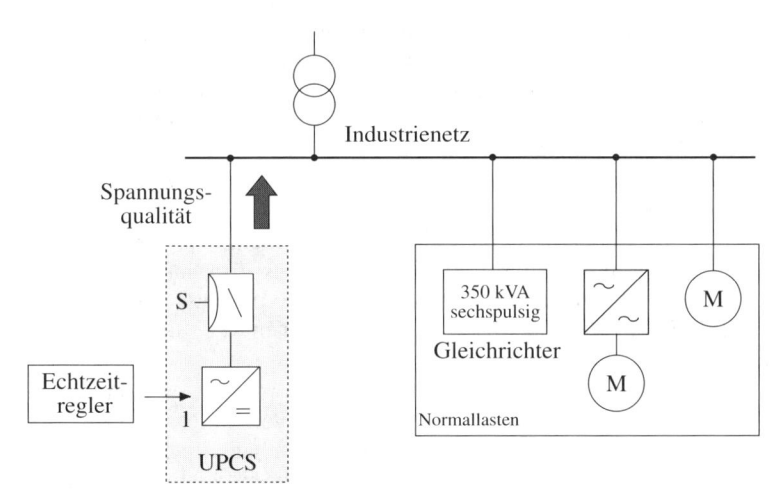

**Bild 6.16** Prinzipschaltbild des UPCS
1 UPCS-Wechselrichter (IGBT)
S elektronischer Schalter

Der Steueralgorithmus des UPCS arbeitet im Zeitbereich, d. h. in Echtzeit. Damit wird erreicht, daß jede momentane Spannungsänderung in Bruchteilen einer Millisekunde ausgeregelt werden kann, während ein im Frequenzbereich arbeitender Steueralgorithmus erst einige Millisekunden benötigt, um das störende Phänomen zu analysieren und damit erst verspätet Steuerbefehle zu dessen Korrektur absetzt. Derartige Systeme weisen daher im Vergleich zu Systemen mit Regelungen im Zeitbereich eine geringere Leistungsfähigkeit bei der Kompensation hochfrequenter Netzrückwirkungen auf. Dimensionierung und Anwendung eines UPCS werden in Abschnitt 6.6.1 eingehend beschrieben.

Damit ein aktives Filter zur Netzrückwirkungskompensation eingesetzt werden kann, benötigt es neben der Netzanbindung mit selbstgeführten Stromrichterelementen auch einen Energiespeicher für die Bereitstellung von Kompensationswirk- bzw. -blindleistung.

Für die Realisierung als Oberschwingungskompensator ist ein Kondensator als Energiespeicher ausreichend. In Abhängigkeit vom zu betrachtenden Flicker reichen Kondensatoren in der Regel nicht mehr aus. Dann müssen Energiespeicher, wie nachfolgend beschrieben, mit einem größeren Energieinhalt verwendet werden. Hierbei wird der Einsatz derartiger Anlagen wirtschaftlich wesentlich attraktiver, wenn diese auch noch im Bereich der Bereitstellung anderer Funktionalitäten (USV, Lastmanagement, Stabilisierung) genutzt werden können.

### 6.3.4.1 Hochleistungsbatterien

Blei-Säure-Batterien dominieren heutzutage den Bereich stationärer Batterieanwendungen im Rahmen der elektrischen Energieversorgung. Je nach Anwendungsfall sind sie unterschiedlich aufgebaut. So erfordert der Bereich Lastmanagement Systeme, die auf eine große Zyklenlebensdauer ausgelegt sind, während für den USV-Bereich besonders zuverlässige Systeme benötigt werden, wobei Entlade- und daran anschließend Ladevorgänge vergleichsweise selten auftreten. Um Säureschichtungen der Batterie im Betrieb zu verhindern, werden Elektrolytumwälzungen als Hilfsaggregate eingesetzt.

Für den Bereich kürzerer Entladungszeiten und längerer Lebensdauern eignen sich insbesondere Nickel-Cadmium-Batterien. Probleme gibt es insbesondere bei der Umweltverträglichkeit und den Kosten derartiger Systeme. Im Vergleich zur Blei-Säure-Batterie wird die höhere Zuverlässigkeit der einzelnen Zelle durch die größere Zahl benötigter Zellen kompensiert.

Die Natrium-Schwefel-Batterie ist zunächst für mobile Anwendungen entwickelt worden und hat im Vergleich zur Blei-Säure-Batterie den Vorteil geringerer Masse und geringerer äußerer Abmaße. Der chemische Prozeß innerhalb der Batterie findet ohne Abgabe von Verlustwärme statt, somit beträgt der theoretische Ladewirkungsgrad 100 %. Die Prozeßtemperatur liegt bei 340 °C. Da die interne Erwärmung für große Entladeströme unakzeptabel groß ist, ergibt sich derzeit eine äußerst geringe Leistungsdichte für Kurzzeitspeicherung. Aufgrund der sehr hohen Kosten für die

Realisierung von Natrium-Schwefel-Batterien werden diese Systeme im stationären Bereich in unmittelbarer Zukunft keine Bedeutung erlangen.

Insgesamt bleibt festzuhalten, daß insbesondere aufgrund der wirtschaftlichen Darstellbarkeit Blei-Säure-Batterien auch in Zukunft den stationären Batterieeinsatz in der Energieversorgung dominieren werden. Für die Blei-Säure-Batterie ist in **Bild 6.17** die prinzipielle Funktionsweise der elektrochemischen Energiespeicherung dargestellt.

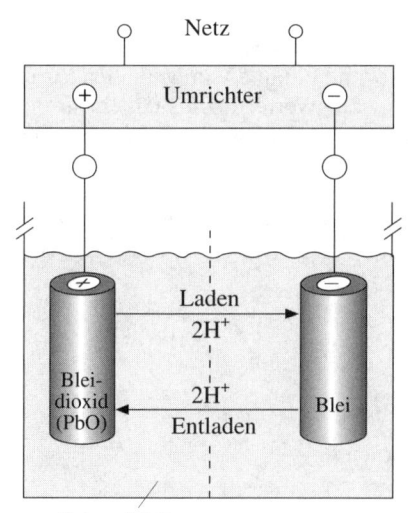

**Bild 6.17** Elektrochemische Energiewandlung in einer Blei-Säure-Batterie

Die Reaktionsgleichungen lauten dabei für die positive Elektrode:

$$PbO_2 + H_2SO_4 + 2\,e^- \rightarrow PbSO_4 + 2\,OH^- \tag{6.1}$$

und für die negative Elektrode:

$$Pb + H_2SO_4 \rightarrow PbSO_4 + 2\,e^- + 2\,H^+ \tag{6.2}$$

Aufgrund ihrer spezifischen Entladecharakteristiken bzw. Innenwiderstände ist ein ausschließlicher Einsatz von Batterien zur Kompensation von Spannungsschwankungen nicht sinnvoll. Zusammen mit einer geeigneten Netzanbindung ergeben sich jedoch Möglichkeiten für multifunktionale Einsätze derartiger Gesamtsysteme in unterschiedlichen Zeitbereichen.

### 6.3.4.2 Supraleitende magnetische Energiespeicher

Da eine extensive Parallelschaltung von Kondensatoren nicht unproblematisch und eine Batterie aufgrund ihrer Bemessung und ihres Innenwiderstands für schnelle

Leistungspulse oftmals nicht optimal ist, bietet sich für Anwendungen, bei denen hohe Leistungen für kurze Zeiten erforderlich sind, ein supraleitender magnetischer Energiespeicher (SMES) an.

In einem supraleitenden magnetischen Energiespeicher wird die Energie im Magnetfeld einer supraleitenden Spule gespeichert. Dabei sind Temperaturen von 4 K (metallische Supraleiter) bzw. bis zu 77 K (keramische Supraleiter) erforderlich, um den supraleitenden Zustand ($R = 0$) und damit die eigentliche Speichereigenschaft des Systems zu gewährleisten. Gekühlt wird mit flüssigem Helium (4 K) bzw. mit gasförmigem Helium oder flüssigem Stickstoff (4 K bis 77 K). Die Supraleitung hängt außerdem vom externen magnetischen Feld und vom aktuellen Strom im Leiter ab. Auch hierfür gibt es sogenannte kritische Werte, die nicht überschritten werden dürfen, damit der supraleitende Zustand nicht verlassen wird (sogenanntes Quenchen, **Bild 6.18**).

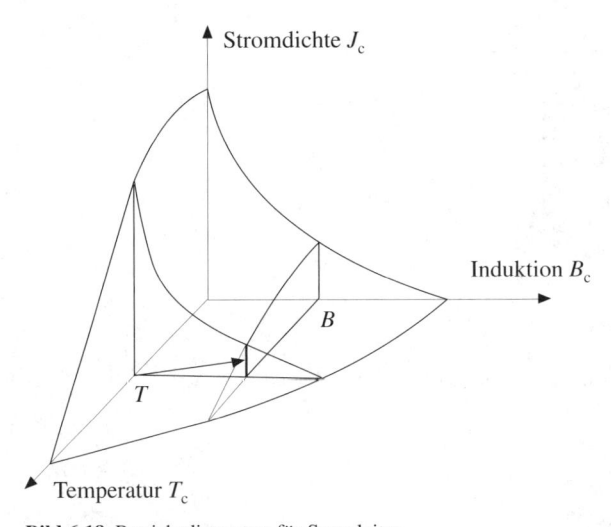

**Bild 6.18** Betriebsdiagramm für Supraleiter

Da keramische Supraleiter zwar einerseits interessante Werte bezüglich der kritischen Temperatur aufweisen, andererseits aber in diesen Temperaturbereichen nur sehr geringe kritische Ströme realisierbar sind, lassen sich aus technischen und wirtschaftlichen Gründen zur Zeit nur metallische Supraleiter darstellen. Den grundsätzlichen Aufbau eines solchen SMES zeigt **Bild 6.19**.

Die in einer Spule wie in Bild 6.19 speicherbare Energie ergibt sich dabei zu

$$E = \frac{1}{2}\iiint_v \vec{B}\vec{H}\mathrm{d}v = \frac{1}{2}LI^2 \qquad (6.3)$$

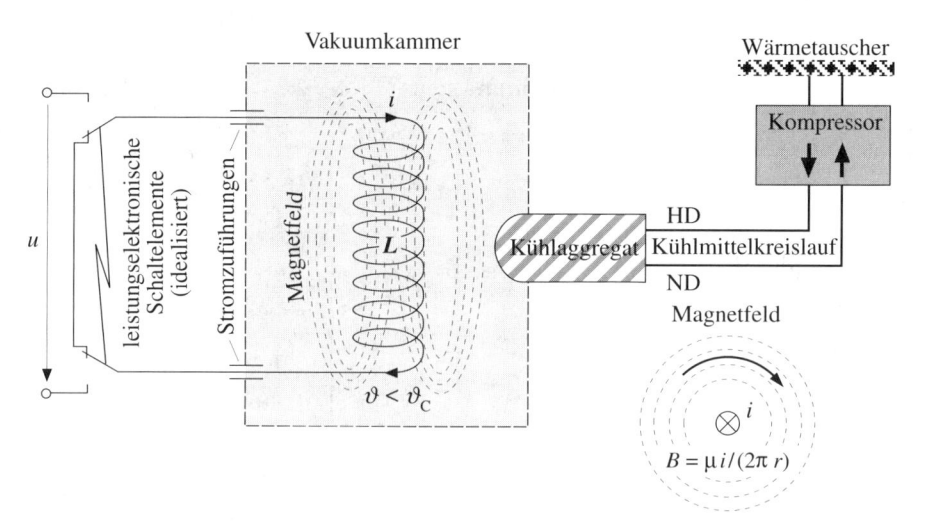

**Bild 6.19** Aufbau eines SMES

Um für einen SMES auch die Vorteile einer $U$-Stromrichtertopologie (siehe oben) nutzen zu können, ist nach **Bild 6.20** ein Bindeglied zwischen dem stromeinprägenden SMES und dem Netzstromrichter mit der Anforderung nach einer möglichst konstanten Spannung notwendig. Diese Spannung soll bei Einsatz im Vierleitersystem im Idealfall mit einem belastbaren Mittelpunkt ausgestattet sein.

Folgende Anforderungen werden an ein ideales Bindeglied gestellt:
- Zuverlässiges Bereitstellen einer konstanten Spannung für den Netzstromrichter
- Sicherstellen eines reibungslosen Betriebs des SMES
- Entkoppeln der hochfrequenten Schalthandlungen des Netzstromrichters vom SMES
- Schutz des SMES bei Fehlerbedingungen

Hierbei wird durch die Schaltung und den Betrieb des Koppelstromrichters besonderes Gewicht auf die Verminderung der thermischen Belastung des SMES und auf die Integration von Schutzfunktionen gelegt. Es wird dabei zusätzlich ein belastbarer Mittelpunkt für den Einsatz in einem Vierleitersystem geschaffen, ohne daß der netzseitige Stromrichter zusätzlich mit einer entsprechenden, unterlagerten Regelung ausgestattet werden muß.

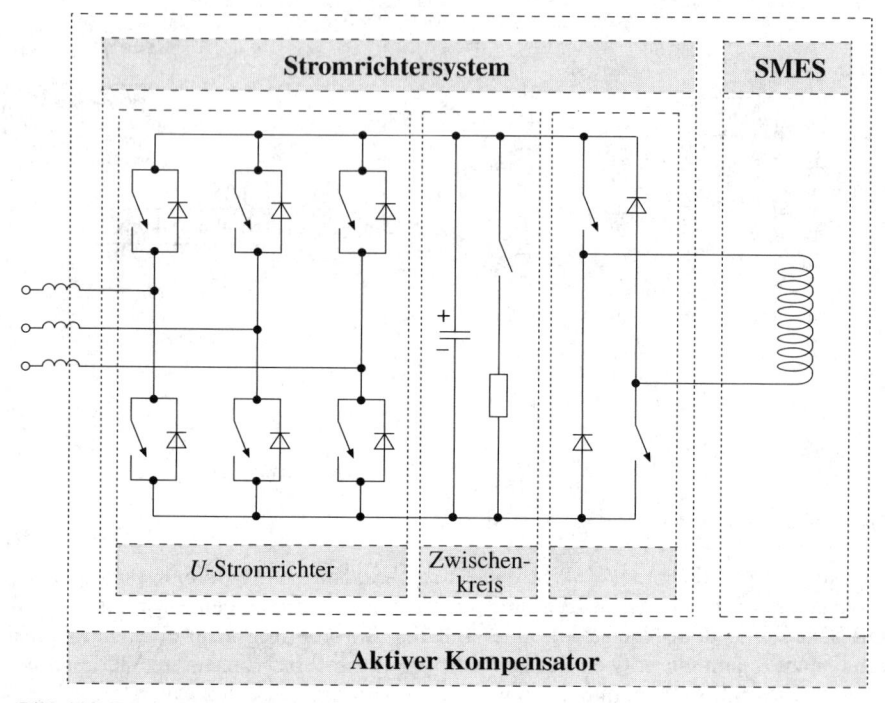

**Bild 6.20** Topologie des SMES

### 6.3.4.3 Schwungmassenspeicher

In einem Schwungmassenspeicher wird Energie in Form von kinetischer Energie in einer rotierenden Schwungmasse gespeichert:

$$E = \frac{1}{2}\theta\omega^2 \tag{6.4}$$

Im Betrieb wird die Schwungmasse von einem elektrischen Motor/Generator, gesteuert über eine Wechselrichtersteuerung, mit variabler Frequenz angetrieben. Dabei wird elektrische Energie in kinetische Energie (Rotationsenergie) umgewandelt, in der Schwungmasse gespeichert und bei Bedarf wieder in elektrische Energie zurückgewandelt.

Um nun große Energien zu speichern, muß entweder eine hohe Drehzahl $\omega$ oder ein entsprechendes Trägheitsmoment $\theta$ aufgebracht werden. Über eine Motor-Generator-Einheit wird diese Energie in elektrischen Strom umgewandelt und dem Verbraucher zugeführt. So wird heute zwischen niedrigtourigen Speichern mit Drehzahlen von etwa 3 000 min$^{-1}$ einerseits und hochtourigen Speichern mit Drehzahlen bis zu 20 000 min$^{-1}$ andererseits unterschieden. Die hochtourigen Systeme stellen sich aufgrund der geringeren Anforderungen an die Trägheitsmomente vergleichsweise kompakter dar. Jedoch sind gerade die drehzahlabhängigen Reibungsverluste hochtouriger Systeme eine große Herausforderung an die Entwicklung. Mit Einführen von magnetischen Lagern kann die Leistungsfähigkeit von Schwungmassenspeichern dabei erheblich gesteigert werden. Da in einem Magnetlager (auch Einsatz supraleitender Magnete) keine Berührung zwischen sich bewegenden Teilen besteht, wird ein Großteil der mit konventionellen Lagern (Kugel- und Rollenlager, Gleitlager und Gaslager) verbundenen entwicklungstechnischen und betriebstechnischen Probleme vermieden. Darüber hinaus sind im Bereich hochtouriger Systeme jedoch noch weitere Entwicklungsarbeiten erforderlich, so daß zur Zeit auf dem Markt zu wirtschaftlich attraktiven Konditionen nur niedrigtourige Systeme zur Verfügung stehen.

Die Vorteile von modernen Schwungmassenspeichern gegenüber konventionellen Akkumulatoren sind eine mindestens um den Faktor $10^3$ längere Lebensdauer, geringe Verluste beim Langzeitspeichern, höhere Abgabeleistung beim Kurzzeitspeichern und eine sehr gute Umweltverträglichkeit.

Somit eignet sich der Schwungmassenspeicher im Prinzip gleichermaßen für Langzeitspeicherung als auch für Kurzzeitspeicherung (schneller Leistungsspeicher). Dadurch ergeben sich eine Reihe von vielversprechenden Anwendungen, die nicht wirtschaftlich durch den SMES oder die Hochleistungsbatterie abgedeckt werden können. Die Topologie eines für USV und Netzrückwirkungskompensation geeigneten Systems ist in **Bild 6.21** dargestellt [6.3].

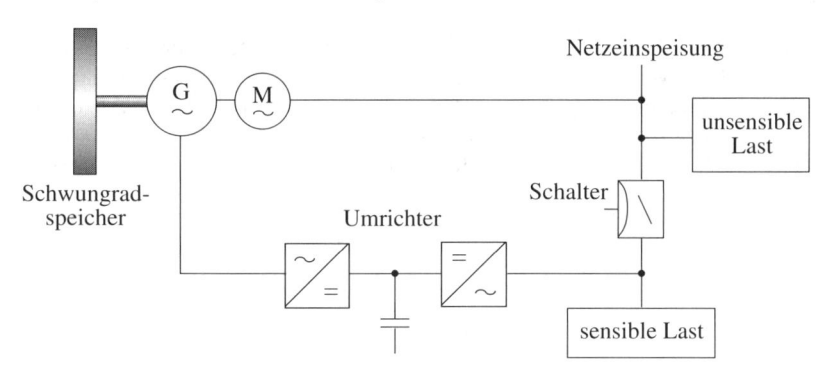

**Bild 6.21** Topologie eines Schwungmassenspeichers

### 6.3.4.4 Vergleich der verschiedenen Energiespeicher

Für den hier betrachteten Einsatzbereich von stationären Energiespeichern im Bereich der Netzrückwirkungskompensation wird in Tabelle 6.1 ein zusammenfassender Vergleich der oben genannten Energiespeicher vorgenommen.

|  | Pb-Batterie | NiCd-Batterie | NaS-Batterie | LTS-SMES | HTS-SMES | SMS, hochtourig | SMS, niedertourig |
|---|---|---|---|---|---|---|---|
| Marktreife | hoch | niedrig | niedrig | mittel | niedrig | mittel | hoch |
| typische Einsatzzeit | 2 min | 2 min | 30 min | 15 s | 15 s | 15 s | 15 s |
| Wirkungsgrad | 85 % | 75 % | 98 % | 98 % | 98 % | 90 % | 90 % |
| Verluste durch | Selbstentladung | Selbstentladung | Reaktionswärme | Wärme-Eintrag | Wärme-Eintrag | Reibung | Reibung |
| Risiken | Säure | alkalische Stoffe | Hitze | Quench, Feld | Quench, Feld | Masse | Lager |
| erwartete Zyklen | 1 500 | 1 000 | 1 000 | 100 000 | 100 000 | 1 000 000 | 1 000 000 |
| Preis in DM für:<br>• 1 MW<br>• Einsatzzeit (s. o.) | 100 000 | 400 000 | – | 2 000 000 | 3 000 000 | 300 000 | 100 000 |

**Tabelle 6.1** Kenngrößen verschiedener Energiespeicher [6.4]
(Quelle: Darrelmann: Proceedings of Power Quality Conference 97, S. 371–372)

Es bleibt somit festzuhalten, daß zur Zeit insbesondere die Blei-Säure-Batterie, der Niedrigtemperatur-SMES und der niedrigtourige Schwungmassenspeicher von wirtschaftlicher Bedeutung sind. Dabei kommen Batterien insbesondere im USV-Bereich zum Einsatz, während Schwungmassenspeicher und auch SMES als Kurzzeitspeicher im Bereich der Kompensation von niederfrequenten Netzrückwirkungen in Frage kommen.

## 6.4 Netz-/EVU-seitige Maßnahmen

### 6.4.1 Maßnahmen im Bereich Netzplanung: Netzverstärkungen

Den Kurzschlußströmen bzw. der damit verbundenen fiktiven Größe, der sogenannten Kurzschlußleistung, kann man sowohl ungünstige als auch günstige Eigenschaften zuordnen. Einerseits bedeuten Fehlerstöme sowohl eine unter Umständen hohe thermische wie auch mechanische Belastung der Netzbetriebsmittel, so daß die Forderung nach Begrenzen dieser Ströme im Zusammenhang mit einer möglichst lebensdauerschonenden Betriebsweise der Netzbetriebsmittel besteht.
Andererseits sind z. B. hohe Kurzschlußströme gewünscht, in vielen Fällen sogar erforderlich, um dem Netzschutz ein sicheres Anregekriterium zu liefern und um die Selektivität zu gewährleisten. Weiterhin ist ein kleiner Netzinnenwiderstand gefordert, also eine hohe Kurzschlußleistung, wenn Verbraucher mit stark schwankendem Leistungsbedarf angeschlossen werden sollen, damit die Netzrückwirkungen in den zulässigen Grenzen gehalten werden können. Dabei ist zu berücksichtigen, daß die Realisierung eines niedrigen Netzinnenwiderstands auch mit einer Netzverstärkung, dem Einsatz entsprechender Betriebsmittel usw. verbunden sein kann und daß diese Maßnahmen oftmals mit hohen Kosten bzw. auch mit genehmigungsrechtlichen Schwierigkeiten verbunden sind.
Sowohl bei der Netzplanung als auch im Netzbetrieb gilt daher heute bezüglich der Kurzschlußströme noch der Grundsatz: so hoch wie nötig, aber so gering wie möglich. Hier muß derzeit also ein vernünftiger, d. h. technisch-wirtschaftlicher Kompromiß für die Begrenzung von Kurzschlußströmen gefunden werden. Nachfolgend soll in diesem Zusammenhang die Vorgehensweise beim Bewerten der vorhandenen Kurzschlußleistung im Hinblick auf die Einhaltung bestimmter Verträglichkeitspegel dargestellt werden, woraus sich Anforderungen an eine Netzverstärkung ableiten können.
Der Neuanschluß eines oberschwingungserzeugenden Kunden in einem öffentlichen Energieversorgungsnetz ist dabei eine klassische Aufgabe der Netzplanung. Es ist die Frage zu klären, ob unter gegenwärtigen und zukünftig zu erwartenden Verhältnissen die elektromagnetische Verträglichkeit für alle am Netz zu betreibenden Einrichtungen gewährleistet werden kann. Üblicherweise werden durch Simulationsrechnungen Veränderungen des Status quo infolge des Anschlusses des Neukunden prognostiziert, um bei Bedarf bereits in der Planungsphase Gegenmaßnahmen einleiten zu können.
Von zentraler Bedeutung ist die Überlagerung der durch den Neuanschluß verursachten Oberschwingungen mit den bereits im Netz vorhandenen stochastischen Grundpegeln, die von nichtlinearen Verbrauchern kleiner Leistung hervorgerufen werden.
Zwei grundsätzliche Vorgehensweisen sind in Gebrauch:
- die auf den Schwachlastfall bezogene arithmetische Überlagerung des Momentanwerts der betrachteten Oberschwingung – das Ergebnis einer solchen Bewertung liegt auf der sicheren Seite und ist aufgrund geringeren Aufwands bei den Eingangsdaten einfach zu handhaben;

– das Berücksichtigen der statistischen Natur aller Oberschwingungsströme und -impedanzen in Betrag und Phase. Ein Simulationsverfahren dieser Art beschreibt durch Verteilungsfunktionen der stochastischen Oberschwingungsspannung an allen Netzknoten detailliert die realen Verhältnisse, enthält aber somit keine inhärenten Sicherheitsmargen. Dieses Verfahren ist bezüglich der erforderlichen Eingangsparameter anspruchsvoller.

Aufgrund des stochastischen Charakters verteilter Kleinverbraucher werden für deren Nachbildung statistische Verfahren herangezogen. Insgesamt ist dabei festzuhalten, daß mathematische Berechnungsverfahren für Oberschwingungen in öffentlichen Energieversorgungsnetzen mit ausreichender Genauigkeit verfügbar sind. Das Anwenden der Verfahren wird vielfach erschwert durch den zum Teil hohen Aufwand zur Beschaffung der erforderlichen Eingabedaten und durch deren stochastischen Charakter. In diesem Zusammenhang stellen die verteilten Kleinverbraucher das größte Problem dar. Die Oberschwingungsverhältnisse in den öffentlichen Netzen werden stets durch die last- und frequenzabhängigen Impedanzen und die originären Oberschwingungsströme der Kleinverbraucher bestimmt. Beide sind der Natur der Verbraucher entsprechend stochastische Größen und deshalb nur statistischen Verfahren zugänglich. Auf diese Weise können die resultierenden Oberschwingungsverhältnisse im gesamten Netz bei beliebiger Amplitude und Phasenlage der Stromrichteroberschwingungen untersucht und Verletzungen des Verträglichkeitspegels prognostiziert werden.

Derartige Ansätze für das Berücksichtigen bestimmter Verbraucher, die Oberschwingungen erzeugen, können auch in die Prozesse der Horizontplanung eingebunden werden. Damit läßt sich aufgrund der aktuellen Situation und der zu erwartenden Entwicklung im Bereich der Oberschwingungserzeuger feststellen, ob die zulässigen Verträglichkeitspegel im Netz eingehalten werden, zu welchem Zeitpunkt in diesem Zusammenhang gegebenenfalls Probleme auftreten können und welche Maßnahmen im Bereich der Netz(ausbau)planung bzw. anderer Methoden der Kompensation wann zu ergreifen sind.

### 6.4.2 Maßnahmen im Bereich Netzbetrieb: Kurzschlußstrom-Begrenzung

Um die Kurzschlußleistung im ungestörten Betrieb zu erhöhen, ohne daß dabei im Störungsfall die tatsächlich auftretenden Kurzschlußströme vergrößert werden, bietet sich der Einsatz von sogenannten Kurzschlußstrom-Begrenzern an verschiedenen Stellen in elektrischen Netzen an. Insbesondere im Hinblick auf aktuelle Diskussionen und Entwicklungen im Zusammenhang mit der Liberalisierung der Energieversorgung ist hier ein System erforderlich, dessen Einsatz eine wirtschaftlich optimale Lösung bezüglich Netzplanung und -betrieb bietet. Damit ergibt sich eine Reihe interessanter Anwendungsmöglichkeiten für derartige Geräte:

**Spannungsqualität, Netzrückwirkungen**

Zur Versorgung von Kunden muß aus Lastflußgründen ein Netzanschluß bereitgestellt werden, der hinreichende Übertragungsleistungen von Leitungen und Transformatoren aufweist. Jedoch werden die Netzrückwirkungen (Oberschwingungen und Flicker) der Kundengeräte mehr und mehr zu einer Einflußgröße der Anschlußdimensionierung, denn die genannten großen leistungselektronischen Geräte sowie größere Lichtbogenöfen, Schweißmaschinen usw. erfordern Anschlüsse mit hoher „Spannungssteifigkeit", also hoher Kurzschlußleistung. Im Einzelfall führte dies in der Vergangenheit bereits dazu, daß ein Kunde in einer höheren als von seinem Energiebezug her erforderlichen Spannungsebene angeschlossen werden mußte.

Durch das Kuppeln von Sammelschienen über Kurzschlußstrom-Begrenzer könnte in einigen Fällen die Kurzschlußleistung im normalen Netzbetrieb etwa verdoppelt werden, ohne daß Betriebsmittel ausgetauscht werden müßten. Damit würde in diesen Fällen ein Anschluß an das überlagerte Netz erst von einer höheren Anschlußleistung an erforderlich, bei der dann jedoch eine derartige Versorgung auch aus Lastflußgründen sinnvoll wäre.

**Verwenden von Transformatoren mit geringerer Kurzschlußspannung $u_k$**

Durch den Einbau von Kurzschlußstrom-Begrenzern in die Transformatorableitung könnten Transformatoren (110-kV/Mittelspannung) mit geringerem $u_k$ eingesetzt werden. Im Hinblick auf Netzrückwirkungen (siehe oben) könnte dadurch in den 10-kV-Netzen die anstehende Kurzschlußleistung in Einzelfällen nochmals um etwa 150 % bis 200 % gesteigert werden.

Insgesamt ergeben sich somit die in **Bild 6.22** dargestellten Möglichkeiten zum Einsatz von Kurzschlußstrom-Begrenzern im elektrischen Netz.

Eine gängige Methode, bei Fehlern im Mittelspannungsnetz eine ausreichend hohe Dämpfung der Kurzschlußleistung zu erzielen, ist der Einbau von Kurzschlußdrosselspulen. Die in **Bild 6.23a** dargestellte Drosselspule verbindet die beiden Teilsammelschienen und ist im Normalbetrieb nahezu stromlos. Sie erhöht die Netzinnenimpedanz erst dann merklich, wenn ein Kurzschluß aufgetreten ist.

Nachteilig wirkt sich jedoch der Einsatz der Drosselspulen nach **Bild 6.23b und 6.23c** aus. Sie erhöhen im Kurzschlußfall zwar die Innenimpedanz, werden aber im ungestörten Betrieb permanent vom Laststrom durchflossen. Dadurch sind ihre Reaktanzen im Normalbetrieb voll wirksam und verschlechtern somit die Spannungshaltung. Ein weiterer Nachteil ist, daß sich der Einsatz von Kurzschlußdrosselspulen auf die Mittelspannungsebene beschränkt.

Als derzeit wirkungsvollste Maßnahme zur Kurzschlußstrombegrenzung gelten die sogenannten pyrotechnischen Kurzschlußstrom-Begrenzer (**Bild 6.24**). Im Kurzschlußfall wird dabei ein Kontakt bereits im Stromanstieg von einer Sprengkapsel aufgesprengt.

Damit wird der Strom auf eine parallel zu diesem Kontakt liegende Hochspannungssicherung kommutiert, die dann den Strom begrenzt und den Lichtbogen löscht. Da

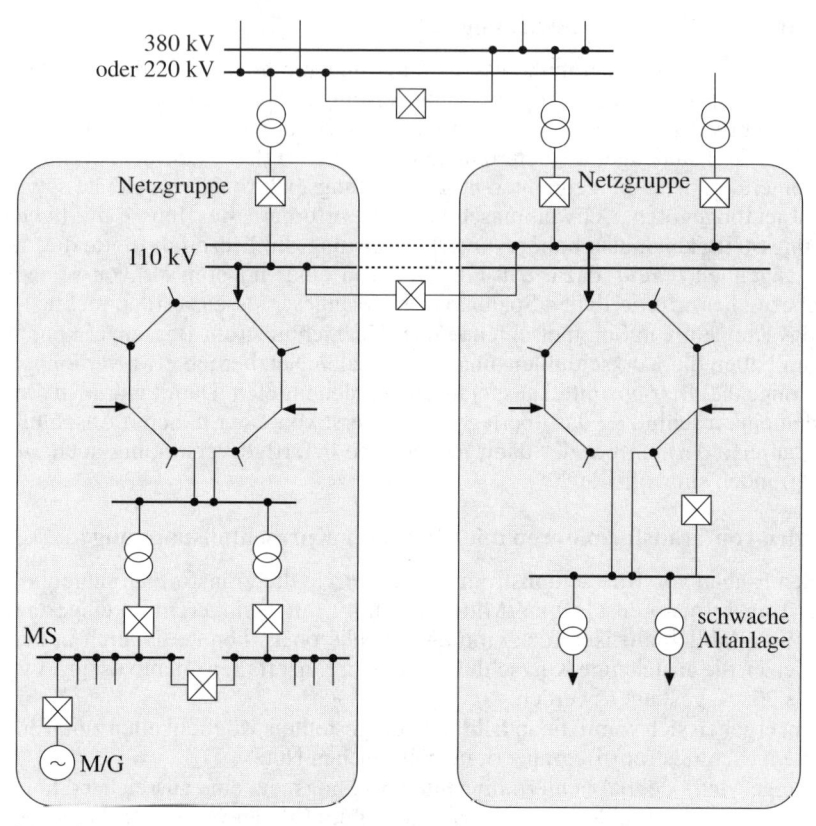

**Bild 6.22** Einsatz von Kurzschlußstrom-Begrenzern im elektrischen Netz

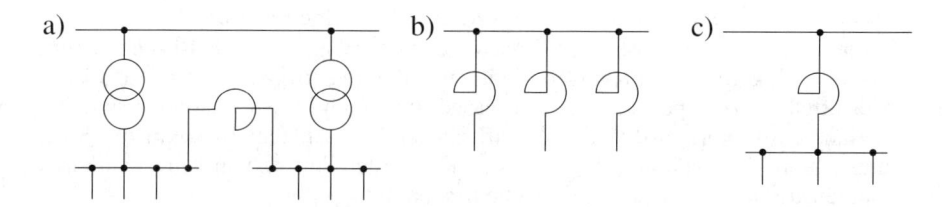

**Bild 6.23** Einsatz von Kurzschlußdrosselspulen

häufig nur eine Kurzschlußstrombegrenzung, aber kein unselektives Abschalten gewünscht wird, legt man den Kurzschlußstrom-Begrenzern in diesen Fällen Kurzschlußdrosselspulen parallel. Sie sind im fehlerfreien Betrieb vom Kurzschlußstrom-Begrenzer kurzgeschlossen. Der große Nachteil dieser Begrenzer liegt in ihrem nicht

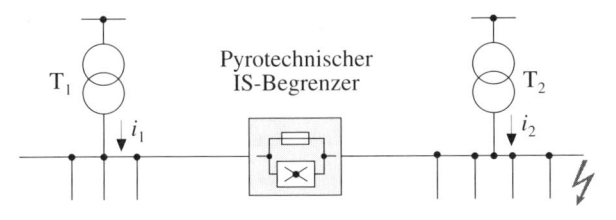

**Bild 6.24** Einsatz eines pyrotechnischen Kurzschlußstrom-Begrenzers

eigensicheren Funktionsprinzip: Der Strom muß gemessen und ausgewertet, ein Triggersignal übertragen und eine Sprengkapsel gezündet werden.

Der Einsatz eines optimierten leistungslektronischen Kurzschlußstrom-Begrenzers in Thyristortechnik (**Bild 6.25**), der als Drehspannungssteller sowohl Anlaufstrombegrenzung als auch Sanftanlauf gewährleisten kann, erlaubt einerseits Abschalten eines Kurzschlußstroms innerhalb der ersten 1 bis 2 ms nach Fehlereintritt durch eine zusätzliche Löschbeschaltung. Hierdurch wird eine sofortige Wiederverfügbarkeit nach Klären des Fehlers gesichert. Andererseits wird durch ein sanftes Begrenzen des Kurzschlußstroms das Auftreten von Überspannungen vermieden. Im stationären Zustand treten keinerlei Netzrückwirkungen auf, die mit dem Betrieb des Geräts verbunden sind [6.5].

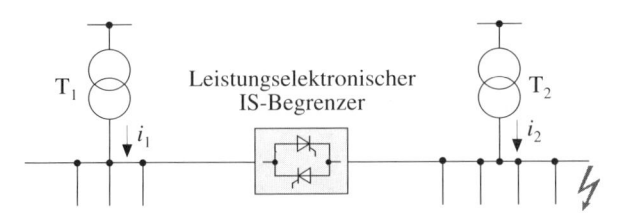

**Bild 6.25** Einsatz eines leistungselektronischen Kurzschlußstrom-Begrenzers

Gegenüber anderen Konzepten zur Strombegrenzung, die externes Triggern benötigen, ist ein supraleitender Kurzschlußstrom-Begrenzer (SSB) in der Lage, aufgrund der Materialeigenschaften des Supraleiters eigensicher zu arbeiten, da der Supraleiter bei Überschreiten eines Stromgrenzwerts quencht, d. h. vom supraleitenden in den normalleitenden Zustand übergeht. Von weiterer zentraler Bedeutung ist der Regenerationsvorgang des Supraleiters, also die Zeit, die durch das Rückkühlen nach einem Quench bis zum Wiedererreichen des supraleitenden Zustands vergeht. Der SSB in **Bild 6.26** stellt dabei eine selbstregenerierende Komponente dar, die in ihren normalen Betriebszustand zurückkehren kann. Hier liegt ebenfalls ein wesentlicher Vorteil des SSB gegenüber Konzepten zur Kurzschlußstrom-Begrenzung, bei denen Teilkomponenten nach Auslösen des Begrenzers irreversibel zerstört werden und manuell ausgewechselt werden müssen. Es muß allerdings erwähnt werden, daß der SSB aufgrund der Technologie erst in mittelfristiger Zukunft von großem wirtschaftlichem Interesse sein wird.

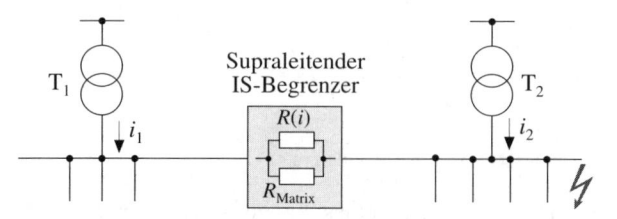

**Bild 6.26** Einsatz eines supraleitenden Kurzschlußstrom-Begrenzers

## 6.5 Kostenanalyse

Die Hauptfunktion des Kosten-Nutzen-Modells ist das Überprüfen zum Bestimmen der relativen Potentiale einzelner Abhilfemaßnahmen zur Reduktion von Netzrückwirkungen. Ziel ist es, in kurzer Zeit brauchbare, realistische Ergebnisse zu erhalten. Es gibt verschiedene Techniken zum Berechnen der Kosten-Nutzen-Werte, wie Rückzahlung oder interne Rückzahlungsrate (IRR). Die Kosten-Nutzen-Kalkulation wird mit Finanztechniken, die in den USA und Europa allgemein anerkannt sind, durchgeführt.

Im folgenden soll die allgemein akzeptierte Barwert-Methode nach Gl. (6.5) als Basis für die Kosten-Nutzen-Kalkulation benutzt werden.

$$Barwert = \sum_{t=1}^{T} \frac{V_t}{(1+d)^t} \qquad (6.5)$$

mit
$T$    betrachteter Zeitraum
$t$    jährlicher Schritt
$V_t$    Wert im Jahr $t$
$d$    jährlicher Zins

Die Nutzen-Kosten-Rate (*NKR*) ist demzufolge

$$NKR = Barwert/IC \qquad (6.6)$$

mit
*IC*    anfängliche Investitionskosten

Jeder der Parameter in der Barwert-Kalkulation kann eine bedeutende Wirkung auf den Endwert der Nutzen-Kosten-Rate haben. Aus diesem Grund müssen die Werte für $T$, $d$ und $V_t$ vorsichtig geschätzt werden, um sicherzustellen, daß die benutzten Werte realistisch sind. Die typische, jährliche Rückzahlungsrate wird zwischen 9 %

und 11 % gewählt. Der Betrag enthält eine Inflationsrate. Demzufolge sollte ein jährlicher Zins von 6 % bis 7 % eingesetzt werden. Der Nutzen einer Maßnahme $V_t$ ist kundenspezifisch zu ermitteln und zu berücksichtigen. Die allgemeinen Investitionsparameter *IC* für Systemkosten werden in folgende Bereiche unterteilt:
– Installationskosten
– Betriebskosten
– Wartungskosten

Es gibt oft Randzonen, denen bestimmte Kosten zugeteilt werden sollten. Nur das Endergebnis ist jedoch wirklich wichtig. Daher interessiert nicht so sehr, wo die Kosten eingeplant werden, solange man alle Kosten berücksichtigt (und keine doppelt berechnet!). Die folgenden Absätze geben Hinweise, wie die detaillierten Kosten aufgeschlüsselt werden.

**Anlagekosten**

Diese Position umfaßt alle Kosten, die in direkter Verbindung zur Hardware der Abhilfemaßnahme stehen, wie Batterien, Einbausysteme usw.

**Kosten für Dienstleistungen**

Dieser Bereich umfaßt viele der Kosten, die nicht zuzuordnen sind, wie Projektmanagement, Auslegungsdienstleistungen, Planung usw. Sie werden auch als einmalige Kosten angesehen.

**Betriebskosten**

Schlüsselelemente bei den Betriebskosten für Abhilfemaßnahmen enthalten z. B. die Effizienz der Energieumwandlung bei Energiespeichern und den Betrieb von Hilfsgeräten (Pumpen, Kühlungen, Ventilatoren, Steuergeräte usw.).

**Wartungskosten**

Es ist wahrscheinlich, daß Routine-Wartungen auftreten, insbesondere in einem Demonstrationsprojekt. Die jährlichen Wartungskosten werden als Anteil der anfänglichen Installationskosten gesehen. Es kann auch einige Kosten für die Entsorgung/Stillegung (positiv oder negativ) geben.

## 6.6  Anwendungsbeispiel: Projektieren eines aktiven Filters UPCS

Der folgende Leitfaden für die Dimensionierung des in Abschnitt 6.4 vorgestellten UPCS bei Rückwirkungen durch Oberschwingungen sowie durch Spannungseinbrüche und Flicker wird anhand einer Anwendung auf Fallbeispiele erläutert. Grundlage der Dimensionierungsvorschriften sind Simulationswerkzeuge, die mit einem in [6.6] beschriebenen Simulationsmodell erarbeitet wurden. Anhand der Simulationsparameter und der Simulationsergebnisse ist dabei ein Verfahren entwickelt worden, das die Dimensionierung des UPCS für beliebige Lastkonstellationen und unterschiedliche Anforderungen an die Spannungsqualität ermöglicht.

Anschließend wird für ein Anwendungsbeispiel gezeigt, wie der UPCS-Einsatz im Rahmen der Netzplanung zu berücksichtigen ist.

### 6.6.1 Dimensionierung des UPCS

Der Anschlußpunkt ist für die nachfolgenden Betrachtungen so definiert, daß, wie in **Bild 6.27** dargestellt, die betrachtete Stromrichterlast im Anschlußpunkt mit dem Simulationsmodell des UPCS verbunden ist. Die Netzimpedanz und die Sammelschienenspannung $U_{SS}$, die dem Simulationsmodell vorgegeben werden, sind somit dieselben wie die, mit denen man insbesondere die Oberschwingungsspannungen berechnet.

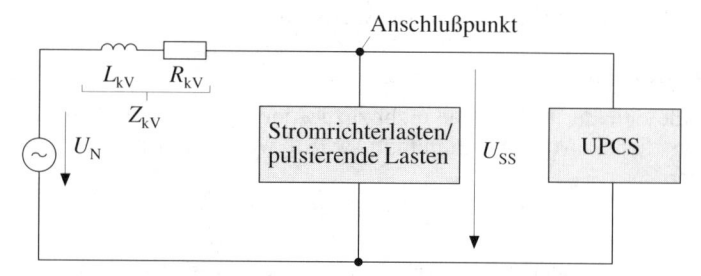

**Bild 6.27** Anschlußpunkt zwischen Stromrichter und Simulationsmodell

#### 6.6.1.1 Dimensionieren des UPCS für die Kompensation von Oberschwingungen

In **Bild 6.28** ist in einem Flußdiagramm die Arbeitsweise des Berechnungsalgorithmus des Dimensionierungsleitfadens dargestellt.

Eine auf diesen Berechnungsalgorithmus abgestimmte Benutzeroberfläche für die Anwendung des Dimensionierungsleitfadens zeigt **Bild 6.29**.

Der dieser Oberfläche hinterlegte Algorithmus läßt sich in verschiedene aufeinanderfolgende Abschnitte unterteilen. Im ersten Teil gibt man die Netzparameter für den Anschlußpunkt des Filters ein. Hierzu werden Spannung und Kurzschlußleistung des übergeordneten Netzes sowie die Transformatorleistung und die relativen Kurzschlußspannungen $u_r$ und $u_x$ des Transformators benötigt. Mit diesen Daten wird die Kurzschlußleistung für den Anschlußpunkt des Filters berechnet.

Im zweiten Teil werden die Daten der Oberschwingungserzeuger vorgegeben. Dazu kann zunächst eine Vorbelastung des Industrienetzes durch das überlagerte Netz

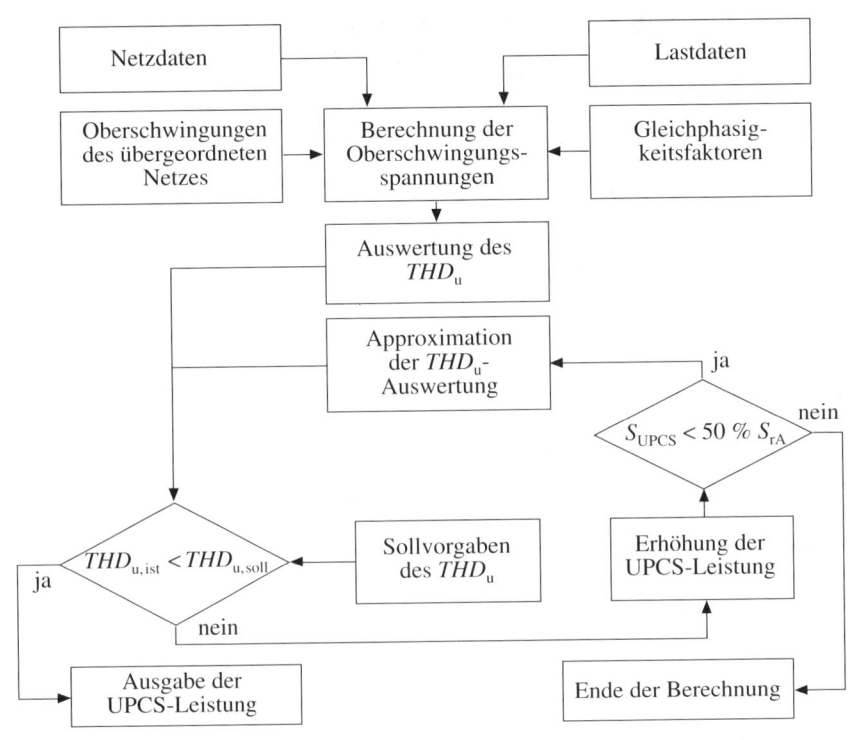

**Bild 6.28** Flußdiagramm zum Algorithmus der UPCS-Leistungsberechnung

berücksichtigt werden. Die im Industrienetz selbst verursachten Oberschwingungen werden durch eine Zusammenstellung der im Netz angeschlossenen Stromrichter bestimmt. Für sieben verschiedene Stromrichtertypen können jeweils drei Leistungsklassen mit variabler Anzahl an Geräten einbezogen werden. Weiterhin besteht die Möglichkeit, Stromrichter hinzuzufügen, die keinem dieser Typen zugeordnet werden können. Hierfür müssen jedoch die relativen Oberschwingungsströme des Stromrichters bekannt sein. Im weiteren werden auch lineare Lasten erfaßt, die keine Oberschwingungen erzeugen, um die Gesamtauslastung des Transformators abzuschätzen. Abschließend können fünf verschiedene Werte für einen geforderten $THD_u$ angegeben werden. Die UPCS-Leistung wird zum einen bezogen auf die Transformatorleistung und zum anderen absolut in Kilowatt ausgegeben.

Beispielhaft für die dem Dimensionierungsverfahren zugrundeliegenden Simulationsreihen werden nachfolgend die Kompensationseigenschaften des UPCS für einphasige Stromrichterlasten dargestellt. Es wird ein Anschluß dieser Stromrichterlasten entsprechend Bild 6.27 zugrunde gelegt. Diese Stromrichterlasten werden mit einer niederspannungsseitigen Kurzschlußleistung von 25 MVA angeschlossen.

## Berechnung der UPCS-Leistung bei OS-Belastung durch SR

**Eingabedaten:** | **Zwischenergebnisse:** | **Endergebnisse:**

### Netzdaten:

|  |  |
|---|---|
| Spannung des übergeordneten Netzes in kV | 10 |
| Kurzschlußleistung $S_{k0}$ in MVA | 50 |
| Transformatorleistung in MVA | 0,63 |
| Sammelspannung im VP in kV | 0,4 |
| $X_r$ in %/MVA | 6,35 |
| $X_{r0}$ in %/MVA | 2,00 |
| $X_{rv}$ in %/MVA | 8,35 |
| Kurzschlußleistung im VP in MVA $S''_{k0}$ | 11,77 |

$u_r$ in % $\boxed{1}$    $u_x$ in % $\boxed{4,00}$

$P_r$ in % MVA $\boxed{1,5873}$

$Z_{rv}$ in % MVA $\boxed{8,4988}$

### Oberschwingungsspannungen aus dem überlagerten Netz

| $v$ | 3 | 5 | 7 | 9 | 11 | 13 | 15 | 17 | 19 | 23 | 25 |
|---|---|---|---|---|---|---|---|---|---|---|---|
| $u_v$ in % | 0 | 1,9 | 1,6 | 0 | 1,1 | 0,9 | 0 | 0,3 | 0,2 | 0,1 | 0,1 |

### Stromrichterarten — Leistungsklassen und Anzahl der Geräte

| Stromrichterart | Gruppe1 in kVA | Anzahl1 | Gruppe2 in kVA | Anzahl2 | Gruppe3 in kVA | Anzahl3 | $S_{SPS}$ in kVA |
|---|---|---|---|---|---|---|---|
| einphasige Gleichrichterlast Wechselstrom (kapazitiv)*1 | 1 | 24 | 3 | 2 | 0 | 0 | 30 |
| einphasige Gleichrichterlast Drehstrom (kapazitiv)*1 | 2 | 10 | 0 | 0 | 0 | 0 | 20 |
| einphasige Gleichrichterlast Drehstrom (verdrillt)*1 | 0 | 0 | 0 | 0 | 0 | 0 | 0 |
| Drehstromsteller Wechselstromsteller (kapazitiv)*1 | 0 | 0 | 0 | 0 | 0 | 0 | 0 |
| Sechspuls-Stromrichter mit induktiver Glättung | 300 | 1 | 50 | 1 | 0 | 0 | 350 |
| Zwölfpuls-Stromrichter (Brückenparallelschaltung) | 100 | 2 | 2 | 2 | 0 | 0 | 200 |
| Zwölfpuls-Stromrichter (Brückenreihenschaltung) | 0 | 0 | 0 | 0 | 0 | 0 | 0 |
| Stromrichter nach Wahl | 0 | 0 | 0 | 0 | 0 | 0 | 0 |
| Sonstige Lasten (linear) | 30 | 1 | 0 | 0 | 0 | 0 | 30 |

Gesamtleistung $S_A$ $\boxed{630}$

$S_{A,SR} \cdot S''_k$ $\boxed{0,051}$

### Angaben zum Stromrichter nach Wahl
Oberschwingungsströme in %

| $v$ | 3 | 5 | 7 | 9 | 11 | 13 | 15 | 17 | 19 | 23 | 25 |
|---|---|---|---|---|---|---|---|---|---|---|---|
| $u_v$ in % | 90 | 40 | 37 | 28 | 17 | 15 | 7 | 3 | 3 | 2 | 2 |

### Resultierendes Oberschwingungsspektrum

| $v$ | 3 | 5 | 7 | 9 | 11 | 13 | 15 | 17 | 19 | 23 | 25 |
|---|---|---|---|---|---|---|---|---|---|---|---|
| $u_v$ in % | 0,49 | 6,35 | 4,41 | 0,23 | 4,21 | 3,45 | 0,11 | 1,66 | 1,38 | 1,32 | 1,42 |

Gesamt-Oberschwingungs-Gehalt $THD_u$ in % $\boxed{9,31}$

### Maximal zulässige Oberschwingungsamplituden der Empfindlichkeits-Klassen

| $v$ | 3 | 5 | 7 | 9 | 11 | 13 | 15 | 17 | 19 | 23 | 25 |
|---|---|---|---|---|---|---|---|---|---|---|---|
| $u_v$ in % Kl.1 | 1,50 | 1,50 | 1,50 | 1,00 | 1,00 | 1,00 | 0,15 | 1,00 | 1,00 | 1,00 | 1,00 |
| $u_v$ in % Kl.2 | 3,00 | 3,00 | 3,00 | 1,50 | 3,00 | 3,00 | 0,30 | 2,00 | 1,50 | 1,50 | 1,50 |
| $u_v$ in % Kl.3 | 5,00 | 5,00 | 5,00 | 1,50 | 3,50 | 3,00 | 0,30 | 2,00 | 1,50 | 1,50 | 1,50 |
| $u_v$ in % Kl.4 | 6,00 | 6,00 | 6,00 | 7,00 | 2,50 | 5,00 | 4,50 | 2,00 | 4,00 | 4,00 | 3,50 | 3,50 |
| $u_v$ in % Kl.5 | 8,00 | 8,00 | 8,00 | 4,00 | 6,00 | 6,00 | 3,00 | 5,00 | 5,00 | 5,00 | 5,00 |

### Benötigte UPCS-Leistung [max. 50 % der SR-Leistung]

| | 3 | 5 | 7 | | |
|---|---|---|---|---|---|
| Klasse 1 | 0 | 0 % | -n.e.- | Klasse 1: $THD_u <$ | 2 % |
| Klasse 2 | 84 | 13 % | 4,64 | Klasse 2: $THD_u <$ | 5 % |
| Klasse 3 | 54 | 9 % | 7,37 | Klasse 3: $THD_u <$ | 8 % |
| Klasse 4 | 0 | 0 % | 9,91 | Klasse 4: $THD_u <$ | 11 % |
| Klasse 5 | 0 | 0 % | 9,91 | Klasse 5: $THD_u <$ | 15 % |
| aktueller Reduktionsfaktor | 0,3493 | | aktueller $THD_u <$ | 3,46 % |

**Berechnung der UPSC-Leistung**

**Abbrechen**

Berechnung zu: 100 % ausgelastet

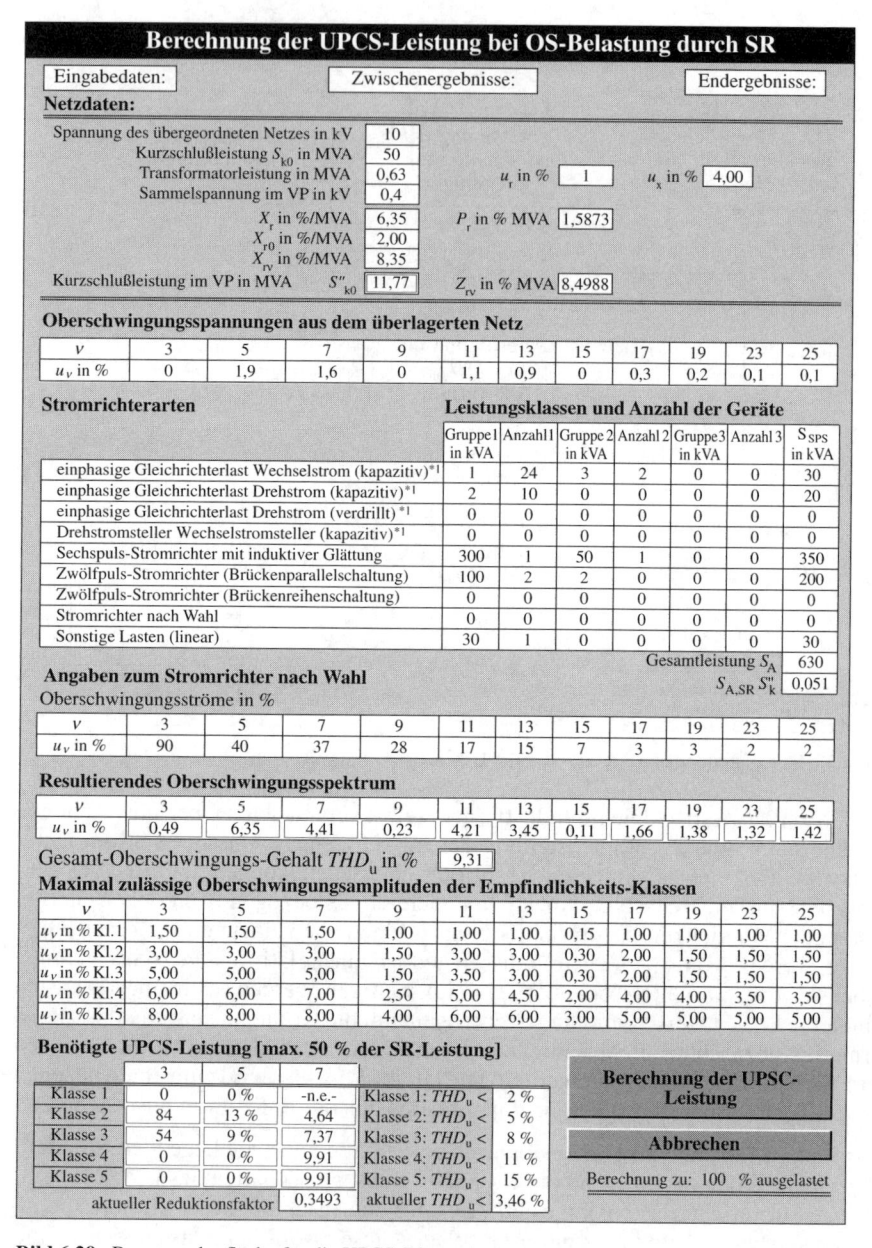

**Bild 6.29**  Benutzeroberfläche für die UPCS-Dimensionierung

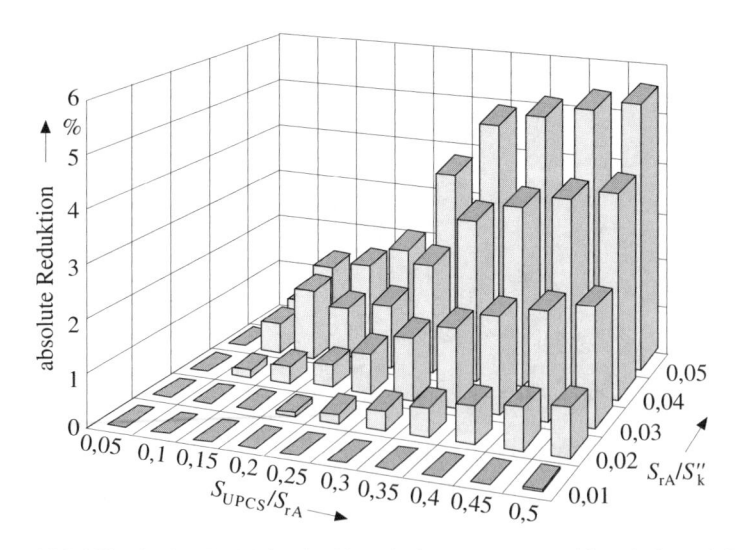

**Bild 6.30** Absolute Reduktion der Oberschwingungsspannung dritter Ordnung in Prozent in Abhängigkeit von den Leistungsverhältnissen $S_{UPCS}/S_{rA}$ und $S_{rA}/S_k''$

Hiermit ist der Bereich von einem relativ starren bis hin zu einem weichen Industrienetz vollständig abgedeckt.

Die Simulationsreihen verlaufen mit einer schrittweisen Erhöhung der UPCS-Leistung um jeweils 5 % bis hin zu 50 % der Stromrichterbemessungsleistung. In **Bild 6.30** ist die absolute Reduktion der dritten Oberschwingung in Prozent für verschiedene UPCS-Leistungen aufgezeichnet. Hier ist zu berücksichtigen, daß die Amplituden der Oberschwingungen in den Netzen höherer Kurzschlußleistung wie etwa bei $S_{rA}/S_k'' = 0{,}01$ generell sehr niedrig sind und bei $S_{rA}/S_k'' = 0{,}05$ sehr hohe Werte annehmen. Kennzeichnend für den Verlauf der absoluten Reduktion bei einphasigen Stromrichterlasten ist der etwa lineare Anstieg zwischen den Leistungsverhältnissen $S_{UPCS}/S_{rA} = 0{,}2$ und $S_{UPCS}/S_{rA} = 0{,}35$. In diesem Bereich kann durch Erhöhen der UPCS-Leistung die Kompensation der dritten Oberschwingung wesentlich verbessert werden. Bei weiter steigender UPCS-Leistung ist eine Sättigung in der Reduktion zu erkennen.

Wie **Bild 6.31** mit der Aufzeichnung des Reduktionsverlaufs der elften Oberschwingung zeigt, sieht das Kompensationsverhalten bei Oberschwingungen höherer Ordnung abweichend aus.

Die Kompensationswirkung bei höherfrequenten Oberschwingungen ist schon bei geringerer UPCS-Leistung stärker, da der differenzierende Anteil des PID-Reglers des UPCS (siehe Blockschaltbild der Regelung in **Bild 6.32**) aufgrund der höheren Spannungsänderungsgeschwindigkeit bei hohen Frequenzen effizienter eingreift und weniger Kompensationsleistung erforderlich ist. Durch den stärkeren Eingriff

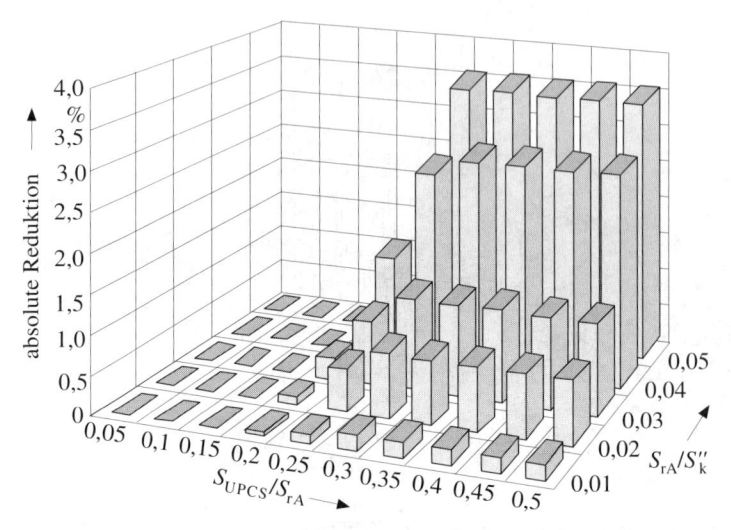

**Bild 6.31** Absolute Reduktion der Oberschwingungsspannung elfter Ordnung in Prozent in Abhängigkeit von den Leistungsverhältnissen $S_{UPCS}/S_{rA}$ und $S_{rA}/S_k''$

des D-Reglers wird auch der Sättigungsbereich der absoluten Reduktionen wesentlich schneller erreicht, so daß die Sättigung schon bei einer Filterleistung von etwa 30 % der Stromrichterbemessungsleistung eintritt. Weiterhin wird für die Kompensation höherfrequenter Spannungsabweichungen aufgrund der mit der Frequenz ansteigenden Netzimpedanz ein geringerer Kompensationsstrom benötigt, so daß

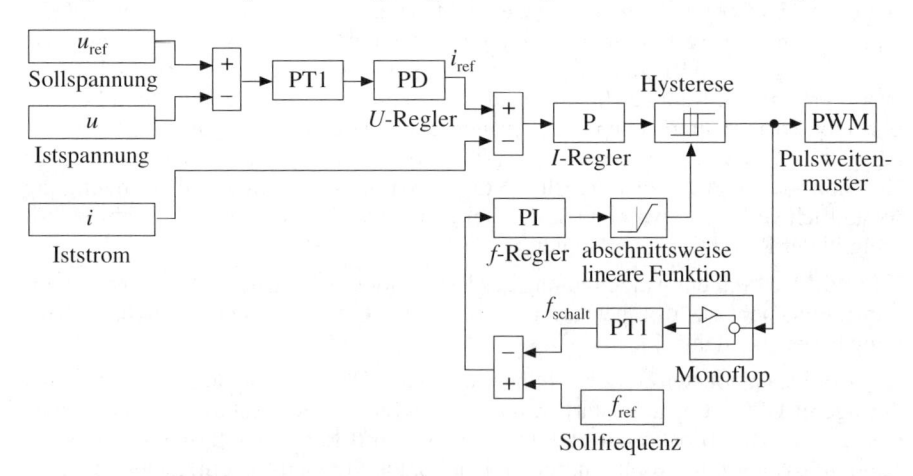

**Bild 6.32** Blockschaltbild der UPCS-Regelung

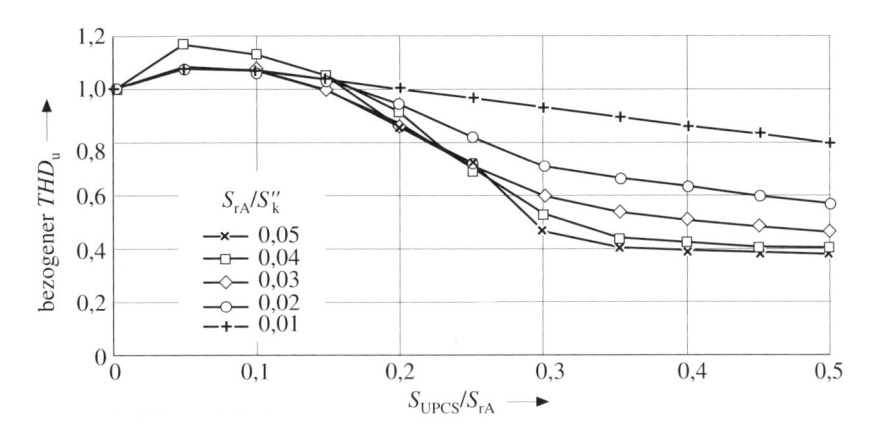

**Bild 6.33** Relative Reduktion des $THD_u$ bei einphasigen Stromrichtern in Abhängigkeit von den Leistungsverhältnissen $S_{UPCS}/S_{rA}$ und $S_{rA}/S_k''$

schon bei geringen Filterleistungen die Oberschwingungen höherer Ordnungen deutlich reduziert werden können.
Beim Einsatz des UPCS zur Kompensation der Oberschwingungen einphasiger Stromrichterlasten hängt die für eine bestimmte Reduktion der Oberschwingungsamplituden erforderliche UPCS-Leistung stark von den Amplituden der dritten und fünften Oberschwingung ab. Um die Amplituden dieser Oberschwingungsordnungen nennenswert zu reduzieren, ist also (siehe Bild 6.31) eine UPCS-Leistung von etwa 30 % der Stromrichterbemessungsleistung erforderlich, wobei die Oberschwingungen höherer Ordnung bei dieser Filterleistung wesentlich stärker reduziert werden.
Die Auswertungen der Simulationen bezüglich des Gesamtoberschwingungsgehaltes $THD_u$ für die verschiedenen Stromrichterlasten sind in **Bild 6.33 bis Bild 6.35** dargestellt. Die Reduktionsfaktoren des $THD_u$ sind in bezogenen Größen angegeben, so daß die absolute Reduktion des $THD_u$ über den bezogenen Wert und die der ursprünglichen Oberschwingungsbelastung ohne das aktive Filter ermittelt werden kann. Die anfänglich auftretende Erhöhung der bezogenen $THD_u$-Werte bei geringen UPCS-Leistungen ist darauf zurückzuführen, daß bei sehr hohen Störpegeln und relativ geringer UPCS-Leistung die Begrenzung des Kompensationsstroms durch den endlichen Energieinhalt des Zwischenkreises sehr häufig eingreift. Das hat zur Folge, daß durch die sehr unvollständige Kompensation der Oberschwingungen bei sehr kleinen UPCS-Leistungen auch Oberschwingungen beliebiger Ordnung erzeugt werden können.
Bei dem in Bild 6.35 dargestellten Verlauf des bezogenen $THD_u$ für das Verhältnis $S_{rA}/S_k''$ von 0,01 ist zu ergänzen, daß der absolute Wert des $THD_u$ in dem relativ „harten" Netz äußerst gering ist und so schon sehr geringe Schwankungen des Absolutwerts den bezogenen Wert stark beeinflussen.

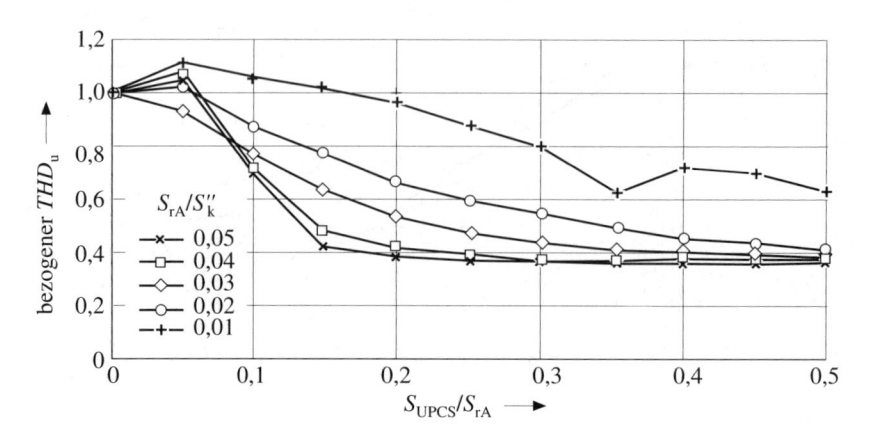

**Bild 6.34** Relative Reduktion des $THD_u$ bei sechspulsigen Stromrichtern in Abhängigkeit von den Leistungsverhältnissen $S_{UPCS}/S_{rA}$ und $S_{rA}/S_k''$

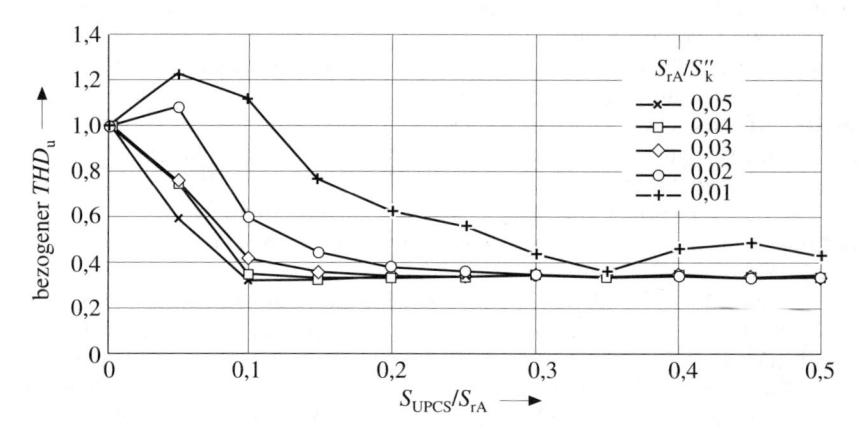

**Bild 6.35** Relative Reduktion des $THD_u$ bei zwölfpulsigen Stromrichtern in Abhängigkeit von den Leistungsverhältnissen $S_{UPCS}/S_{rA}$ und $S_{rA}/S_k''$

Für die Berechnungen der UPCS-Leistung mit dem Dimensionierungsleitfaden werden die in den Bildern 6.33 bis 6.35 dargestellten Meßreihen des $THD_u$-Verlaufs mit Hilfe von kubischen Spline-Funktionen approximiert. Diese ermöglichen ein sehr genaues Nachbilden des Kurvenverlaufs aus den Vorgaben der nach den Simulationen ermittelten Meßreihen und den berechneten zusätzlichen Stützstellen der Funktionen. Die Approximation des in Bild 6.34 aufgezeichneten $THD_u$-Verlaufs für das Leistungsverhältnis $S_{rA}/S_k'' = 0{,}03$ ist in **Bild 6.36** dargestellt.

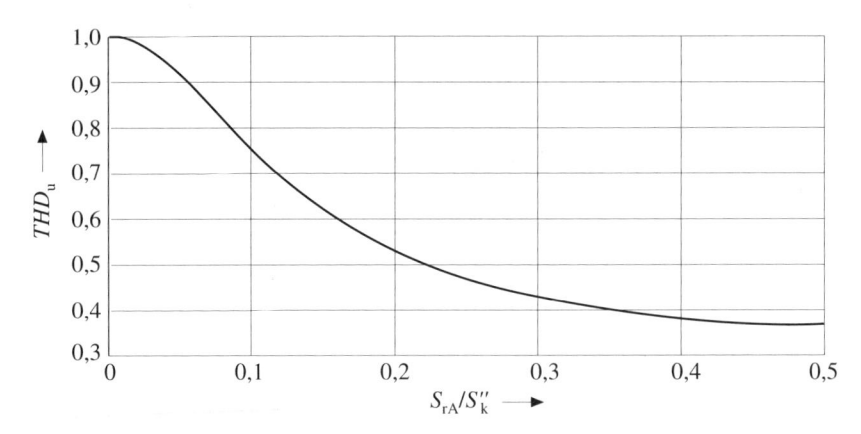

**Bild 6.36** Approximation des in Bild 6.27 dargestellten $THD_u$-Verlaufs ($S_{rA}/S_k'' = 0{,}03$) nach dem kubischen Verfahren der Spline-Funktion

## 6.6.1.2 Dimensionieren des UPCS bezüglich Spannungseinbrüchen und Flicker

Nachfolgend wird analog der unter 6.6.1.1 dargestellten Vorgehensweise ein Verfahren zum Dimensionieren des UPCS bei Spannungseinbrüchen und Flicker vorgestellt und anhand von Fallbeispielen erläutert. In **Bild 6.37** ist das Flußdiagramm des Algorithmus dargestellt, der dem Dimensionierungsleitfaden zugrunde liegt.

Mit den Netz- und Lastdaten werden zunächst die durch die Last hervorgerufenen relativen Spannungsänderungen in Prozent ermittelt. Über die Vorgaben der Wiederholraten und des Formfaktors der Spannungsänderungen wird der $A_{st}$-Flickerstörfaktor ermittelt (siehe auch Kapitel 3). Die Verläufe der Reduktionsfaktoren der $A_{st}$-Werte für verschiedene auf die Kurzschlußleistung bezogene Filterleistungen werden über Polynome approximiert. Um die Genauigkeit der Approximationspolynome zu optimieren, werden, wie bereits in Abschnitt 6.6.1.1 erläutert, zusätzliche Stützstellen für die Approximation mit Hilfe der Spline-Funktion gebildet.

Der momentane $A_{st}$-Istwert wird mit einem $A_{st}$-Sollwert verglichen. Solange der $A_{st}$-Istwert über dem Sollwert liegt, wird die Filterleistung bis zu maximal 5 % der Kurzschlußleistung schrittweise erhöht, und der neue $A_{st}$-Wert wird über die Approximationspolynome bestimmt. Der Algorithmus des Leitfadens zum Dimensionieren des UPCS bei Spannungseinbrüchen und Flicker ermöglicht somit eine von den Netzdaten, den Lastdaten und den Anforderungen an die Spannungsqualität abhängige Bestimmung der UPCS-Leistung.

Diese Vorgehensweise ist auch Grundlage der in **Bild 6.38** dargestellten Programmoberfläche zum Dimensionieren der Filterleistung anhand des in Bild 6.37 aufgeführten Algorithmus.

```
┌─────────────┐                        ┌─────────────┐
│  Netzdaten  │──┐                  ┌──│  Lastdaten  │
└─────────────┘  │                  │  └─────────────┘
                 ▼                  ▼
              ┌──────────────────────┐
              │  Berechnung der      │
              │  relativen Spannungs-│
              │  änderung d          │
              └──────────────────────┘
┌─────────────┐          ▼                  ┌──────────────────────┐
│ Formfaktor  │──────▶┌──────────────────┐◀─│ Wiederholrate der    │
└─────────────┘       │ Berechnung des   │  │ Spannungsänderungen  │
                      │ Flickerstörfak-  │  └──────────────────────┘
                      │ tors $A_{st}$    │
                      └──────────────────┘
                             ▼
                      ┌──────────────────┐
                      │  Approximation   │
                      │  der $A_{st}$-   │◀────── ja
                      │  Auswertung      │           │
┌──────────────────┐  └──────────────────┘     ╱─────────╲  nein
│ Berechnung des   │          ▼                ⟨ $S_{UPCS} < 5\% S_k'''$ ⟩────┐
│ neuen $A_{st}$-  │                           ╲─────────╱                    │
│ Werts            │                                 ▲                        │
└──────────────────┘                                 │                        │
        ▲                                            │                        ▼
        │     ╱─────────╲      ┌──────────────┐  ┌──────────────┐
   ja   │    ⟨ $A_{st,ist} < A_{st,soll}$ ⟩◀──│ Sollvorgabe  │  │ Erhöhung der │
  ◀─────┴────╲─────────╱       │  des $A_{st}$│  │ UPCS-Leistung│
                 │ nein         └──────────────┘  └──────────────┘
                 ▼
      ┌──────────────────┐                     ┌──────────────────────┐
      │ Ausgabe der      │                     │ Ende der Berechnung  │
      │ UPCS-Leistung    │                     │ (Sollwert nicht      │
      └──────────────────┘                     │ erreicht)            │
                                               └──────────────────────┘
```

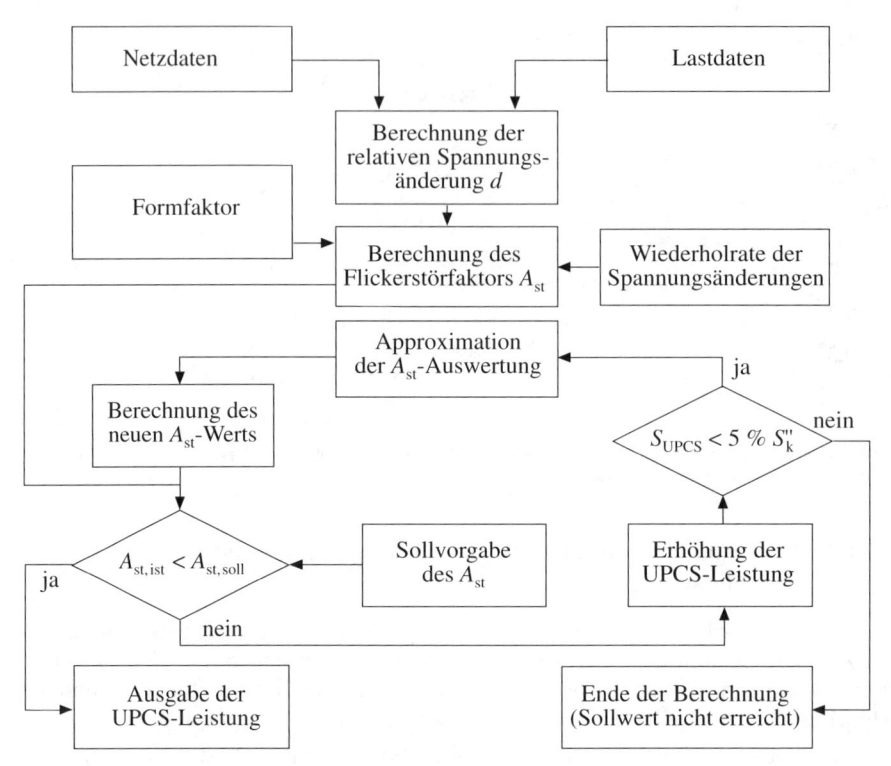

**Bild 6.37** Flußdiagramm des Algorithmus zur Dimensionierung des UPCS bei Spannungseinbrüchen und Flicker

Zum Darstellen der Anwendung des in Bild 6.37 und Bild 6.38 gezeigten Vorgehens werden die im weiteren vorgestellten Untersuchungen mit Hilfe des Simulationsmodells herangezogen. Basis der Simulationsreihen sind die Netzdaten eines Industrienetzes mit einem 400-kVA-Transformator mit einer relativen Kurzschlußspannung von $u_k = 4\%$ und einer niederspannungsseitigen Kurzschlußleistung von 6 MVA. Bei den verschiedenen Simulationen wurden dem Modell rechteckförmige Einbrüche der Netzspannung (Formfaktor gleich 1) unterschiedlicher Tiefe vorgegeben. Die Einbruchtiefe der Spannung wurde zwischen 0,5 % und 4 % der Leiter-Erdspannung variiert, was in etwa Lastsprüngen von 50 kVA bis hin zu 400 kVA entspricht. Weiterhin wurden die Simulationen für jede einzelne Einbruchtiefe der Netzspannung mit UPCS-Leistungen von 0 % bis zu 100 % der Transformatorleistung durchgeführt. Die Schrittweite der UPCS-Leistungserhöhung beträgt dabei 12,5 % der Transformatorleistung oder 50 kW.

Für das Auswerten der Simulationsergebnisse bezüglich des Flickerstörfaktors ist neben der Reduktion des Spannungseinbruchs auch die Veränderung des Formfak-

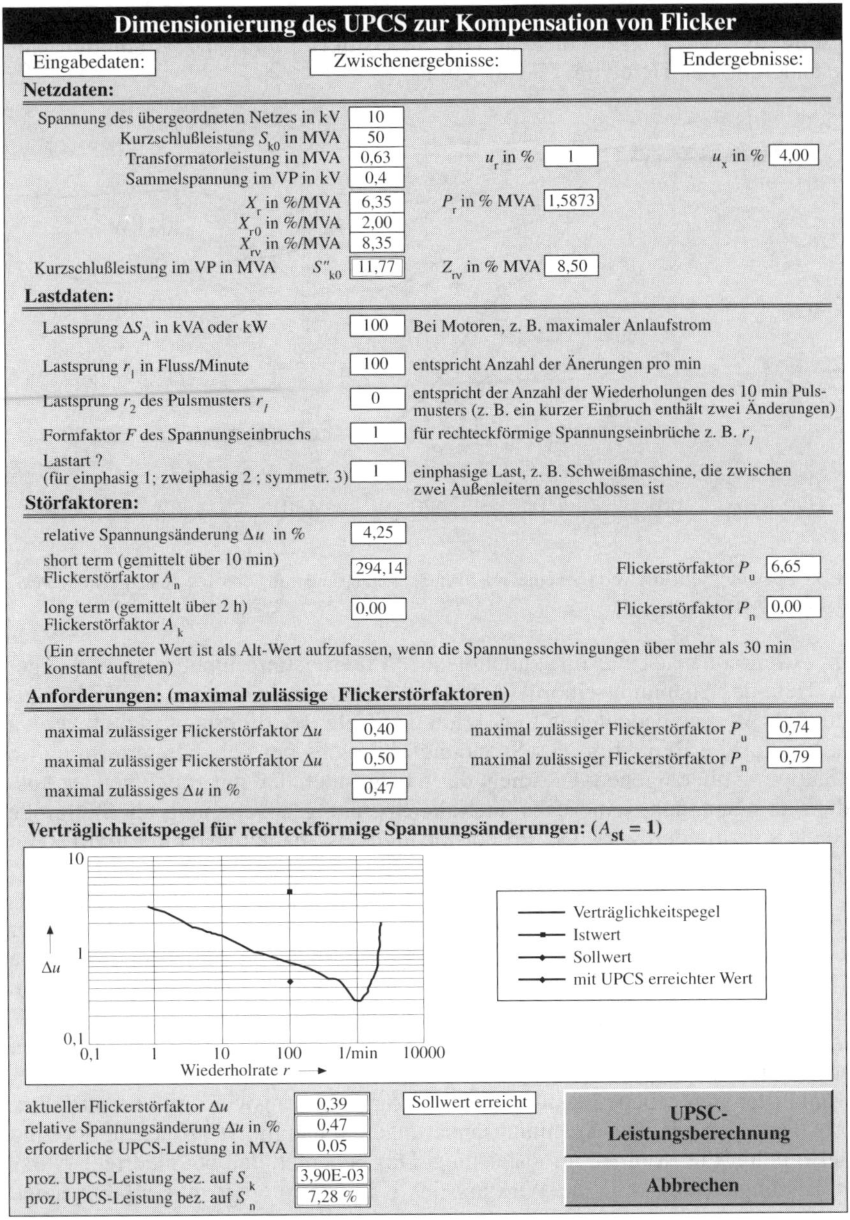

## Dimensionierung des UPCS zur Kompensation von Flicker

**Eingabedaten:** | **Zwischenergebnisse:** | **Endergebnisse:**

### Netzdaten:

| | | | | |
|---|---|---|---|---|
| Spannung des übergeordneten Netzes in kV | 10 | | | |
| Kurzschlußleistung $S_{k0}$ in MVA | 50 | | | |
| Transformatorleistung in MVA | 0,63 | $u_r$ in % | 1 | $u_x$ in % | 4,00 |
| Sammelspannung im VP in kV | 0,4 | | | |
| $X_r$ in %/MVA | 6,35 | $P_r$ in % MVA | 1,5873 | |
| $X_{r0}$ in %/MVA | 2,00 | | | |
| $X_{rv}$ in %/MVA | 8,35 | | | |
| Kurzschlußleistung im VP in MVA $S''_{k0}$ | 11,77 | $Z_{rv}$ in % MVA | 8,50 | |

### Lastdaten:

| | | |
|---|---|---|
| Lastsprung $\Delta S_A$ in kVA oder kW | 100 | Bei Motoren, z. B. maximaler Anlaufstrom |
| Lastsprung $r_1$ in Fluss/Minute | 100 | entspricht Anzahl der Änerungen pro min |
| Lastsprung $r_2$ des Pulsmusters $r_1$ | 0 | entspricht der Anzahl der Wiederholungen des 10 min Pulsmusters (z. B. ein kurzer Einbruch enthält zwei Änderungen) |
| Formfaktor $F$ des Spannungseinbruchs | 1 | für rechteckförmige Spannungseinbrüche z. B. $r_1$ |
| Lastart ? (für einphasig 1; zweiphasig 2 ; symmetr. 3) | 1 | einphasige Last, z. B. Schweißmaschine, die zwischen zwei Außenleitern angeschlossen ist |

### Störfaktoren:

| | | | |
|---|---|---|---|
| relative Spannungsänderung $\Delta u$ in % | 4,25 | | |
| short term (gemittelt über 10 min) Flickerstörfaktor $A_n$ | 294,14 | Flickerstörfaktor $P_u$ | 6,65 |
| long term (gemittelt über 2 h) Flickerstörfaktor $A_k$ | 0,00 | Flickerstörfaktor $P_n$ | 0,00 |

(Ein errechneter Wert ist als Alt-Wert aufzufassen, wenn die Spannungsschwingungen über mehr als 30 min konstant auftreten)

### Anforderungen: (maximal zulässige Flickerstörfaktoren)

| | | | |
|---|---|---|---|
| maximal zulässiger Flickerstörfaktor $\Delta u$ | 0,40 | maximal zulässiger Flickerstörfaktor $P_u$ | 0,74 |
| maximal zulässiger Flickerstörfaktor $\Delta u$ | 0,50 | maximal zulässiger Flickerstörfaktor $P_n$ | 0,79 |
| maximal zulässiges $\Delta u$ in % | 0,47 | | |

### Verträglichkeitspegel für rechteckförmige Spannungsänderungen: ($A_{st} = 1$)

- Verträglichkeitspegel
- Istwert
- Sollwert
- mit UPCS erreichter Wert

$\Delta u$ vs. Wiederholrate $r$ (0,1 bis 10000 1/min)

| | | |
|---|---|---|
| aktueller Flickerstörfaktor $\Delta u$ | 0,39 | Sollwert erreicht |
| relative Spannungsänderung $\Delta u$ in % | 0,47 | |
| erforderliche UPCS-Leistung in MVA | 0,05 | **UPSC-Leistungsberechnung** |
| proz. UPCS-Leistung bez. auf $S_k$ | 3,90E-03 | |
| proz. UPCS-Leistung bez. auf $S_n$ | 7,28 % | **Abbrechen** |

**Bild 6.38** Programmoberfläche zur Dimensionierung des UPCS bei Spannungseinbrüchen und Flicker

tors des Einbruchs zu berücksichtigen. In **Bild 6.39** sind die Verläufe der Spannungseffektivwerte für verschiedene UPCS-Leistungen und eine simulierte Spannungsänderung der Tiefe von 4 % aufgeführt.

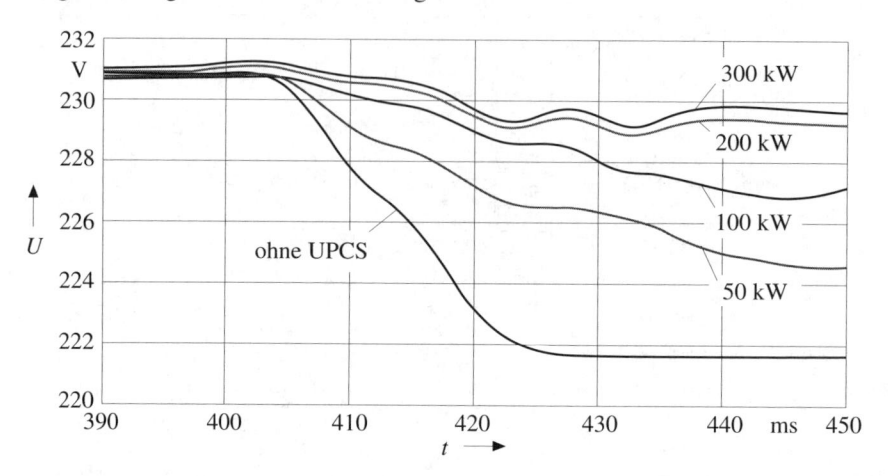

**Bild 6.39** Spannungseffektivwerte bei einer relativen Spannungsänderung von 4 % ohne und mit UPCS verschiedener Leistungen

Leicht zu erkennen ist die mit zunehmender Filterleistung nichtlinear zurückgehende Tiefe des Spannungseinbruchs. Während bei Filterleistungen von 50 kW bis hin zu 200 kW eine bedeutende Reduktion der Tiefe des Einbruchs erzielt werden kann, beginnt die Reduktion des Spannungseinbruchs bei hoher Filterleistung, in eine Sättigung überzugehen. Dies liegt darin begründet, daß mit zunehmender Ausregelung des Spannungseinbruchs auch die Spannungsabweichung als Stellgröße des Reglers vermindert wird. Der Proportionalteil des Spannungsreglers greift somit nicht mehr so stark ein.

Eine weitere Simulationsreihe (**Bild 6.40**) stellt den Sättigungseffekt noch etwas deutlicher heraus. In dieser Simulationsreihe wurde ein Spannungseinbruch der Tiefe von einem Prozent vorgegeben. Mit einer Filterleistung von 50 kW, was etwa 12,5 % der Transformatorleistung entspricht, kann die Tiefe des Einbruchs schon um gut die Hälfte reduziert werden. Bei Verdoppeln der Filterleistung auf 100 kW reduziert sich der Spannungseinbruch nur noch auf ein Drittel der ursprünglichen Einbruchtiefe.

Die vom Filter abgegebene Leistung und die Kompensationswirkung sind sehr stark von der Tiefe der relativen Spannungsänderungen abhängig. Je größer die Störung ist, desto höher die Kompensationsleistung. Das bedeutet, daß bei niedrigen Kurzschlußleistungen nicht nur die Wirkung des Kompensationsstroms effektiver ist,

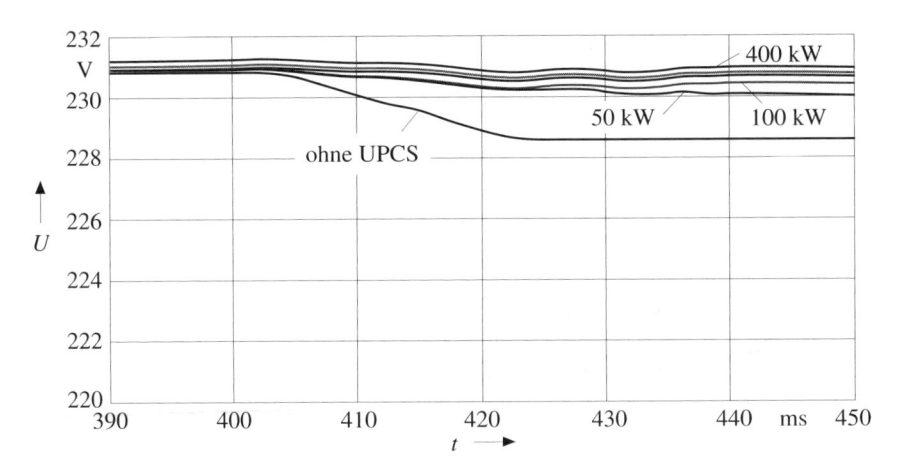

**Bild 6.40** Spannungseffektivwerte bei einer relativen Spannungsänderung von 1 % ohne und mit UPCS verschiedener Leistungen

sondern daß aufgrund der mit abnehmender Kurzschlußleistung steigenden Größe der Störungen vom Filter eine höhere Leistung bereitgestellt wird.

**Bild 6.41** zeigt den Verlauf des momentanen Flickerstörfaktors $P_f^{1/2}$ über den Zeitausschnitt von drei Sekunden. Der dieser Auswertung zugrunde gelegte Spannungseffektivwertverlauf enthält zu Beginn die in Bild 6.39 aufgezeichneten Spannungsänderungen mit $d = 4\%$, wobei für den Rest der Zeit konstante Spannungswerte angehängt wurden. Es handelt sich hierbei also um die Auswertung des Flickerstörfaktors von nur einer einzigen Spannungsänderung während des betrachteten Zeitraums der drei Sekunden. Ohne das Filter beträgt die relative Spannungsänderung $d$ etwa 4 %. Das langsame Abklingen des Störfaktors bis auf den Wert Null erfolgt in der Flickernachwirkungsdauer, die ein Summieren des Störfaktors bei dicht aufeinanderfolgenden Spannungsänderungen bewirkt.

Der Maximalwert des momentanen Störfaktors kann in erster Näherung als flickerbestimmend angenommen werden [6.4]. Aus diesem Grund wird die Reduktion des Flickers durch das aktive Filter anhand der momentanen Flickerstörfaktoren ausgewertet. Mit zunehmender Filterleistung kann zunächst bis zu einer Leistung von etwa 100 kW eine starke Reduktion der Flickerwirkung verzeichnet werden. Über diese Leistung hinaus nähert sich der Verlauf des Flickerstörfaktors zunehmend einem Minimum. Mit einer Filterleistung von 100 kW, was in diesem Beispiel rund 25 % der Transformatorleistung ist, kann der Flickerstörfaktor $P_f$, der ganz ohne Filter mit etwa 3,7 deutlich oberhalb der Wahrnehmbarkeitsschwelle liegt, auf einen Wert von etwa 1 reduziert werden.

In **Bild 6.42** ist analog die Auswertung des momentanen Flickerstörfaktors $P_f^{1/2}$ für die in Bild 6.40 dargestellten Spannungseffektivwertverläufe mit einer maximalen

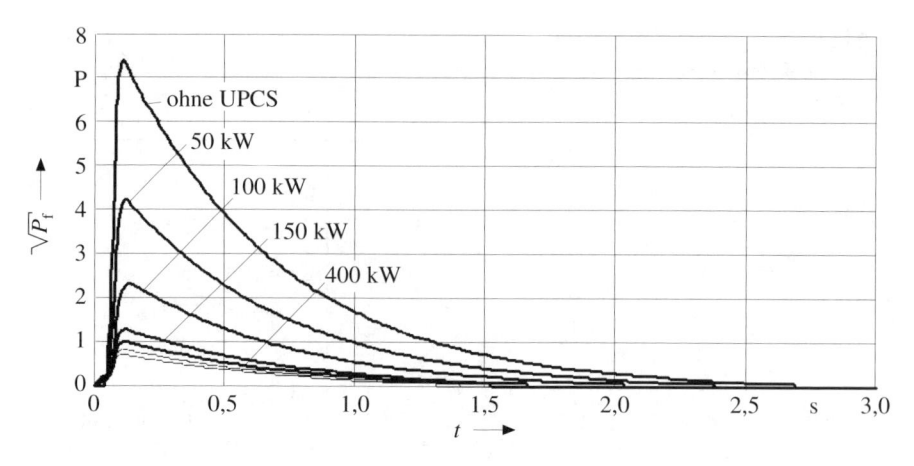

**Bild 6.41** Zeitlicher Verlauf der momentanen Flickerstörfaktoren $P_f^{1/2}$ für die relativen Spannungsänderungen (4 % ohne UPCS) bei verschiedenen Filterleistungen nach Bild 6.39

relativen Spannungsänderung von 1 % aufgezeichnet. Der Störfaktor liegt ohne das Filter erwartungsgemäß deutlich niedriger als bei der in Bild 6.41 gezeigten Auswertung für die relative Spannungsänderung von $d = 4$ %. Der etwas stufenförmige Verlauf der Kurven folgt aus der Berechnungsungenauigkeit der Auswertungssequenz bei sehr geringen Störfaktoren. Ab einer Filterleistung von 100 kW oder entsprechend 25 % der Transformatorleistung läßt sich keine wesentliche Verbesserung des Flickerstörfaktors mehr erzielen, da die Spannungsabweichung bezüglich der vom Filter generierten Sollwertvorgabe nur noch sehr gering ist.

Auf Basis der Auswertungen der momentanen Flickerstörfaktoren werden Reduktionsfaktoren für den Flickerstörfaktor $A_{st}$ ermittelt. In **Bild 6.43** sind diese Reduktionsfaktoren bezüglich des Flickerstörfaktors $A_{st}$, die durch den Einsatz des Filters verschiedener Leistungen erzielt wurden, aufgezeichnet. Sie sind dargestellt in Abhängigkeit von der prozentualen Filterleistung, bezogen auf die Laständerung $\Delta S_A$, und der relativen Spannungsänderung $d$, die sich aus dem Verhältnis des Belastungssprungs $\Delta S_A$ zur Kurzschlußleistung $S_k''$ ergibt. Dabei bezieht sich $\Delta S_A$ nur auf die Lastschwankungen und nicht auf die Anschlußleistung. Bei einer relativen Spannungsänderung von 0,5 % ist bereits bei der etwa 3,3fachen Filterleistung, bezogen auf $\Delta S_A$, eine Sättigung des Reduktionsfaktors bei etwa 50 zu erkennen. Hier ist die Spannungsabweichung schon so gering, daß das Filter diese nicht mehr weiter ausregeln kann. Anders ist bei einem relativen Spannungseinbruch von 3 % keine Sättigung erkennbar. Der Reduktionsfaktor steigt bis zur 13,3fachen Filterleistung, bezogen auf $\Delta S_A$, in etwa linear an. Die Zunahme des Reduktionsfaktors mit steigender relativer Spannungsänderung ist auf die Reaktivität des PID-Reglers zurückzuführen, dessen Wirkung mit zunehmendem Betrag der Spannungsabweichung von der Sollspannung stärker wird.

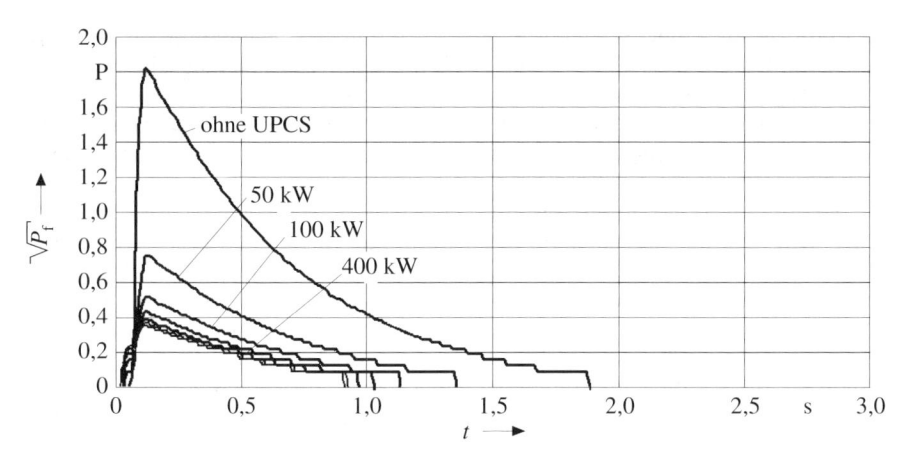

**Bild 6.42** Zeitlicher Verlauf der momentanen Flickerstörfaktoren $P_f^{1/2}$ für die relativen Spannungsänderungen (1 % ohne UPCS) bei verschiedenen Filterleistungen nach Bild 6.40

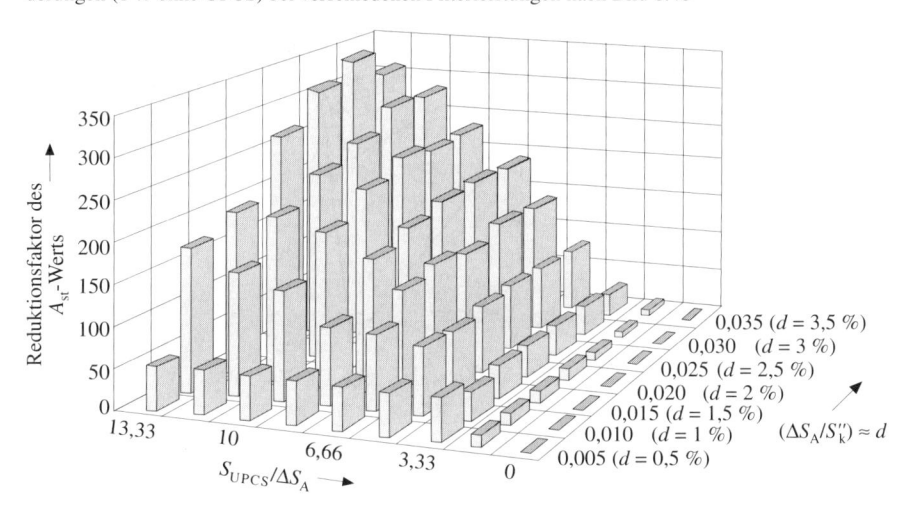

**Bild 6.43** Reduktionsfaktoren der Flickerstörfaktoren $A_{st}$ für verschiedene relative Spannungsänderungen und verschiedene auf die Laständerung $\Delta S_A$ bezogene Filterleistungen

In schwachen Netzen mit geringerer Kurzschlußleistung, in denen die relativen Spannungsänderungen entsprechend größer sind, können mit steigender Filterleistung entsprechend höhere Reduktionsfaktoren erreicht werden als in starken Netzen, in denen die relative Spannungsänderung niedriger ist und mit zunehmender Filterleistung die Sättigung schneller erreicht wird.

Die Kompensationseigenschaften des UPCS bezüglich Spannungseinbrüchen und Flicker werden somit durch Tiefe und Form des relativen Spannungseinbruchs und der Kurzschluß- bzw. Transformatorleistung des Industrieanschlusses bestimmt.
Die $A_{lt}$-Flickerwerte können aus den $A_{st}$-Werten ermittelt werden, indem die Häufigkeiten der Spannungsänderungen in einem 10-min-Intervall auf einen Zeitraum von 2 h hochgerechnet werden.
Um den Einfluß des Formfaktors auf die Reduktionsfaktoren der $A_{st}$-Werte zu bestimmen, wird im folgenden ein rampenförmiger Spannungseffektivwertverlauf betrachtet, und die Reduktionsfaktoren werden mit denen eines rechteckförmigen Spannungsänderungsverlaufs verglichen. Die der Simulation zugrundeliegenden Netzdaten bleiben unverändert. Die maximale relative Spannungsänderung beträgt ohne das Filter etwa 1,5 %. In **Bild 6.44** ist der zeitliche Verlauf der Spannungseffektivwerte für verschiedene Filterleistungen dargestellt. Während die Spannung über etwa 220 ms langsam rampenförmig abfällt, steigt diese steil in etwa über 30 ms wieder auf Nennspannungsniveau an.

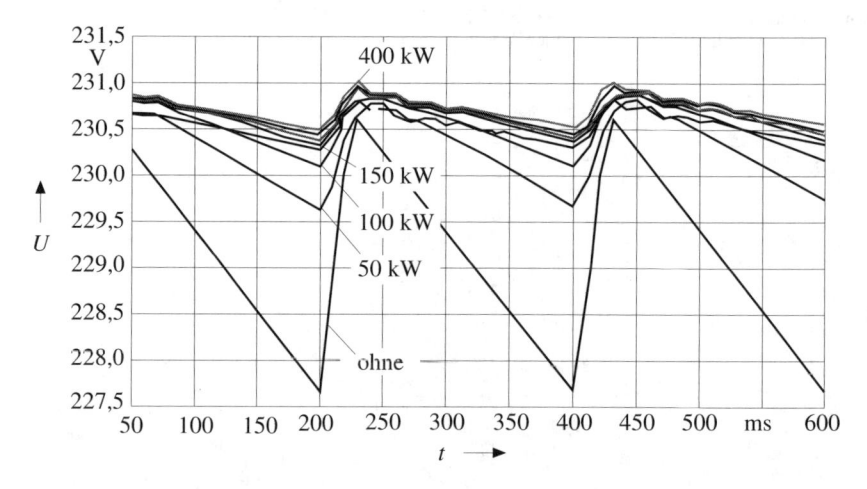

**Bild 6.44** Zeitverlauf der Spannungseffektivwerte bei rampenförmiger Spannungsänderung und verschiedenen Filterleistungen

In **Bild 6.45** sind die Reduktionsfaktoren der $A_{st}$-Werte für die rampenförmigen Spannungsverläufe aus Bild 6.44 bei verschiedenen, auf die Kurzschlußleistung bezogenen Filterleistungen dargestellt. Im Vergleich mit den Werten für die rechteckförmigen Spannungsänderungsverläufe kann festgestellt werden, daß diese in guter Näherung übereinstimmen, so daß die Kompensationseigenschaften des Filters in erster Linie vom absoluten Betrag der relativen Spannungsänderung $d$ abhängen.

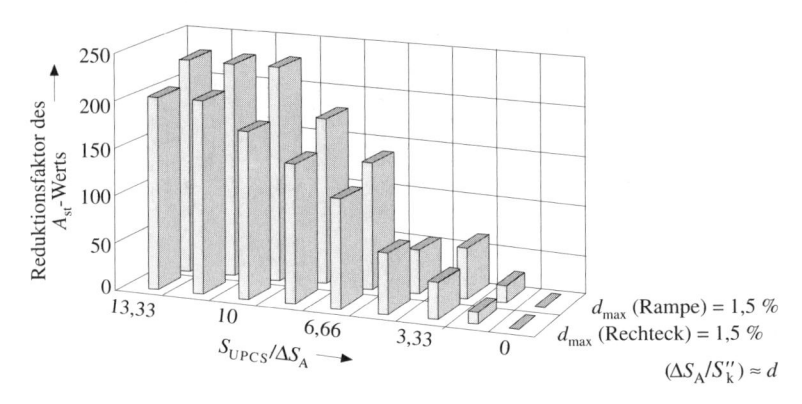

**Bild 6.45** Reduktionsfaktoren der $A_{st}$-Werte bei rampenförmiger Spannungsänderung und verschiedenen Filterleistungen, bezogen auf die Kurzschlußleistung

### 6.6.2 Beispielhafte Netzplanung unter Berücksichtigung aktiver Netzfilter

Da die Netzrückwirkungen industrieller Großbetriebe nicht vermeidbar sind und die Spannungsqualität für die Gewährleistung empfindlicher industrieller Prozesse gegeben sein muß, gilt es hier, Maßnahmen zu treffen, die auf ihre technische und wirtschaftliche Realisierbarkeit hin überprüft werden müssen [6.4].

Im folgenden wird die Möglichkeit des Einsatzes aktiver Filter zum Optimieren der Netzanschlußplanung am konkreten Fallbeispiel eines industriellen Großkunden dargestellt. Hierzu wird die Einbindung eines aktiven Filters in die Netzanschlußplanung einer Stahlhütte mit einem 85-MVA-Gleichstromlichtbogenofens untersucht. Eine Messung der Tagesganglinie eines solchen Lichtbogenofens ist in **Bild 6.46** aufgezeichnet. Der stark pulsierende Leistungsverlauf ist auf die statistische Ausbildung des Lichtbogens zurückzuführen. Die Lastimpedanz schwankt dabei von annähernd unendlich im Leerlauf bis gegen null im Kurzschluß.

Die bei der Energieversorgung von Lichtbogenöfen auftretenden Probleme lassen sich nach [6.4] wie folgt zusammenfassen. Durch den stochastisch stark variierenden Laststrom werden Spannungsänderungen an der Netzimpedanz hervorgerufen, die sich nach **Bild 6.47** in einen Längs- und einen Querspannungsfall zerlegen lassen. Zusätzlich verursachen Gleichstromlichtbogenöfen durch die großen Gleichrichteranlagen Oberschwingungen, die hier im weiteren nicht berücksichtigt werden, da die Erfahrung gezeigt hat, daß die periodischen Spannungsänderungen für den Netzanschluß dimensionierend sind.

Da der induktive Anteil der Netzimpedanz $X_N$ in HS-Netzen mindestens zehnmal größer ist als der ohmsche Anteil $R_N$, werden Amplitudenänderungen in erster Linie durch Blindleistungsänderungen hervorgerufen. Alle weiteren in diesem Anschlußpunkt des Lichtbogenofens angeschlossenen Lasten werden durch diese Spannungs-

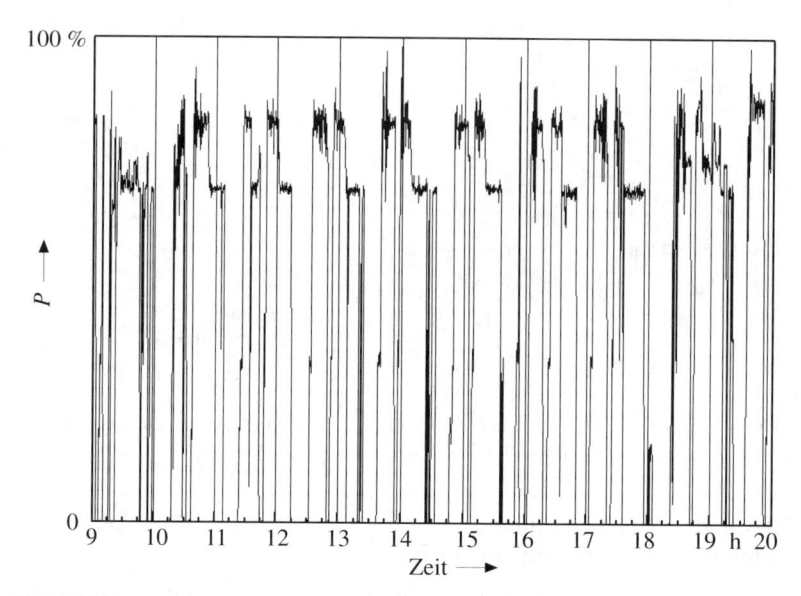

**Bild 6.46** Tagesganglinie eines Lichtbogenofens

änderungen beeinflußt. Darüber hinaus verändern sich auch die Spannungsprofile in den benachbarten Netzknoten, die in Bild 6.47 nicht mehr dargestellt sind.

Die nun folgende Untersuchung soll zeigen, ob durch die Kompensation der Netzrückwirkungen eines Lichtbogenofens mit dem Einsatz eines aktiven Netzfilters eine Umstellung des Netzanschlusses von einer 220-kV-Sammelschiene an eine 110-kV-

Netzplan mit Lichtbogenofen (LIBO)   Zeigerdiagramm der Spannung

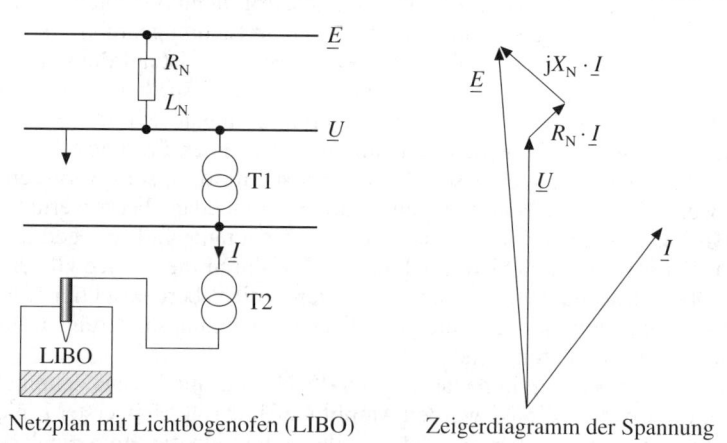

**Bild 6.47** Industriekundenanschluß mit Zeigerdiagramm der Spannungen

Sammelschiene mit niedrigerer Kurzschlußleistung und weiteren angeschlossenen Lasten möglich ist. Dazu werden zwei verschiedene Anschlußvarianten des industriellen Großkunden betrachtet. Durch Lastflußrechnungen und Ausfallsimulationen mit den verschiedenen Anschlußvarianten wird die technische Realisierbarkeit im Hinblick auf die Betriebsmittelbelastungen und das Spannungsprofil überprüft. Unter den in Abschnitt 6.6 analysierten Kompensationseigenschaften des aktiven Filters UPCS bezüglich Flicker wird dann die benötigte Filterleistung bestimmt, die erforderlich ist, um den Flicker bei einem 110-kV-Anschluß so weit zu reduzieren, daß keine unzulässigen Pegel in der öffentlichen Versorgung auftreten. Dabei wird vorausgesetzt, daß das Filter die Kompensationseigenschaften bei sehr großen Filter- und Kurzschlußleistungen beibehält, was in Zukunft nach der Entwicklung einer Einbindungsmöglichkeit des UPCS in HS-Netze noch zu untersuchen ist. Ferner werden Lastflußrechnungen mit den verschiedenen Anschlußvarianten durchgeführt, anhand derer die technische Realisierbarkeit der einzelnen Varianten überprüft wird. Ziel dieser Lastflußberechnungen ist es, die Spannungsprofile der Netzknoten und die Belastung der einzelnen Betriebsmittel bei veränderten Netzkonfigurationen zu kontrollieren. Eine weitere Untersuchung soll den Einfluß der verschiedenen Varianten auf die $(n-1)$-Sicherheit der Versorgung zeigen. Die Lastflußrechnungen und die Ausfallsimulationen werden mit dem Netzberechnungsprogramm INTEGRAL (Interaktives Grafisches Netzplanungssystem) durchgeführt [6.4].

### 6.6.2.1 Netzanschlußvarianten eines industriellen Großkunden

Im weiteren werden beispielhaft zwei verschiedene Varianten des Netzanschlusses des industriellen Großkunden vorgestellt. Dabei geht es in Variante A um den Anschluß des Kunden über einen separaten 200-MVA-Transformator an eine 220-kV-SS. In Variante B wird der Kunde aus dem 110-kV-Netz versorgt, von dem aus auch das öffentliche Netz gespeist wird.

**Anschlußvariante A**

Der Netzanschluß des industriellen Großkunden ist in **Bild 6.48** dargestellt. Bei dem Kunden handelt es sich um einen Stahlhüttenbetrieb, der zur Stahlerzeugung einen Gleichstrom-Lichtbogenofen betreibt. Um unzulässige Rückwirkungen dieses Lichtbogenofens auf die Werkstromversorgung und das öffentliche Netz zu vermeiden, wird dieser Ofen über einen separaten 220/110-kV-Transformator versorgt. Dieser Transformator ist mit einer Leistung von 200 MVA für die alleinige Versorgung des stark störaussendenden Lichtbogenofens mit der Leistung von 85 MVA zuständig. Der Lichtbogenofen wird somit vom übrigen Netz entkoppelt betrieben. Die Kurzschlußleistung an der 220-kV-Sammelschiene beträgt 8,7 GVA. Über zwei weitere 200-MVA-Transformatoren sind das öffentliche Netz und die übrige Werkstromversorgung der Stahlhütte angeschlossen. Die Kurzschlußleistungen in den beiden getrennten 110-kV-SS betragen etwa 4,5 GVA für die öffentliche Versorgung und 1,2 GVA für die industrielle Versorgung. Im Industrienetz des Kunden wird für

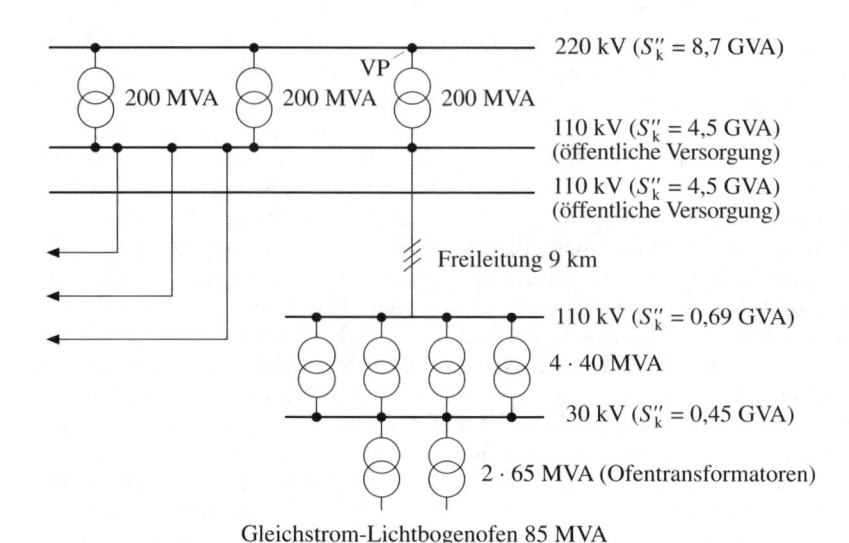

```
         VP              220 kV (S''_k = 8,7 GVA)
200 MVA  200 MVA  200 MVA
                         110 kV (S''_k = 4,5 GVA)
                         (öffentliche Versorgung)
                         110 kV (S''_k = 4,5 GVA)
                         (öffentliche Versorgung)
                Freileitung 9 km
                         110 kV (S''_k = 0,69 GVA)
                         4 · 40 MVA
                         30 kV (S''_k = 0,45 GVA)
                         2 · 65 MVA (Ofentransformatoren)
         Gleichstrom-Lichtbogenofen 85 MVA
```

**Bild 6.48** Netzanschluß eines industriellen Großkunden (Lichtbogenofen) über einen separaten 220/110-kV-Transformator (Variante A)

die Versorgung des Gleichstrom-Lichtbogenofens nach einer Freileitungsübertragung von etwa 9 km eine Umspannung über vier 40-MVA-Transformatoren auf MS durchgeführt. Die Kurzschlußleistung an der 30-kV-SS beträgt etwa 0,45 GVA.

Da das 220-kV-Netz als Übertragungsnetz (siehe Bild 6.48, VP) nur in seltenen Ausnahmefällen die Versorgung von Kunden übernimmt, führen selbst die in **Tabelle 6.2** genannten gemessenen Flickerstörfaktoren, die über der Wahrnehmbarkeitsgrenze liegen, zu keinen Beschwerden. Der Flickerstörfaktor, der dabei an der benachbarten 110-kV-SS für die öffentliche Versorgung auftritt, liegt bei $A_{st} < 0,8$ bzw. $A_{lt} < 0,3$. Auch diese Pegel verursachen erfahrungsgemäß in der öffentlichen Versorgung keine Probleme.

| Flickerstörfaktoren ohne aktives Filter | $A_{st}$ | $A_{lt}$ | zulässig? |
|---|---|---|---|
| 220-kV-Anschluß (VP), mit $S''_k = 8,7$ GVA | 1,2 | 0,33 | ja |
| 110 kV öffentliche Versorgung, mit $S''_k = 4,5$ GVA | < 0,8 | < 0,3 | ja |

**Tabelle 6.2** Maximalwerte der Flickerstörfaktoren bei Anschluß des Lichtbogenofens nach Variante A

**Anschlußvariante B**

Bei der in **Bild 6.49** dargestellten Variante wird der Gleichstrom-Lichtbogenofen aus dem 110-kV-Netz versorgt. Die 110-kV-Sammelschienen für die öffentliche Versorgung und die industrielle Versorgung des Lichtbogenofens sind bei dieser Variante zu einer Sammelschiene (siehe Bild 6.49, VP) zusammengefaßt. Gespeist wird diese

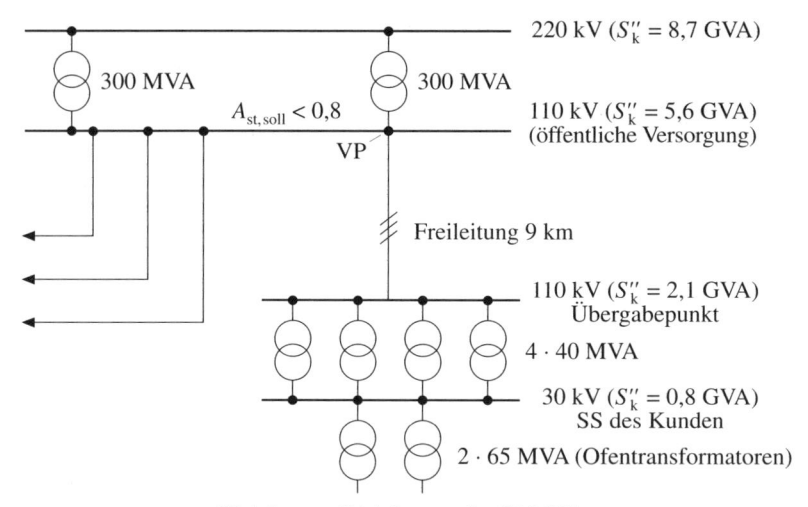

**Bild 6.49** Netzanschluß eines industriellen Großkunden (Lichtbogenofen) über 110-kV-SS (Variante B)

110-kV-SS im Gegensatz zur Variante A über zwei 300-MVA-Transformatoren aus dem 220-kV-Netz. Die Kurzschlußleistung an der 110-kV-SS (VP) ergibt sich dann zu 5,6 GVA. Nach der Freileitung reduziert sich die Kurzschlußleistung an dem 110-kV-Übergabepunkt auf einen Wert von 2,1 GVA. An der 30-kV-Sammelschiene des Kunden wird schließlich eine Kurzschlußleistung von 0,8 GVA erreicht.

In **Tabelle 6.3** sind die durch den Lichtbogenofen hervorgerufenen Flickerstörpegel dieser Netzanschlußvariante aufgeführt. Die wesentliche Aussage dieser Störfaktoren ist, daß die Werte an der 110-kV-SS mit der öffentlichen Versorgung deutlich zu hoch liegen und erfahrungsgemäß zu Beschwerden über Flicker führen. Für die Realisierung dieser Netzanschlußvariante des Industriebetriebs sind Abhilfemaßnahmen bezüglich der Störung durch Flicker erforderlich.

| Flickerstörfaktoren ohne Filter | $A_{st}$ | $A_{lt}$ | zulässig? |
|---|---|---|---|
| 110-kV-SS (VP), mit $S_k'' = 5{,}6$ GVA | 4,50 | 1,24 | nein |
| 110-kV-Übergabepunkt, mit $S_k'' = 2{,}1$ GVA | 85,32 | 23,46 | nein |
| 30-kV-SS des Kunden, mit $S_k'' = 0{,}8$ GVA | 1 543,40 | 424,40 | nein |

**Tabelle 6.3** Maximalwerte der Flickerstörfaktoren bei Anschluß des Lichtbogenofens nach Variante B

Um die Möglichkeiten für das Realisieren beider Varianten aus netzplanerischer Sicht zu zeigen, werden zunächst Lastflußuntersuchungen und Ausfallsimulationen durchgeführt. Im Anschluß daran wird dann der Einsatz aktiver Filter zur Reduktion des in Anschlußvariante B störenden Flicker betrachtet.

### 6.6.2.1.1 Lastflußuntersuchung der verschiedenen Netzanschlußvarianten

Im folgenden wird untersucht, inwieweit die Netzanschlußvarianten A und B den Anforderungen der Netzplanung an die Lastflußverteilung und der $(n-1)$-Sicherheit genügen. Für die verschiedenen Netzanschlußvarianten aus Abschnitt 6.6.2.1 werden Berechnungen des Lastflusses sowie Simulationen des Ausfalls von jeweils einem Betriebsmittel vorgenommen. Ziel dieser Berechnungen ist es, die Spannungen in allen Netzknoten und die Leistungsflüsse über alle Verbindungselemente zwischen den Knoten zu ermitteln. Daraus ergeben sich Werte für die Belastungen der einzelnen Betriebsmittel und das Einhalten der Grenzen des zulässigen Spannungsbands.

Die Berechnungen werden mit den in **Bild 6.50** dargestellten 110-kV-Netzgruppen und dem übergeordneten 220/380-kV-Netz mit dem Netzberechnungsprogramm INTEGRAL durchgeführt. Die grundlegenden Daten der Belastungen und Einspeisungen in den einzelnen Netzknoten sind für einen Winterstarklastfall vorgegeben. Für das Darstellen der Lastflußergebnisse wird ein Netzausschnitt ausgewählt, der die Anschlußvarianten des Industriekunden mit Netzbereichen aus dem 220/380-kV-Netz und aus einer 110-kV-Netzgruppe umfaßt. Diese Einschränkung ist zulässig, da sich die Veränderungen der Lastflußergebnisse in größerer elektrischer Entfernung in sehr engen Grenzen halten.

**Bild 6.51** zeigt die Ergebnisse der Lastflußrechnung der Netzanschlußvariante A nach Bild 6.48. Die Leistungsflüsse sind an den Verbindungselementen in Wirk- und

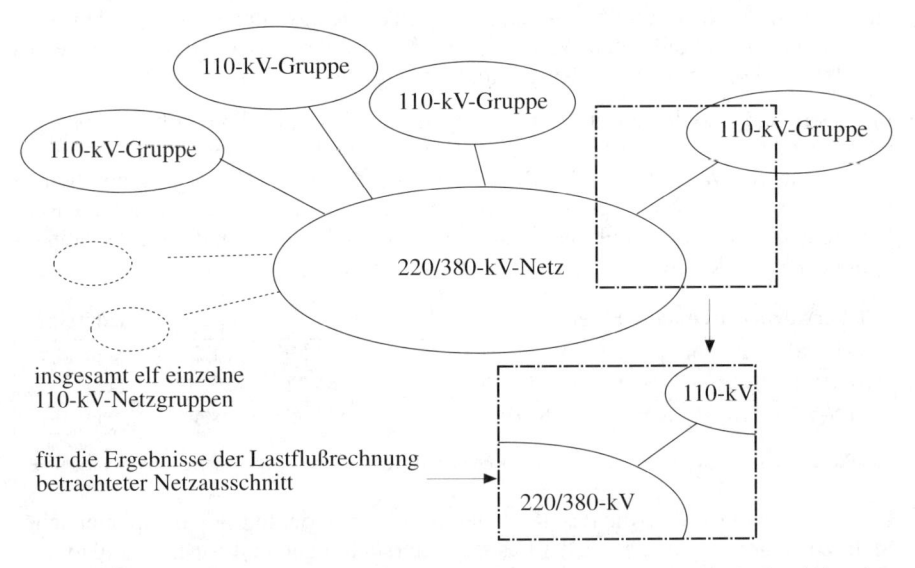

**Bild 6.50** Übersicht über die für die Lastflußrechnungen zugrunde gelegte Netztopologie mit dem für die Ergebnisdarstellung relevanten Netzausschnitt

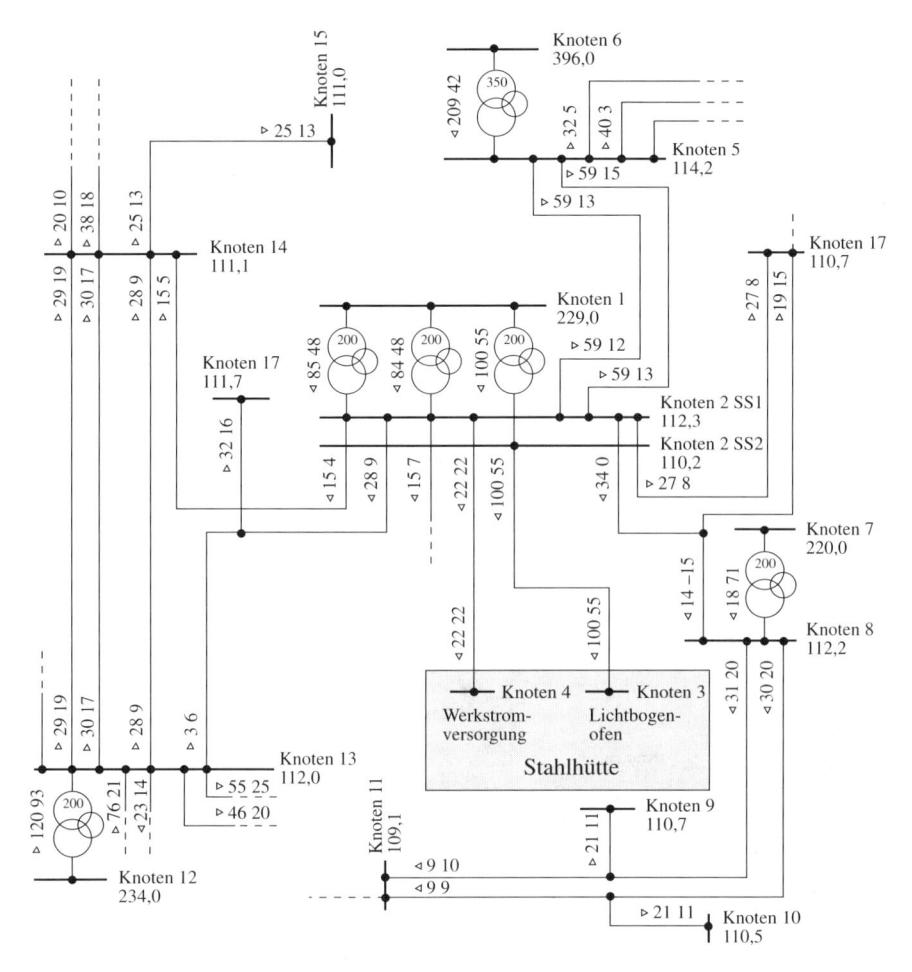

**Bild 6.51** Ergebnisse der Lastflußrechnung nach Anschlußvariante A aus Bild 6.48 (Winterstarklast, 31. 01. 1997); die erste Zahl bezeichnet die Wirkleistung in MW, die zweite Zahl die Blindleistung in Mvar, die dritte Zahl die Spannung in kV; die Pfeilspitzen zeigen die Lastflußrichtung im Netz; Beispiel Knoten 15: 25 MW, 13 Mvar, 111,0 kV

Blindleistungsbeträgen in MW bzw. Mvar angegeben. An den Netzknoten sind die Knotenspannungsbeträge in kV aufgezeichnet. Wie die Rechnung gezeigt hat, kommt es bei dieser Netzanschlußvariante zu keiner Betriebsmittelüberlastung oder einer Verletzung des maximal zulässigen Spannungsbands von $U_n \pm 10\,\%$. Bei den Simulationen für den Nachweis der $(n-1)$-Sicherheit hat sich keine kritische Belastung eines Betriebsmittels von mehr als 90 % der Nennleistung ergeben. Aus netz-

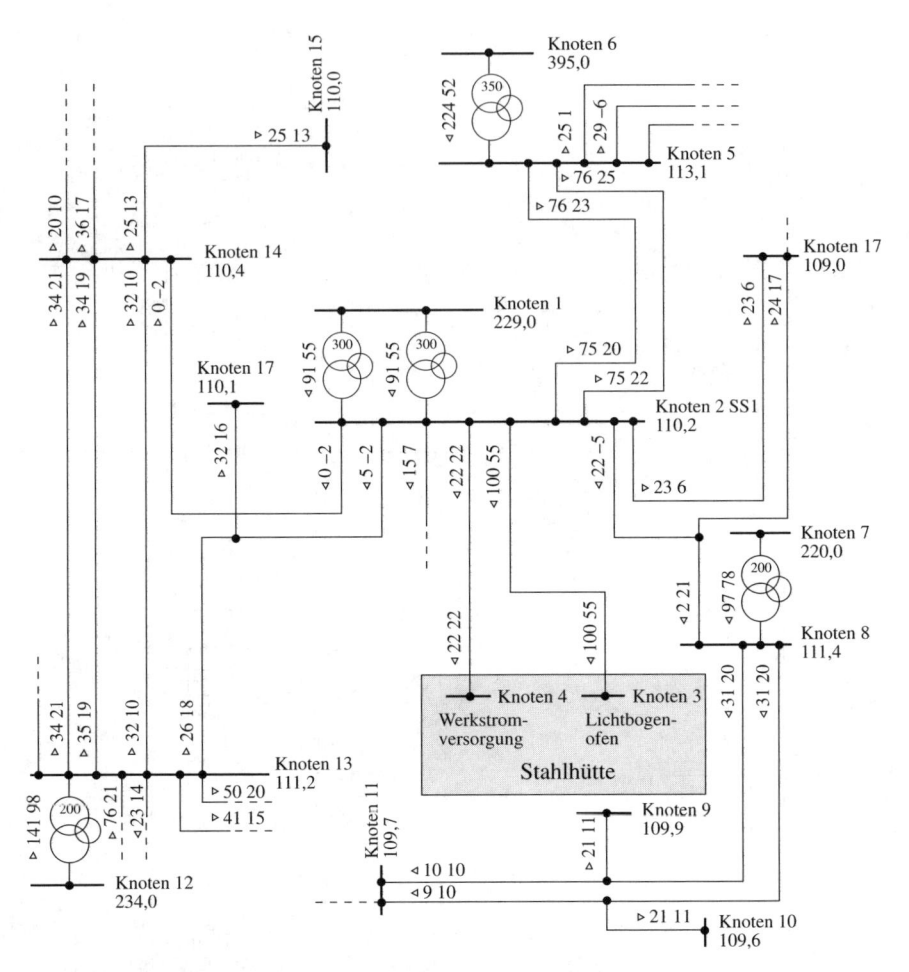

**Bild 6.52** Ergebnisse der Lastflußrechnung nach Anschlußvariante B aus Bild 6.49 (Erläuterungen siehe Bild 6.51)

planerischer Sicht ist diese Anschlußvariante nach dem $(n-1)$-Kriterium und der Lastflußverteilung ohne Bedenken realisierbar.

In **Bild 6.52** sind die Ergebnisse der Lastflußrechnung für die Planungsvariante B aufgezeichnet. Auch bei dieser Variante treten keine Komplikationen bezüglich einer Verletzung der maximal zulässigen Spannungsabweichungen oder einer überhöhten Betriebsmittelbelastung auf.

**Bild 6.53** zeigt ein Ergebnis der Ausfallrechnung zum Überprüfen des $(n-1)$-Kriteriums. Tritt der Fall ein, daß einer der beiden 300-MVA-Transformatoren zwischen

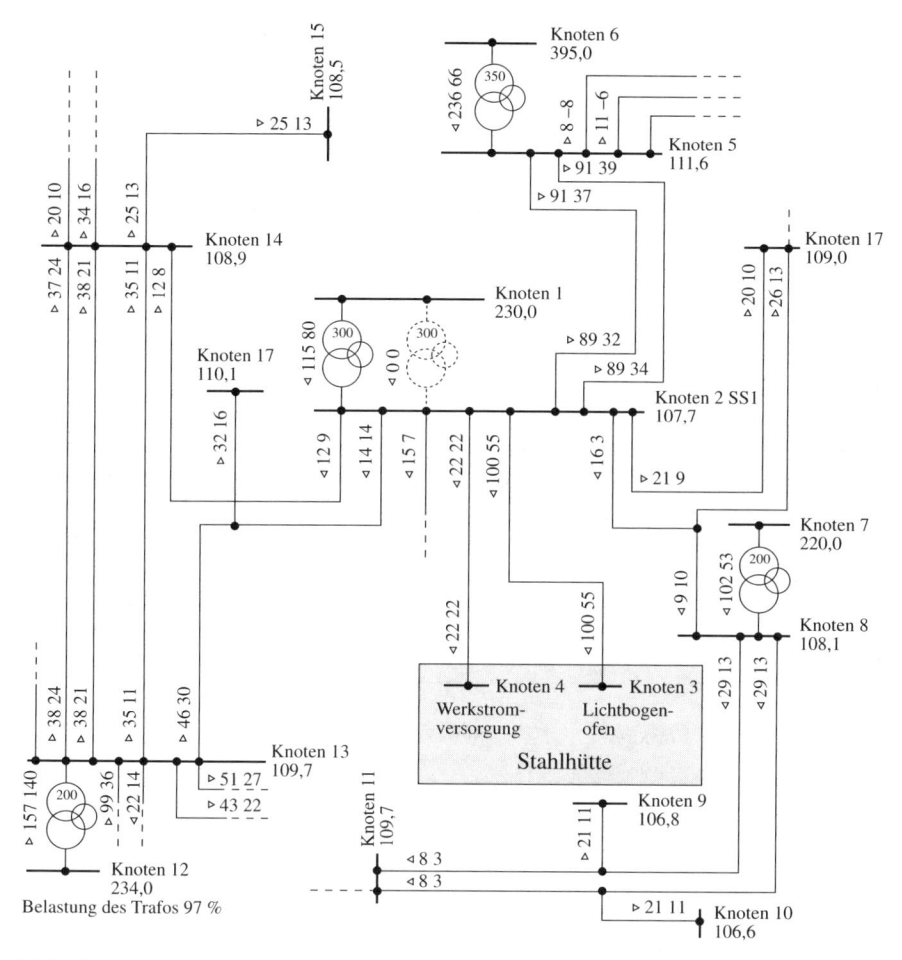

**Bild 6.53** Ergebnisse der Ausfallrechnung nach Anschlußvariante B beim Ausfall eines der beiden 300-MVA-Transformatoren zwischen Knoten 1 und Knoten 2 (Erläuterungen siehe Bild 6.51)

den Knoten 1 und 2, die das 110-kV-Netz aus dem 220-kV-Netz speisen, ausfällt, kommt es beim 200-MVA-Transformator zwischen Knoten 12 und 13 zu einer Betriebsmittelbelastung von etwa 97 %. Bei dieser Auslastung ist eine besondere Beobachtung des Transformators in einem solchen Szenario empfehlenswert. Diese Netzanschlußvariante des Industriekunden kann somit unter den Gesichtspunkten der Lastflußverteilung und der ($n-1$)-Sicherheit problemlos verwirklicht werden.

| Flickerstörfaktoren | $A_{st,ist}$ (ohne Filter) | $A_{st}$ (mit Filter) | erforderlicher Reduktionsfaktor |
|---|---|---|---|
| Einsatzort 1 | 4,50 | < 0,8 | etwa 6 |
| Einsatzort 2 | 85,32 | < 15,2 | etwa 6 |
| Einsatzort 3 | 1543,40 | < 274,40 | etwa 6 |

**Tabelle 6.4** Benötigte Reduktionsfaktoren für die Flickerstörfaktoren bei der Betrachtung der verschiedenen Einsatzorte des Filters nach Bild 6.53

### 6.6.2.1.2 Einbinden aktiver Filter in die Netzanschlußplanung

Nach dem grundsätzlichen Betrachten der Netzanschlußvarianten bezüglich der Lastflußuntersuchungen werden im folgenden die erforderlichen Abhilfemaßnahmen zur Reduktion der Flickerstörwirkung in der Anschlußvariante B überprüft.

Hierzu werden drei Möglichkeiten für den Einsatz eines aktiven Filters näher betrachtet. Zum einen kann das Filter, wie in **Bild 6.54** dargestellt, direkt an die 110-kV-SS der öffentlichen Versorgung (Einsatzort 1 mit $S_k'' = 5{,}6$ GVA) angeschlossen werden. Zum anderen ist der Anschluß an den 110-kV-Kundenanschluß (Einsatzort 2 mit $S_k'' = 2{,}1$ GVA) nach der 9 km langen Freileitung oder der Anschluß an die 30-kV-Ebene innerhalb des Industrienetzes (Einsatzort 3 mit $S_k'' = 0{,}8$ GVA) möglich.

Der Störfaktor an der 110-kV-SS für die öffentliche Versorgung liegt mit $A_{st} = 4{,}5$ deutlich zu hoch, so daß bei dieser Anschlußvariante Maßnahmen zur Reduktion der

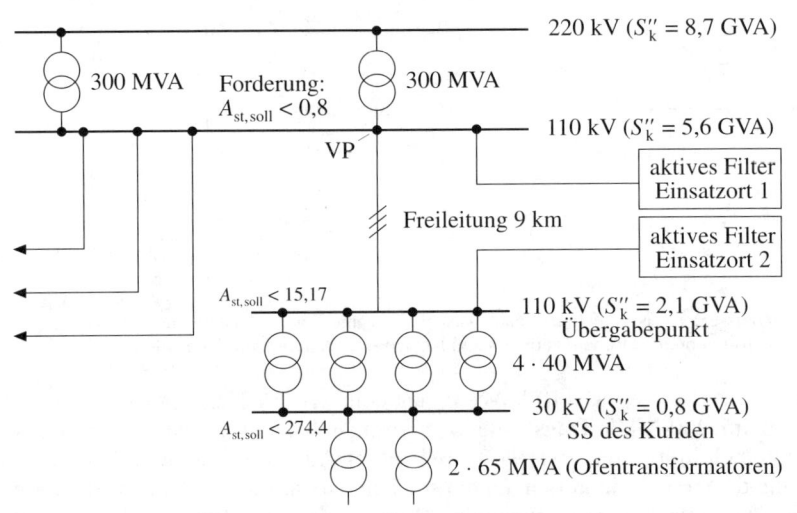

**Bild 6.54** Netzanschluß des industriellen Großkunden nach Variante B mit aktivem Filter an drei verschiedenen Einsatzorten

Flickerpegel getroffen werden müssen. Um Beschwerden über Flicker zu vermeiden, sollen die Störfaktoren am Verknüpfungspunkt VP auf die Pegel von $A_{st} < 0{,}8$ bzw. $A_{lt} < 0{,}3$ reduziert werden.

Hieraus ergeben sich drei verschiedene Filterleistungen, da sich die Kurzschlußleistungen in den Anschlußpunkten des Filters (und somit auch die Tiefe der dort wirksamen relativen Spannungsänderungen, die für die Dimensionierung des Filters berücksichtigt werden müssen) in den verschiedenen Einsatzorten unterscheiden.

Da das Betriebsverhalten des Lichtbogenofens unabhängig von der Spannungsebene im Kundenanschluß ist, besteht der einzige Unterschied bezüglich der Berechnung des Flickerstörfaktors zwischen dem 220-kV-, dem 110-kV- und dem 30-kV-Anschluß in der Tiefe der durch die Lastschwankungen hervorgerufenen relativen Spannungsänderungen $d$, die kubisch in die Berechnung des Flickerstörfaktors eingehen. Mit den Gln. (6.7) und (6.8) kann man die relative Spannungsänderung und somit auch den Flickerstörfaktor in der 110-kV- und in der 30-kV-Spannungsebene abschätzen.

$$d_{110\,kV} = d_{220\,kV} \cdot \left(\frac{S''_{k\,220\,kV}}{S''_{k\,110\,kV}}\right) \qquad (6.7)$$

$$A_{st\,110\,kV} = A_{st\,220\,kV} \cdot \left(\frac{S''_{k\,220\,kV}}{S''_{k\,110\,kV}}\right)^3 \qquad (6.8)$$

Die $A_{lt}$-Werte werden analog berechnet.

Die Kurzschlußleistung an der 110-kV-Sammelschiene wird aufgrund der mehrfachen Einspeisung in die 110-kV-Spannungsebene durch eine Kurzschlußstromberechnung ermittelt. Bei dem zunächst sehr hoch erscheinenden Flickerstörfaktor am Ende des 110-kV-Kundenanschlusses mit einer Kurzschlußleistung von 2,1 GVA muß berücksichtigt werden, daß es sich hierbei nicht um den Verknüpfungspunkt handelt und daß daher der $A_{st}$-Störfaktor nicht auf den Wert 0,8 reduziert werden muß. Die Reduktion muß so gewählt sein, daß am Verknüpfungspunkt mit dem öffentlichen 110-kV-Netz der Pegel den Wert 0,8 nicht überschreitet. Das wird schon dann erreicht, wenn der $A_{st}$-Wert am Ende des 110-kV-Kundenanschlusses 15,2 beträgt. An der 30-kV-SS darf analog zu den vorherigen Aussagen der Flickerpegel $A_{st}$-Werte bis zu etwa 275 annehmen, ohne daß dieser sich störend auf die öffentliche 110-kV-Versorgung auswirkt.

Für die Reduktion der Flickerstörfaktoren $A_{st}$ auf einen verträglichen Pegel an der 110-kV-SS, von der aus auch das öffentliche Netz gespeist wird, ist an den drei Einsatzorten ein Reduktionsfaktor des Flickerpegels von etwa 6 erforderlich. Der ausschlaggebende Faktor für die Bestimmung der relativen Spannungsänderung $d$ ist der Lasthub, der nach Bild 6.39 zum einen mit 100 % der Ofenleistung und einer Wiederholrate von etwa 2 in 10 min oder zum anderen mit 20 % der Ofenleistung und einer Wiederholrate von 700 in 10 min angenommen werden kann. Weitaus flickerkritischer sind in der Regel die häufiger auftretenden, kleineren Lastschwankungen, die bei dem hier betrachteten Lichtbogenofen im Bereich zwischen 10 MVA und 30 MVA liegen. Die Dimensionierung der Filterleistung mit dem in Abschnitt 6.6 entwickelten Dimensionierungsleitfaden hat für die verschiedenen Einsatzorte die in **Tabelle 6.5** dargestellten UPCS-Leistungen ergeben.

Aus der Tabelle geht hervor, daß die Filterleistung mit zunehmender elektrischer Entfernung vom Störer aufgrund der steigenden Kurzschlußleistung größer dimensioniert werden muß. Die vom Filter gelieferte Kompensationsleistung, die von der Tiefe der relativen Spannungsänderung und somit auch vom Verhältnis $\Delta S_A / S_k''$ abhängig ist, steigt mit zunehmender Regelabweichung, die durch diese Spannungsänderung $d$ bestimmt wird.

| Ort des Filters | $S_{Filter}/[MVA]$ | $S_{Filter}/\Delta S_A$ | $S_{Filter}/S_k''$ |
|---|---|---|---|
| Einsatzort 1 | 20 | 0,66 | 0,0035 |
| Einsatzort 2 | 8 | 0,26 | 0,0041 |
| Einsatzort 3 | 6 | 0,20 | 0,0084 |

**Tabelle 6.5** Absolute und bezogene Filterleistungen für die verschiedenen Einsatzorte

### 6.6.2.2 Optimieren des Einsatzorts aktiver Filter

Die Effektivität eines aktiven Netzfilters wird in großem Maß durch den Einsatzort mitbestimmt. Die Kompensationseigenschaften des UPCS beispielsweise hängen von der Größe der auftretenden Störpegel und von der Kurzschlußleistung im Anschlußpunkt des Filters ab. Daher ist das Filter am besten möglichst dicht am störenden Betrieb oder an der störenden Anlage einzusetzen. In Fällen, in denen sich lediglich einige wenige über Störungen, wie Flicker oder Oberschwingungen, beschweren, ist die Möglichkeit einer dezentralen Kompensation gegenüber einer zentralen Kompensation am Störer in Betracht zu ziehen. Ist die Summe der für eine dezentrale Kompensation benötigten Filterleistung niedriger, müssen vor dem Hintergrund zukünftiger Last- und Netzentwicklungen die Vor- und Nachteile der Möglichkeiten abgewogen werden. In diesem Zusammenhang bieten aktive Filter den großen Vorteil der Mobilität, so daß selbst Änderungen des Einsatzorts die Einsatzmöglichkeiten des Filters nicht eingrenzen.

### 6.6.3 Bewerten aktiver Netzfilter aus Sicht der Netzplanung

Für viele industrielle Großkunden stellt die Stromversorgung einen wichtigen Wettbewerbs- und Standortfaktor für die Behauptung auf dem Markt dar. Die Anforderungen einiger Industriekunden an die Energieversorger werden sich aber im zukünftigen Wettbewerb erhöhen. Um diesen veränderten Anforderungen nachzukommen, ist es die Aufgabe der EVU, eine Bedarfsanalyse bei den Kunden durchzuführen und ein entsprechend differenziertes Dienstleistungsangebot auszuarbeiten, das sich dann auch in der Preisstruktur niederschlägt.

Zu einem solchen Dienstleistungsangebot läßt sich auch die lokale Reduktion der Netzrückwirkungen eines Industriebetriebs durch den Einsatz aktiver Netzfilter zählen. Durch Verwenden aktiver Filter in der Netzplanung kann die Anzahl möglicher Planungsvarianten und somit die Flexibilität erhöht werden. Diese Varianten unterscheiden sich dann in den Kosten, dem möglichen Realisierungszeitraum sowie in der sich daraus ergebenden Versorgungsqualität für den Kunden, so daß bezüglich dieser Kriterien ein kundenspezifisches Optimum gefunden werden kann. Hier sind besonders die durch eine nicht angepaßte Versorgungsqualität entstehenden Ausfall- und Ausfallfolgekosten zu berücksichtigen, die z. B. durch ein aktives Filter reduziert werden können. Die sich dadurch bietenden Vorteile der Flexibilisierung des Netzanschlusses eines Kunden können insbesondere zum Befriedigen der Kundenbedürfnisse genutzt werden. Für den Kunden und das EVU kann dies zu einer Kostenersparnis und auf beiden Seiten zu einem Wettbewerbsvorteil führen. Ein weiterer Vorteil, den die aktiven Netzfilter für die Netzplanung mit sich bringen, besteht im Versorgen der im Zuge der Modernisierung eingesetzten, extrem spannungsempfindlichen Lasten mit einer lokal an die Anforderungen angepaßten Versorgungsqualität, so daß sich aufwendige Netzaus- oder -umbauplanungen vermeiden lassen.

## 6.7  Literatur

[6.1] Mohan, N.; Undeland, T.; Robbins, T.: Power Electronics. John Wiley & Sons, 2nd Edition, 1995
[6.2] Ratering, B.; Schnitzler; Kriegler, U.: Versorgungssicherheit und Spannungsqualität durch UPCS – Unified Power Conditioning System. VDI-Fachtagung „USV und Sicherheitsstromversorgung III". Leipzig, November 1996
[6.3] Ratering, B.; Schnitzler: Einsatz eines Schwungmassenspeichers zur Überbrückung von Spannungseinbrüchen und kurzfristigen Versorgungsunterbrechungen. VDI-Fachtagung „Energiespeicherung für elektrische Netze". Gelsenkirchen, November 1998
[6.4] Briest, R.; Darrelmann, H.: Alternative Power Storages for UPS-Systems. Conference Proceedings „European Power Quality 97", ZM Communications GmbH, 1997
[6.5] Apelt, O.; Hoppe, W.; Handschin, E.; Stephanblome, T.: LimSoft – Ein innovativer leistungselektronischer Stoßkurzschlußstrombegrenzer. Elektrizitätswirtschaft 96 (1997) H. 26, S. 1599–1603
[6.6] Schroeder, M.: Einsatz und Auslegung aktiver Filter zur Netzrückwirkungskompensation. Technischer Bericht der EUS GmbH, Gelsenkirchen, 1997

# 7 Anleitung zum praxisorientierten Vorgehen

## 7.1 Bestandsaufnahme der Spannungsqualität (Oberschwingungen) in MS-Netzen

**Aufgabenstellung**

In Mittel- und Niederspannungsnetzen der öffentlichen und industriellen Elektroenergieversorgung ist die Bestandsaufnahme der vorhandenen Spannungsoberschwingungen sowie unter Umständen deren zeitliche Veränderung während eines Jahres oder auch die Entwicklung über mehrere Jahre von Interesse. Folgende Vorgehensweise ist empfehlenswert:

**Netzdatenbeschaffung**

Analyse des Netzplans
– Spannungsebene, Kabel- und Freileitungsanteile, einspeisende Spannungsebene
– Netzdaten, Kurzschlußleistung

Analyse der Verbraucherstruktur nach Spannungsebenen
– Niederspannungsnetz
  Wohngebiete; ländliche Gebiete; Gewerbegebiete; Büro-, Geschäfts- und Kaufhäuser wie in Stadtzentren; Sonderverbraucher
– Mittelspannungsnetz
  Städtische Versorgung oder ländliche Versorgung mit und ohne Industrie- und Gewerbelasten; Industrieversorgung; Speisungen für Bahnstromrichter; eventuell Eigenerzeugungsanlagen (Windkraft oder Photovoltaik)

**Meßtechnische Aspekte**

Festlegen eines Meßprogramms
– Zeitdauer eine Woche (Werktage und Wochenende)
– Jahresverlauf (durch Messung im Sommer und Winter)

Messen der Spannungsoberschwingungen
– Stromoberschwingungen messen bei großen Oberschwingungserzeugern oder Verbrauchergruppen

Wiederholen der Messungen und Auswertungen
– gleiche oder ähnliche Lastbedingungen für Messungen über verschiedene Jahre
– Messungen zu unterschiedlichen Jahreszeiten

## Auswerten und Bewerten

– Auswerten der Messungen im Vergleich verschiedener Lasten, Wochentage usw.
– Vergleich von Wochentag und Wochenende
– Handlungsbedarf besteht bei Überschreiten von Verträglichkeitspegeln

## Beispiel

Nachfolgend sind einige beispielhafte Messungen aufgeführt. Die Meßergebnisse sind nicht einheitlich dargestellt, da mit verschiedenen Systemen gemessen wurde. Die Ergebnisse weiterer systematischer Messungen sind in [7.1] enthalten.

In **Bild 7.1** ist der ausgeprägte Verlauf der fünften Spannungsoberschwingung aufgrund der verstärkten Nutzung von Geräten der Konsumelektronik (Fernsehgeräte) in den Abendstunden und am Wochenende zu sehen. Der insgesamt am Wochenende erhöhte Spannungspegel ist auch auf die verringerte Netzlast und die damit verbundene geringere Dämpfung zurückzuführen.

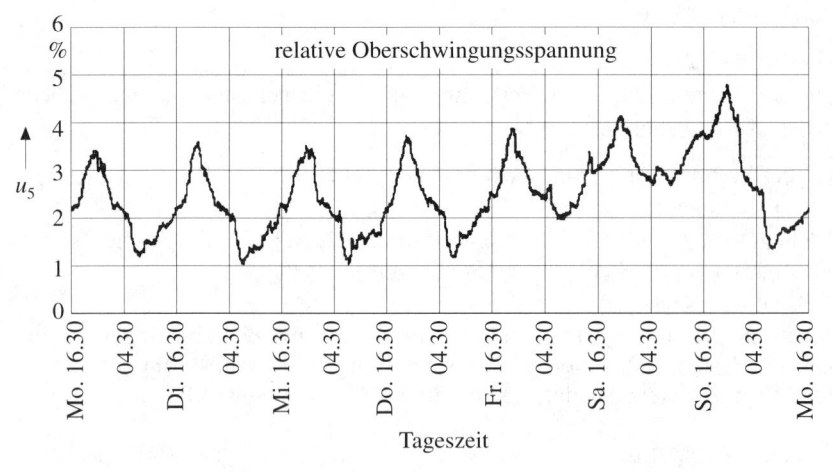

**Bild 7.1** Verlauf der fünften Spannungsoberschwingung in einem 10-kV-Netz während einer Woche im Juli, städtisches Wohngebiet, $P_{max}$ = 8,7 MW

**Bild 7.2** zeigt den starken Anstieg der fünften Spannungsoberschwingung in einem Neubaugebiet über einen Zeitraum von fünf Jahren, verursacht durch den Anstieg der Haushaltslast mit Verbrauchsgeräten der Konsumelektronik.

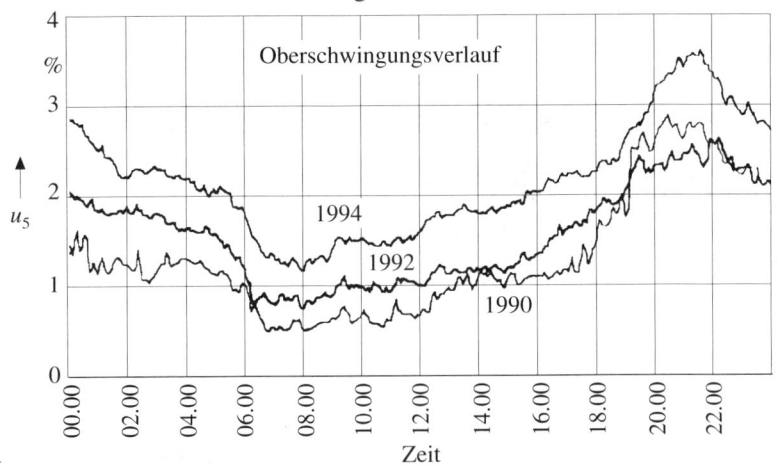

**Bild 7.2** Verlauf der fünften Spannungsoberschwingung in einem 10-kV-Netz während eines Arbeitstags im September für verschiedene Jahre, städtisches Wohngebiet mit ca. 30 % Kleingewerbe; 1990: $P_{max} = 4$ MW; 1992: $P_{max} = 7{,}1$ MW; 1992: $P_{max} = 16$ MW

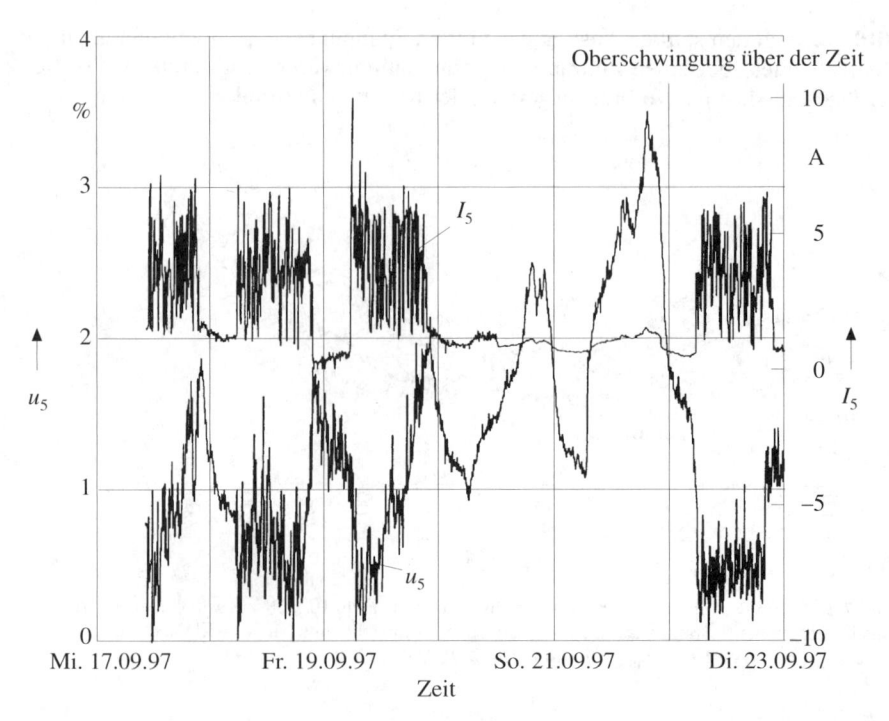

**Bild 7.3a** Verlauf von Oberschwingungsspannungen und -strömen der Ordnung 5 in einem 30-kV-Industrienetz, Leistung des angeschlossenen Stromrichters $P = 2{,}8$ MW; Meßdauer Mittwoch 10.00 Uhr bis Dienstag 10.00 Uhr

**Bild 7.3** zeigt den Verlauf der Oberschwingungsspannungen der Ordnungen 5 (Bild 7.3a) und 13 (Bild 7.3b) für ein 30-kV-Industrienetz mit dominierender Last durch zwölfpulsige Stromrichter. Es ist zu erkennen, daß der Verlauf der fünften Oberschwingung nur unwesentlich von den Stromrichteranlagen, sondern vor allem durch die an das übergeordnete 110-kV-Netz angeschlossenen Mittelspannungsnetze verursacht wird. Der Verlauf der 13. Oberschwingungsspannung dagegen wird durch die Stromrichter bestimmt. Man erkennt weiterhin am Verlauf der Oberschwingungsspannung, daß am Freitag bei annähernd gleichem eingespeistem Strom die Oberschwingungsspannung wesentlich geringer ist als an den vorherigen Tagen. Dies ist offensichtlich auf eine Umschaltung im Netz zurückzuführen, durch die eine vorher vorhandene Netzresonanz verschoben oder die Netzimpedanz verringert wurde.

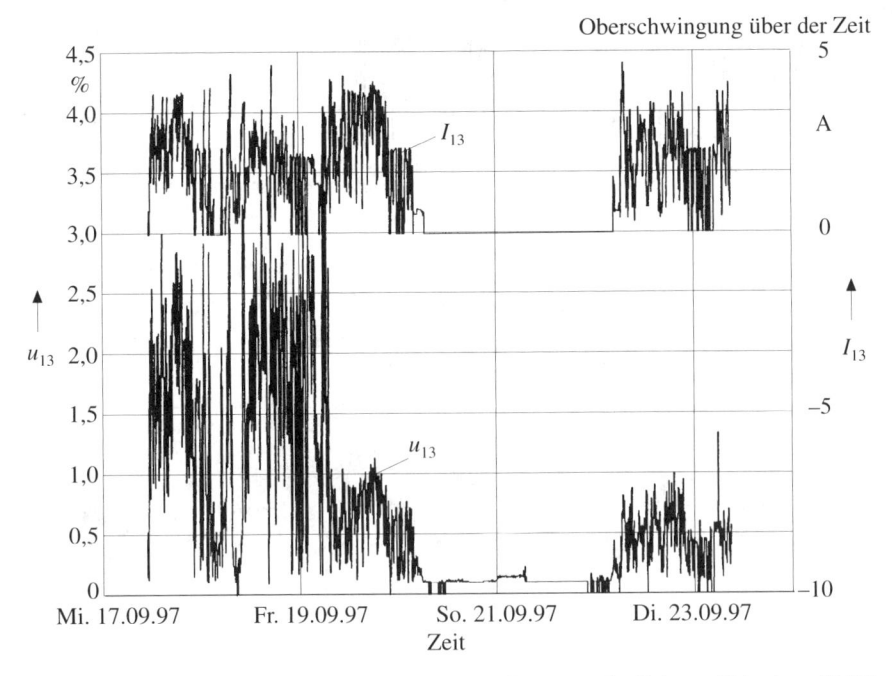

**Bild 7.3b** Verlauf von Oberschwingungsspannungen und -strömen der Ordnung 13 in einem 30-kV-Industrienetz, Leistung des angeschlossenen Stromrichters $P = 2{,}8$ MW; Meßdauer Mittwoch 10.00 Uhr bis Dienstag 10.00 Uhr

**Bild 7.4** zeigt den Verlauf der Grundschwingungswirkleistung sowie der Oberschwingungsspannungen der Ordnungen 5; 7; 11; 13 in einem öffentlichen Netz mit angeschlossenem Industriebetrieb, dessen Hauptlast ein zwölfpulsiger Umrichter mit $P = 4{,}1$ MW darstellt [7.2] (Netzanordnung nach Bild 7.5). Hier sind der geringe Einfluß der nichtcharakteristischen Oberschwingungen ($h = 5$; 7) sowie der dominierende Einfluß der charakteristischen Oberschwingungen ($h = 11$; 13) deutlich zu erkennen.

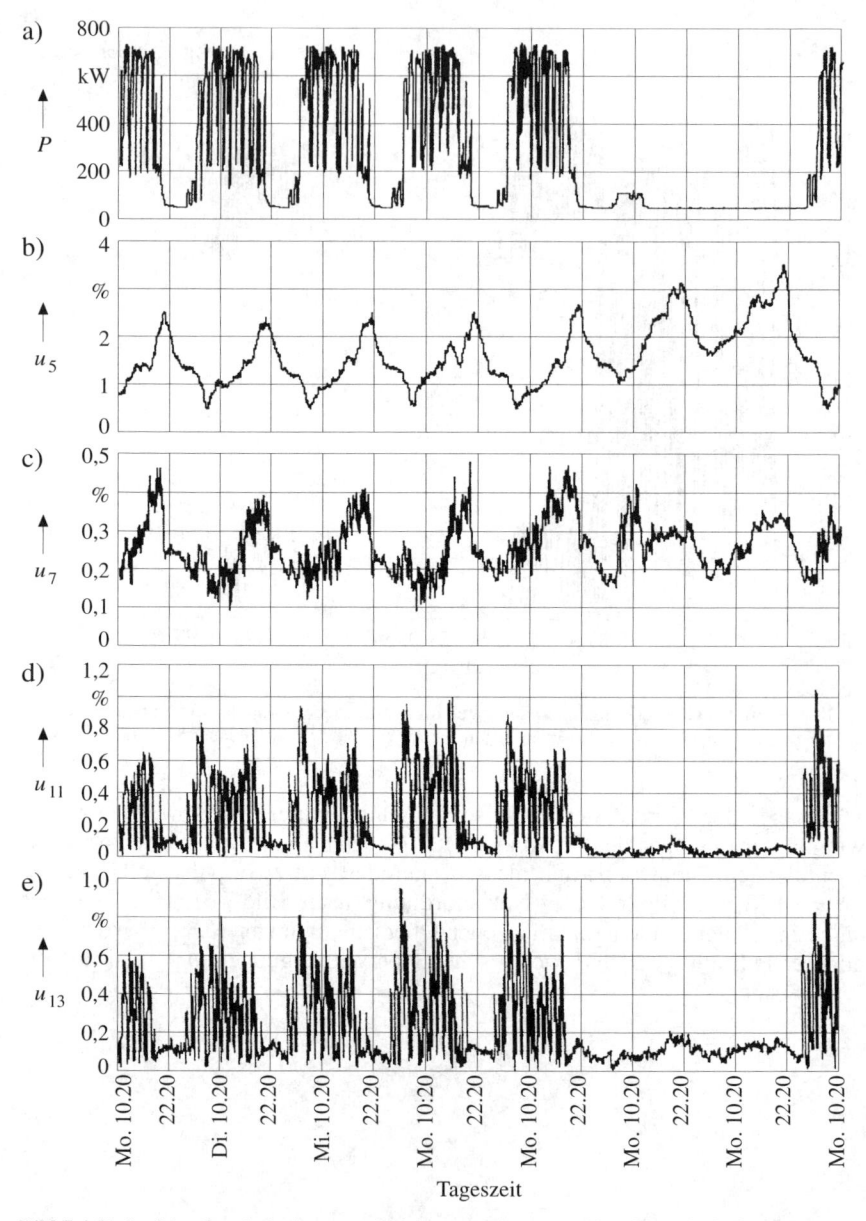

**Bild 7.4** Verlauf der Grundschwingungswirkleistung und ausgewählter Oberschwingungsspannungen in einem 10-kV-Netz mit Stromrichteranschluß $P = 4{,}1$ MW

## 7.2 Anschluß neuer oberschwingungserzeugender leistungsstarker Verbraucher

**Aufgabenstellung**

Der Anschluß leistungsstarker oberschwingungserzeugender Verbraucher, wie Stromrichtermotoren, Batteriespeicheranlagen und Umrichter der industriellen Erwärmungstechnik, kann nicht anhand der Störaussendungen beurteilt werden. Vielmehr sind Netzanalysen, Netzmessungen und gegebenenfalls Berechnungen durchzuführen, um den zulässigen Betrieb der Anlagen zu überprüfen. Die nachfolgend geschilderte grundsätzliche Vorgehensweise wird am Beispiel eines Mittelfrequenzinduktionsofens näher erläutert.

Der Anschluß eines Mittelfrequenz-Umrichters ($S_r$ = 4,84 MVA; zwölfpulsig) an ein städtisches 10-kV-Netz gemäß **Bild 7.5** wird untersucht. Als Netzanschlußpunkt ist die 10-kV-Schaltanlage im 110/10-kV-Umspannwerk anzusehen, da nur dort andere Verbraucher aus dem öffentlichen Netz versorgt werden. Das versorgte 10-kV-Netz wird als Strahlennetz betrieben. Signifikante Änderungen des Schaltzustands sind nicht möglich, insbesondere ist eine weitere Speisung des 10-kV-Netzes aus einem anderen 110/10-kV-Umspannwerk nicht möglich.

**Netzdaten**

Zum Beurteilen des Anschlusses des Umrichters sind die in Bild 7.5 eingetragenen Netzdaten notwendig.

Gemäß Herstellerangaben betragen die Oberschwingungsströme des Umrichters bei Bemessungsbetrieb:

$I_5$ = 5,03 A; $I_7$ = 3,19 A; $I_{11}$ = 13,92 A; $I_{13}$ = 8,61 A;
$I_{17}$ = 0,34 A; $I_{19}$ = 0,31 A; $I_{23}$ = 2,43 A; $I_{25}$ = 2,46 A.

**Meßtechnische Aspekte**

Zur Festlegung eines geeigneten Bewertungszeitrahmens wurde das Belastungsprofil des Industriebetriebs über eine Woche aufgenommen. Aus **Bild 7.6** und **Bild 7.7** erkennt man eine Periodizität des täglichen und wöchentlichen Betriebsablaufs aus dem Verlauf der Oberschwingungsspannungen am Netzanschlußpunkt beispielhaft für die elfte Spannungsoberschwingung zusammen mit dem Verlauf der Grundschwingungswirkleistung. Offensichtlich handelt es sich um Zweischichtbetrieb.

Es wurden Messungen der Oberschwingungsspannungen und -ströme mit definierten Betriebsbedingungen durchgeführt. Dabei ergab sich, daß die bei Bemessungsleistung des Umrichters auftretenden Stromoberschwingungen die Angaben des Herstellers zum Teil erheblich überschritten. Weiterhin wurden Messungen mit Begrenzen der Umrichterleistung auf 80 % bzw. 73 % der Bemessungsleistung durchgeführt, was die Oberschwingungsströme deutlich reduzierte. Alle Ergebnisse sind in **Bild 7.8** zusammengefaßt.

110 kV
3,138 GVA

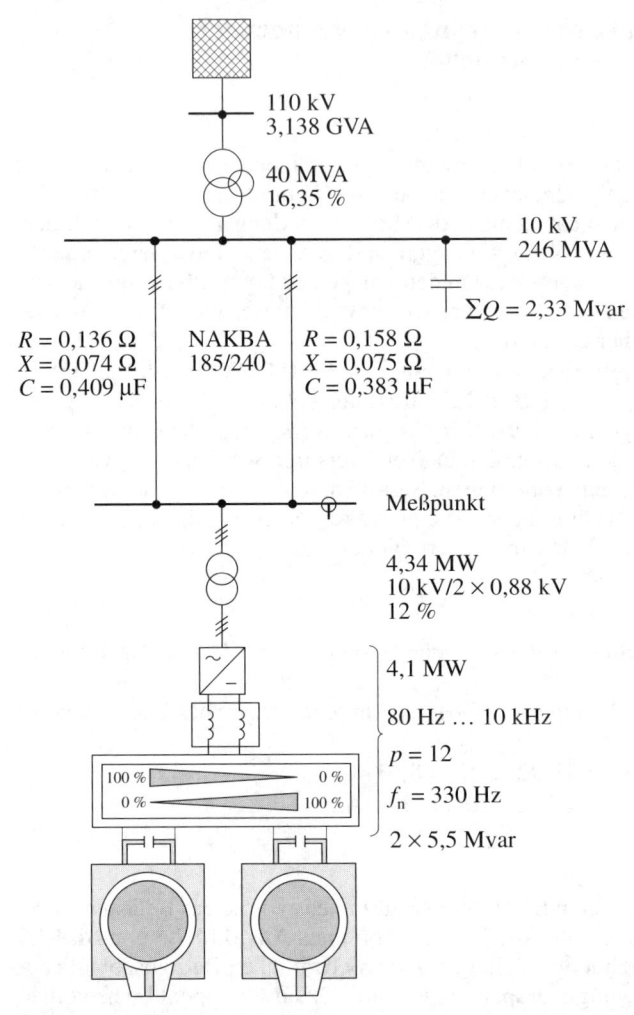

40 MVA
16,35 %

10 kV
246 MVA

$\Sigma Q$ = 2,33 Mvar

$R$ = 0,136 Ω     NAKBA    $R$ = 0,158 Ω
$X$ = 0,074 Ω    185/240    $X$ = 0,075 Ω
$C$ = 0,409 μF             $C$ = 0,383 μF

Meßpunkt

4,34 MW
10 kV/2 × 0,88 kV
12 %

4,1 MW

80 Hz ... 10 kHz

$p$ = 12

$f_n$ = 330 Hz

2 × 5,5 Mvar

**Bild 7.5** Anschlußschaltbild des untersuchten Mittelfrequenz-Umrichters zum Speisen eines Induktionsschmelzofens

## Bewerten der Messungen

Zum Bewerten der Zulässigkeit des Anschlusses wurden die Oberschwingungsstörfaktoren berechnet. Die Größen Netzebenenfaktor und Netzanschlußfaktor wurden

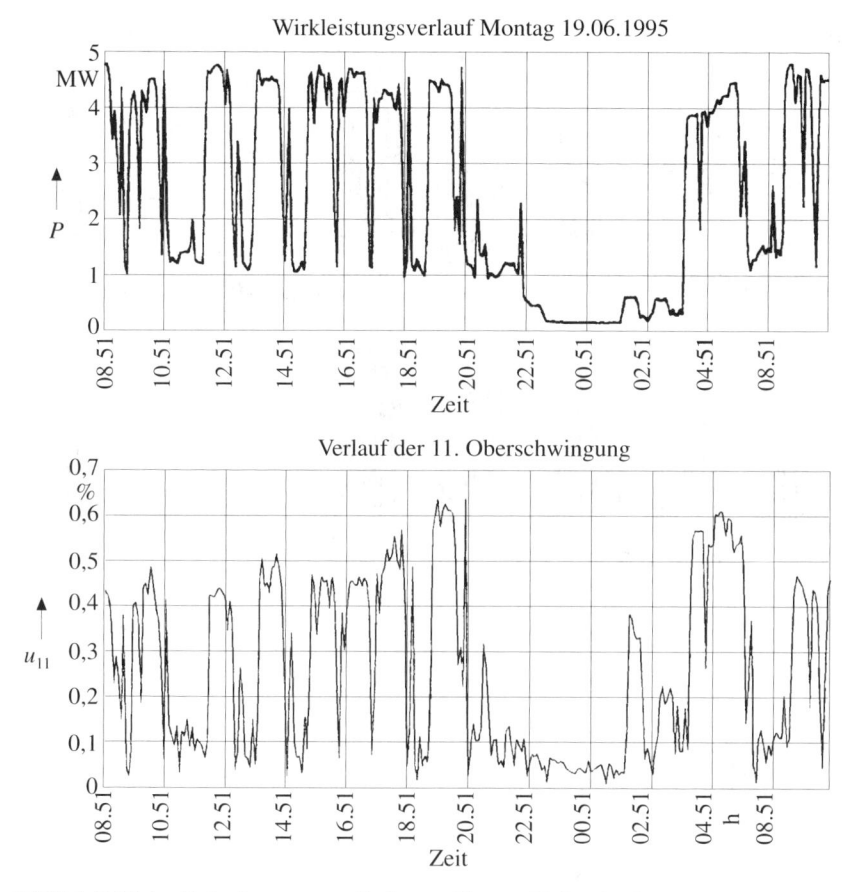

**Bild 7.6** Zeitlicher Verlauf gemessener Größen am Netzanschlußpunkt über einen Tag; Betriebsbedingung c) nach Bild 7.8
a) Grundschwingungswirkleistung
b) Oberschwingungsspannung elfter Ordnung

mit $k_{NMS} = 0{,}4$ und $k_A = 0{,}16$ festgelegt. Für unterschiedliche Betriebsbedingungen ergeben sich Oberschwingungsstörfaktoren nach **Tabelle 7.1**.
Der hohe Oberschwingungsstörfaktor für die elfte bzw. 13. Oberschwingung ist auf die Resonanzfrequenz des Netzes zurückzuführen. Die Hauptresonanz des Netzes am Verknüpfungspunkt berechnet sich mit den angegebenen Werten zu $f_{res} \approx 514$ Hz, sie liegt also in der Nähe der elften Oberschwingung.

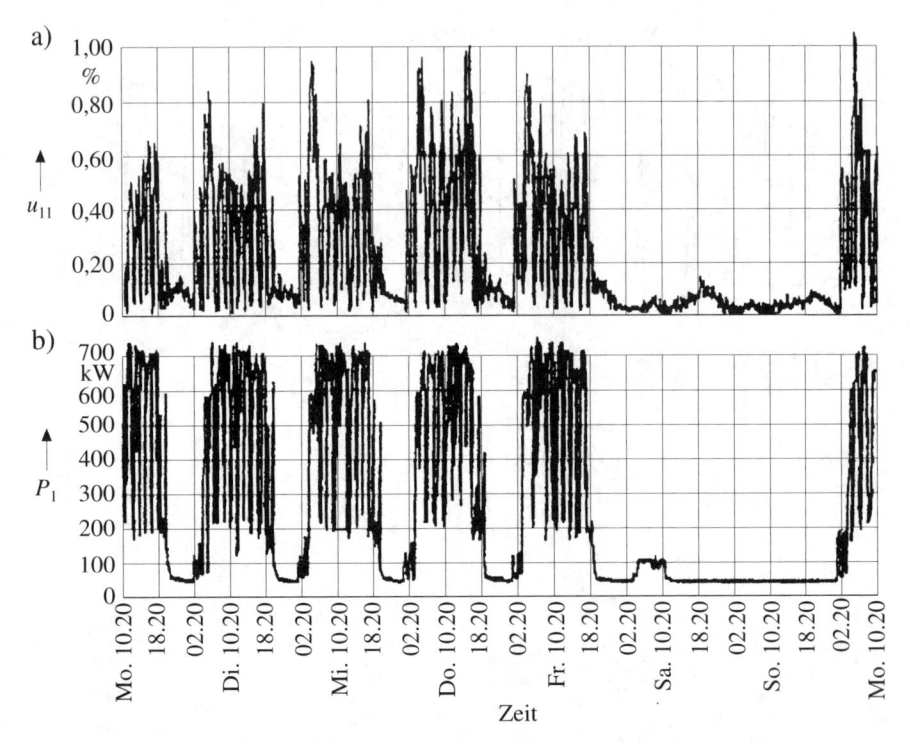

**Bild 7.7** Zeitlicher Verlauf gemessener Größen am Netzanschlußpunkt über eine Woche; Betriebsbedingung c) nach Bild 7.8
a) Oberschwingungsspannung elfter Ordnung
b) Grundschwingungswirkleistung eines Außenleiters

| Betriebsbedingung<br>Oberschwingung | a) | b) | c) | d) | e) |
|---|---|---|---|---|---|
| 5 | 0,03 | 0,008 | 0,009 | 0,001 | 0,002 |
| 7 | 0,031 | 0,009 | 0,014 | 0,002 | 0,003 |
| 11 | 0,36 | 0,365 | 0,462 | 0,432 | 0,302 |
| 13 | 0,417 | 0,448 | 0,668 | 0,576 | 0,395 |
| 17 | 0,09 | 0,344 | 0,419 | 0,097 | 0,142 |
| 19 | 0,052 | 0,166 | 0,242 | 0,119 | 0,076 |
| 23 | 0,127 | 0,122 | 0,395 | 0,151 | 0,125 |
| 25 | 0,097 | 0,104 | 0,276 | 0,129 | 0,071 |

**Tabelle 7.1** Oberschwingungsstörfaktoren $B_h$ (95%-Häufigkeit) des Umrichters; Betriebsbedingungen gemäß Bild 7.8

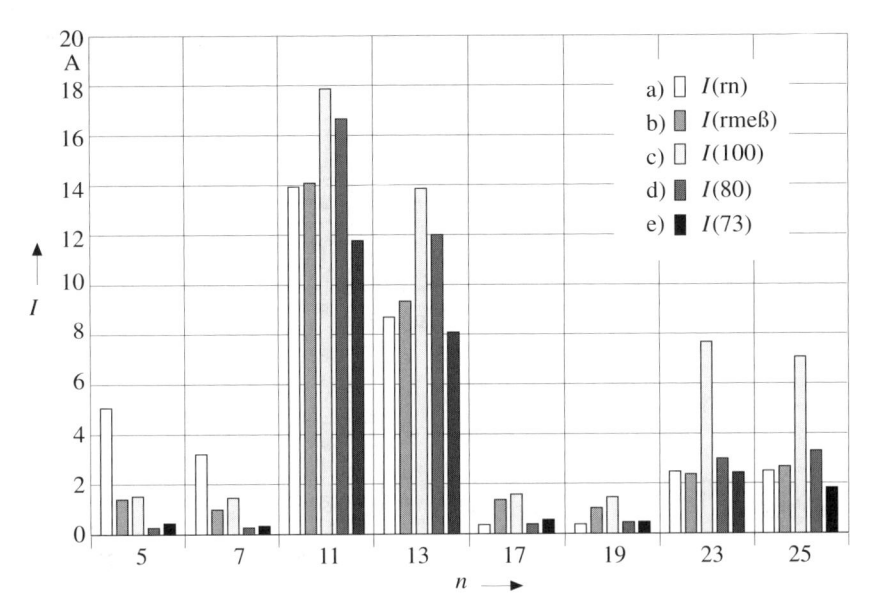

**Bild 7.8** 95%-Häufigkeit der größten Stromoberschwingungen für verschiedene Betriebsbedingungen (Gesamtmessung bis 2 kHz)
a) Bemessungsleistung gemäß Herstellerangaben
b) Bemessungsleistung (4,84 MVA/4,1 MW)
c) Maximale Füllung des Ofens
d) 80 % der Bemessungsleistung
e) 73 % der Bemessungsleistung

## Zusammenfassung und Schlußfolgerung

Ausgehend von den Oberschwingungsstörfaktoren $B_h$ nach Tabelle 7.1, zeigt die Bewertung, daß der uneingeschränkte Betrieb der Anlage nicht zulässig ist, da der maximale Oberschwingungsstörfaktor ($B_{13}$) bei allen Betriebsbedingungen bzw. Umrichtereinstellungen über dem lastanteilig zulässigen Wert liegt ($B_h > k_A \cdot k_{NMS}$). Für den Fall der Leistungsbegrenzung des Umrichters auf 73 % der Bemessungsleistung liegt der maximale Oberschwingungsstörfaktor jedoch unter dem für die Netzebene zulässigen Wert ($B_h > k_{NMS}$). Dem Betrieb der Anlage kann zugestimmt werden, wenn keine weiteren signifikanten Oberschwingungserzeuger am gleichen Netzanschlußpunkt angeschlossen sind oder diese die ihnen zustehenden Oberschwingungspegel nicht voll in Anspruch nehmen. Das trifft im vorliegenden Fall zu. Als Schlußfolgerung der Bewertung wurde Begrenzen der Leistung des Umrichters auf 73% der Bemessungsleistung in das Steuerungskonzept integriert. Im speziellen Fall hatte dies auf den Betriebsablauf keinen bedeutenden Einfluß; Schmelz- und Gießzeit einer Charge mußten trotz Leistungsbegrenzung nicht verlängert werden.

**Bild 7.9** zeigt statistische Kenngrößen der Spannungsoberschwingungen der Ordnungen 2 bis 25 für den auf $0{,}73 \cdot P_r$ begrenzten Betrieb des Umrichters für den Meßzeitraum Montag bis Freitag.

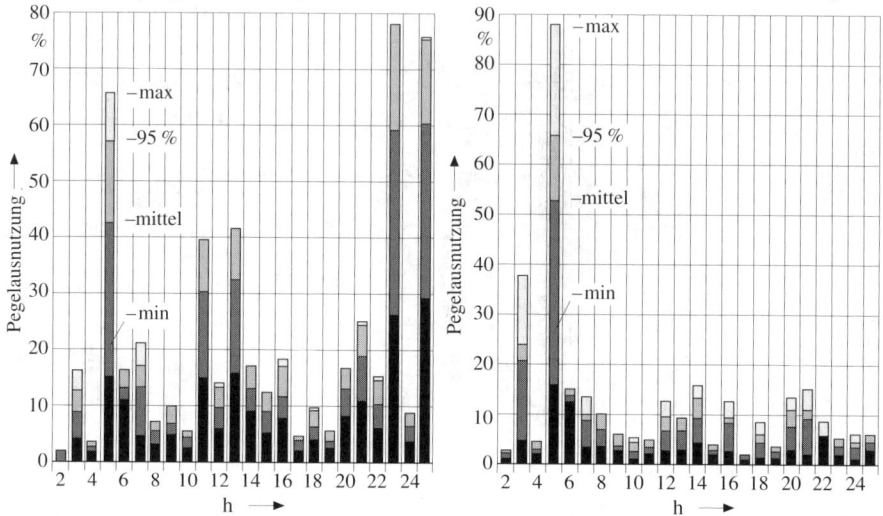

**Bild 7.9** Statistische Kenngrößen zur Ausnutzung der zulässigen Spannungspegel am Netzanschlußpunkt
Betriebsbedingung nach Bild 7.8c)
Meßzeitraum: Montag 06.00 Uhr bis Freitag 19.00 Uhr

## 7.3 Ermitteln von Bezugswerten für Planungsrechnungen in einem Ringkabelnetz

### 7.3.1 Ringkabelnetzmessung 35 kV

**Aufgabenstellung**

In einem ausgedehnten Kabelnetz galt es zu untersuchen, ob das Umsetzen einer Kondensatorbatterie, das aus Gründen der Spannungshaltung erforderlich wurde, auch unter den Aspekten der Spannungsqualität durchgeführt werden konnte, ohne dabei im betroffenen Netz zu unzulässig hohen Oberschwingungsspannungen zu führen. Mit der Messung wurden die Oberschwingungspegel im Netz ermittelt.

**Datenbeschaffung**

Auf der Basis der Netzpläne wurden die Meßstellen so plaziert, daß verschiedene Netzgruppen erfaßt werden konnten. Des weiteren wurde mit den zur Verfügung stehenden Strommeßkanälen versucht, die dominanten Stromrichter in ihrem Einspeiseverhalten bezüglich der Oberschwingungsströme mit zu erfassen. Ein prinzipielle Netzübersicht mit den entsprechenden Meßstellen ist in **Bild 7.10** dargestellt [7.3].

**Meßergebnisse/Bewertung**

Die wesentlichen Meßergebnisse der Oberschwingungsmessung sind in den Werten für den Totalen Harmonischen Verzerrungsfaktor (*THD*) zusammengefaßt. Diese Werte sind in Bild 7.10 an den entsprechenden Meßstellen eingetragen. Gemessen wurden die Oberschwingungsspannungen und -ströme. Die Meßwerte wurden in Form von Minutenmittelwerten gespeichert. **Bild 7.11** zeigt exemplarisch den zeitlichen Verlauf des *THD* an einem ausgewählten Meßpunkt. Das Industrienetz wies an keinem Meßpunkt eine Ganglinie mit Regelmäßigkeiten auf.

**Zusammenfassung/Schlußfolgerung**

Aus den gewonnenen Meßwerten wurden Zeitscheiben im Stark-, Mittel- und Schwachlastfall ermittelt. Der Starklastfall wurde zum Beurteilen der Spannungshaltung herangezogen. Der Schwachlastfall hingegen wurde für die Oberschwingungsanalyse in Zusammenhang mit der Kondensatorbatterie benutzt, da im Schwachlastfall aufgrund der geringen Dämpfung die höhsten Oberschwingungsspannungspegel auftreten. Durch Variantenrechnung wurde ermittelt, daß ein Verlegen der Kondensatorbatterie nicht ohne Verändern der Kapazität vorgenommen werden durfte. Mit den Berechnungen wurde eine Abstimmung der Kondensatorbatterie gefunden, mit der in allen Lastsituationen sichergestellt wurde, daß die Oberschwingungspegel nicht unzulässig hoch werden.

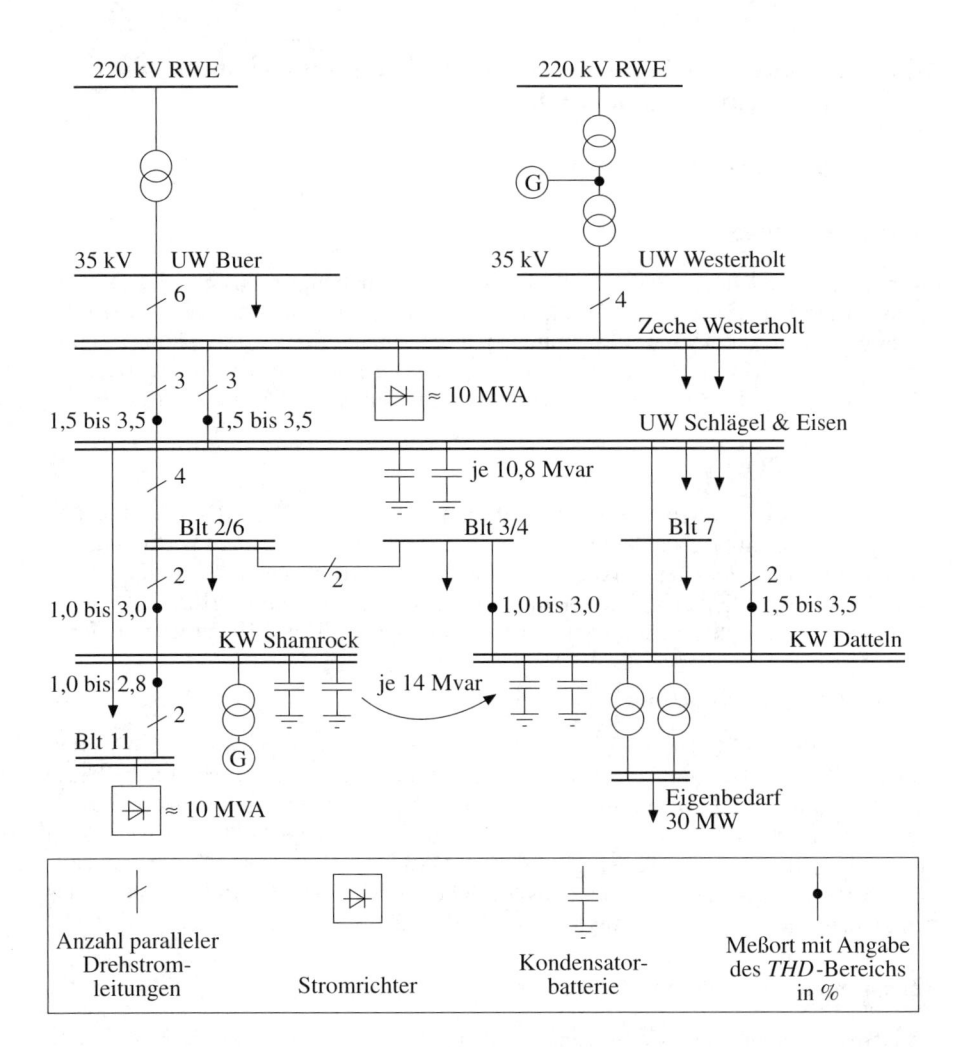

**Bild 7.10** Netzübersichtsbild

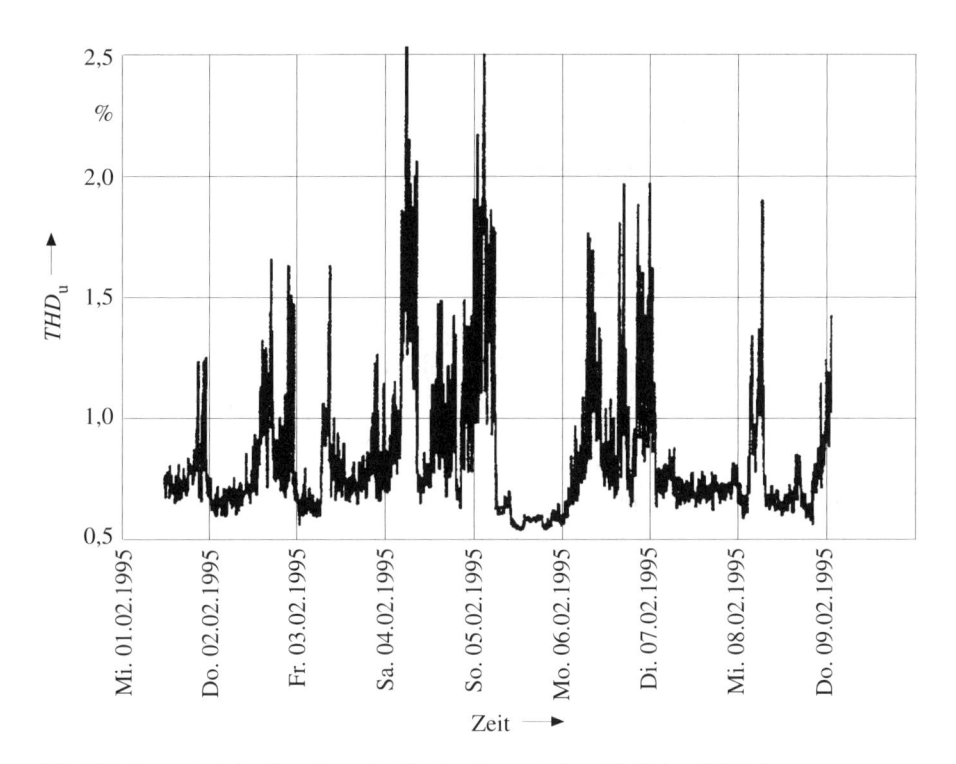

**Bild 7.11** Exemplarische Darstellung des Totalen Harmonischen Störfaktors ($THD_U$)

## 7.4 Störungsaufklärung

### 7.4.1 Störungsanalyse im Kraftwerkseigenbedarfsnetz I

Oberschwingungen im Kraftwerkseigenbedarfsnetz

**Aufgabenstellung**

Im hier vorgestellten Fall handelt es sich um das Eigenbedarfsnetz eines konventionellen Kraftwerks mit einer Leistung von 520 MW. Über einen längeren Zeitraum konnte beobachtet werden, daß es in verschiedenen Bereichen des Kraftwerks vermehrt zu Defekten und Störungen an Rechnernetzteilen, Kopierern und Meßgeräten kam.

**Datenbeschaffung**

**Bild 7.12** zeigt das Netzbild mit technischen Daten.

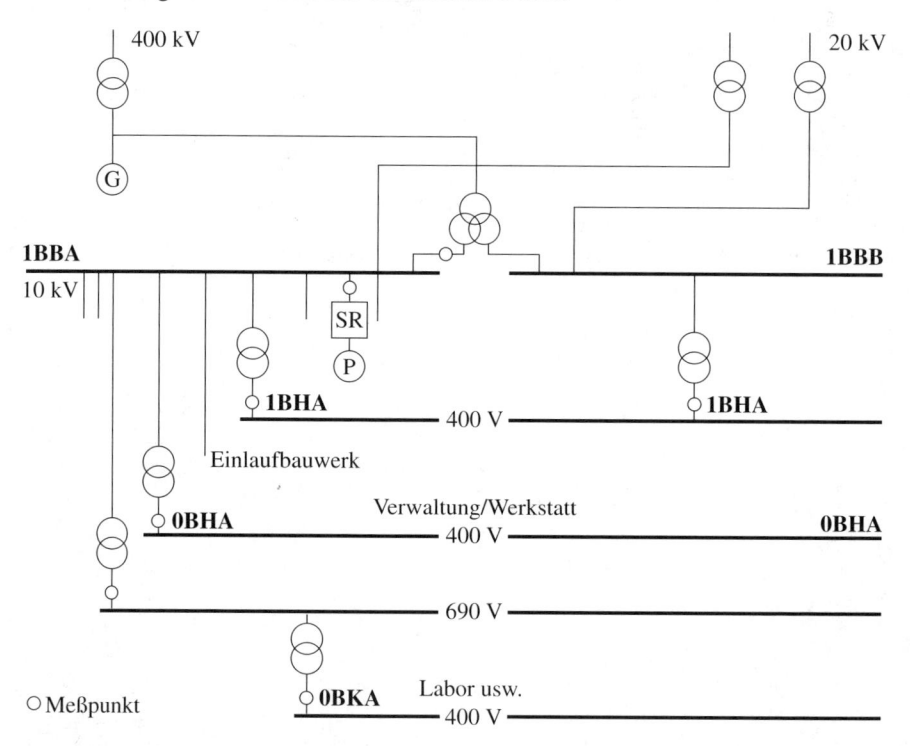

**Bild 7.12** Netzbild mit technischen Daten

## Meßtechnische Aspekte

Zur Untersuchung der Effekte wurde eine Langzeitmessung der Oberschwingungs- und Flickerpegel durchgeführt, ergänzt um Messungen des Zeitsignals. Die Meßorte wurden auf den Spannungsebenen 10 kV, 400 V und 690 V zeitgleich erfaßt. Im Zeitraum dieser Langzeitmessungen wurden als kurze Testsequenzen gezielt bestimmte Komponenten und Anlagenteile des Kraftwerkseigenbedarfs kurzzeitig (unter 2 min) aus- und wieder eingeschaltet. Durch diese Schaltmaßnahmen kann der Einfluß bestimmter Anlagenteile und Komponenten im einzelnen beurteilt werden.

## Meßergebnisse/Bewertung

Die vorliegende Problematik läßt sich in diesem Fall mit einem einzelnen Bild zur Dokumentation der Meßergebnisse erläutern. In **Bild 7.13** sind die Meßergebnisse zu einer Testsequenz zusammengefaßt.

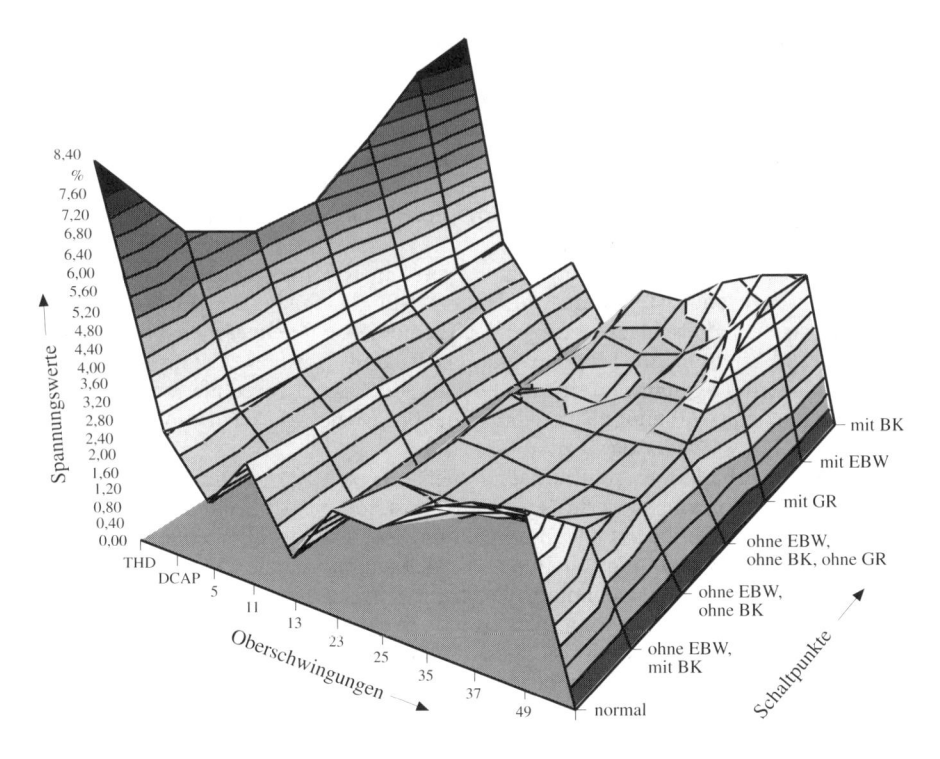

**Bild 7.13** Meßergebnisse für eine Testsequenz auf der 400-V-Spannungsebene; Kennzeichnung der Anlagen:
EBW Einlaufbauwerk, BK Bekohlung, GR Gleichrichter

In diesem Bild sind die Oberschwingungsmittelwerte für ausgesuchte Ordnungen im Bereich der fünften bis 47. Ordnung abgebildet. Des weiteren wurde der Totale Harmonische Störfaktor (*THD*) in dieses Bild mit aufgenommen. Es läßt sich ablesen, daß im Normalbetrieb (normal, ungekuppelter Blockbetrieb) der Verzerrungsgrad der Spannung 8 % beträgt. Darüber hinaus ist zu erkennen, daß die Oberschwingungspegel zu höheren Ordnungen deutlich ansteigen (siehe 35. und 47. Ordnung). Wird das Einlaufbauwerk außer Betrieb genommen, kommt es zum mehr als deutlichen Absenken der Oberschwingungsspannungen im Bereich der höheren Ordnungen und damit auch zu einer deutlichen Absenkung des Verzerrungsgrads.

## Zusammenfassung/Schlußfolgerung

Im vorliegenden Eigenbedarfsnetz besteht eine Resonanzstelle, die im Bereich oberhalb der Ordnung 50 liegt. Die Energieversorgungsanlage (die 10-kV-Kabelzuleitung) des Einlaufbauwerks übt hier den wesentlichen Einfluß aus.

Zusammenfassend bleibt festzuhalten, daß die eingangs genannten Störungen mit der Oberschwingungsbelastung des Eigenbedarfsnetzes in Zusammenhang stehen. Gerade die Oberschwingungen höherer Ordnung wirken sich stark belastend auf die in den Netzgeräten eingesetzten Kondensatoren aus.

Betrachtet man die Meßergebnisse unter dem Gesichtspunkt der Normung, ergibt sich die Aussage, daß bei einer Beurteilung der Oberschwingungen bis zur 40. Ordnung die Verträglichkeitspegel gerade erreicht bzw. geringfügig überschritten werden. Unter diesem Aspekt könnte man formulieren, daß die Störfestigkeit der betroffenen Geräte nicht ausreichend hoch ist.

Bedingt durch die elektrisch sehr kurzen Netze in Kraftwerkseigenbedarfsnetzen liegen die Netzresonanzstellen im Vergleich zu Mittelspannungsnetzen der öffentlichen elektrischen Energieversorgung im allgemeinen bei sehr hohen Frequenzen. Während im öffentlichen Mittelspannungsnetz mit Resonanzstellen bei Oberschwingungsordnungen im Bereich der Ordnungen 7 bis 11 gerechnet werden kann, liegen die Resonanzstellen im Kraftwerkseigenbedarfsnetz durchaus im Bereich der Ordnungen 50 bis 60 oder darüber.

Im dargestellten Fall sind Abhilfemaßnahmen sehr schwierig. Die Möglichkeiten auf der 10-kV-Spannungsebene sind sehr kostenintensiv. Solange nicht auch Betriebsmittel und Geräte auf anderen Spannungsebenen Ausfallerscheinungen aufweisen, kann die Versorgung der in der Niederspannung angeschlossenen Geräte über unterbrechungsfreie Spannungsversorgungen die Geräte schützen und für einen störungsfreien Betrieb sorgen. Es ist jedoch dabei zu bedenken, daß die unterbrechungsfreien Spannungsversorgungen auf ihrer Einspeiseseite quasi dauernd mit der entsprechend rückwirkungsbelasteten Versorgungsspannung betrieben werden und nun ihrerseits entsprechenden Belastungen standhalten müssen.

## 7.4.2 Störungsanalyse im Kraftwerkseigenbedarfsnetz II

Spannungsüberhöhungen durch Kommutierungsvorgänge in Verbindung mit Netzresonanzen

**Aufgabenstellung**

Die Problematik der Effekte, die entstehen, wenn die Störfestigkeit von Geräten nicht auf die Störpegel im Netz abgestimmt ist, wird durch das folgende Beispiel anschaulich. Darin stellte man im Schwerpunkt vermehrt Probleme beim Betrieb von Frequenzumrichtern fest, die im Bereich von Antrieben aller Art im Einsatz sind. Die vornehmliche Störungsursache wurde durch eine überhöhte Zwischenkreisspannung charakterisiert. Bei den betroffenen Spannungsebenen handelt es sich um 400-V-Anlagen.

**Datenbeschaffung**

**Bild 7.14** zeigt das Netzbild mit technischen Daten.

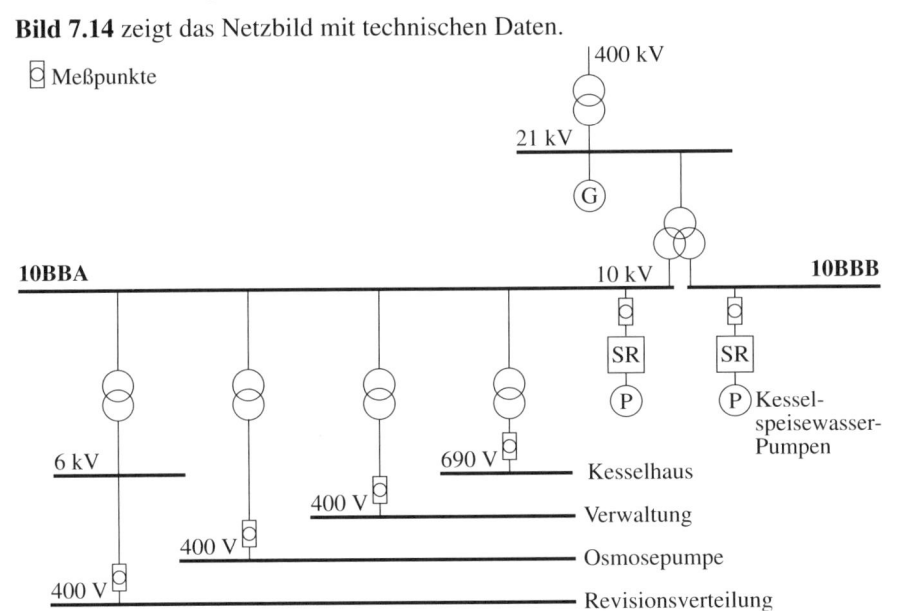

**Bild 7.14** Netzbild mit technischen Daten

## Meßtechnische Aspekte

Zur Untersuchung der Effekte wurde eine Langzeit-Oberschwingungs- und Flickermessung durchgeführt und um Aufzeichnungen des Zeitsignals ergänzt. Auf den Spannungsebenen 10 kV, 400 V und 690 V wurde dabei zeitgleich gemessen.

## Meßergebnisse/Bewertung

Die Messungen ergaben Oberschwingungspegel (zweite bis 40. Ordnung) im Bereich der Verträglichkeitspegel, die in der entsprechenden Normung genannt werden. Das heißt, die Oberschwingungspegel lagen im Bereich der Werte von Klasse II bis III.

Durch Vergleich der Zeitverläufe der Spannungen auf der 10-kV-Spannungsebene (**Bild 7.15**) mit den Aufzeichnungen der am stärksten betroffenen 400-V-Verteilung (**Bild 7.16**) wurden jedoch deutlich unterschiedliche Ausprägungen der Kommutierungsvorgänge erkannt, die durch die Frequenzumrichter der Kesselspeisepumpenantriebe verursacht werden.

Die Kommutierungseinbrüche auf der 10-kV-Spannungsebene zeigen den eigentlichen Einbruch, der mit einer Kommutierungsschwingung ($f = 4$ kHz) überlagert ist.

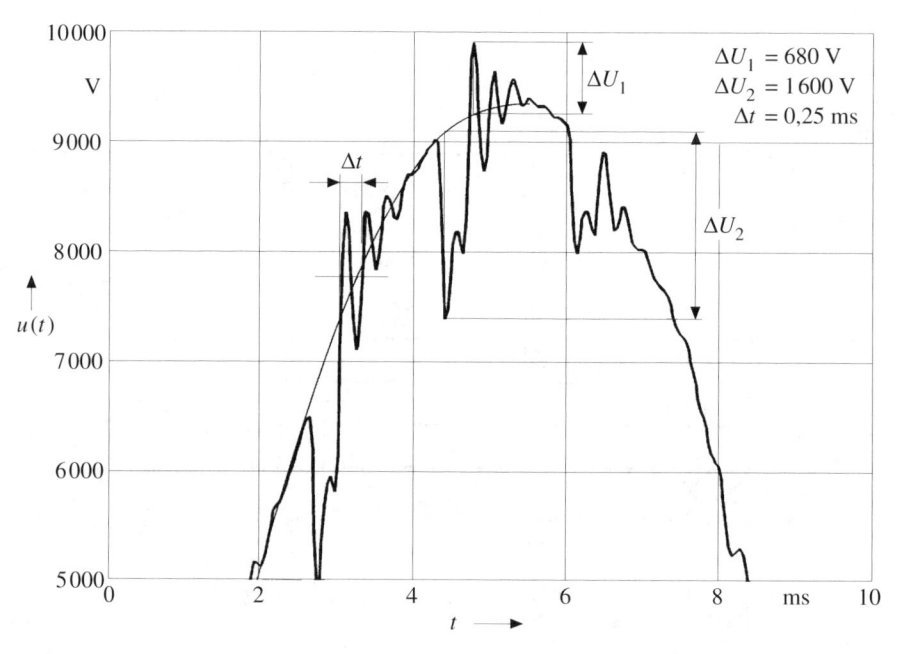

**Bild 7.15** Kommutierungseinbrüche an der 10-kV-Sammelschiene (Außenleiter-Erdspannungen)

Die Kommutierungsschwingung ist stark gedämpft. Die dabei auftretenden Spannungswerte für den Spannungseinbruch und die Spannungsüberhöhung liegen innerhalb der durch VDE 0160 definierten Grenzwerte.

Betrachtet man den Spannungsverlauf an der 400-V-Sammelschiene, sind einige Auffälligkeiten festzustellen. Zum einen ist der Kommutierungseinbruch nicht so klar von der Kommutierungsschwingung zu trennen. Zum anderen treten hier deutlich höhere relative Spannungsamplituden auf. Die Dämpfung der Schwingung hingegen ist nicht so ausgeprägt wie auf der 10-kV-Seite. Entscheidend ist jedoch, daß sich die Frequenzen der Schwingungen unterscheiden. Im Gegensatz zur Frequenz von 4 kHz auf der 10-kV-Seite beträgt die Frequenz der Kommutierungsschwingung auf der 400-V-Seite etwa 3,3 kHz. Dies ist ein eindeutiger Hinweis darauf, daß durch den Kommutierungseinbruch eine Resonanzstelle angeregt wird, die bei einer Frequenz von 3,3 kHz liegt. Die auf der 400-V-Seite sichtbare Schwingung steht nicht in Zusammenhang mit der Kommutierungsschwingung der 10-kV-Seite.

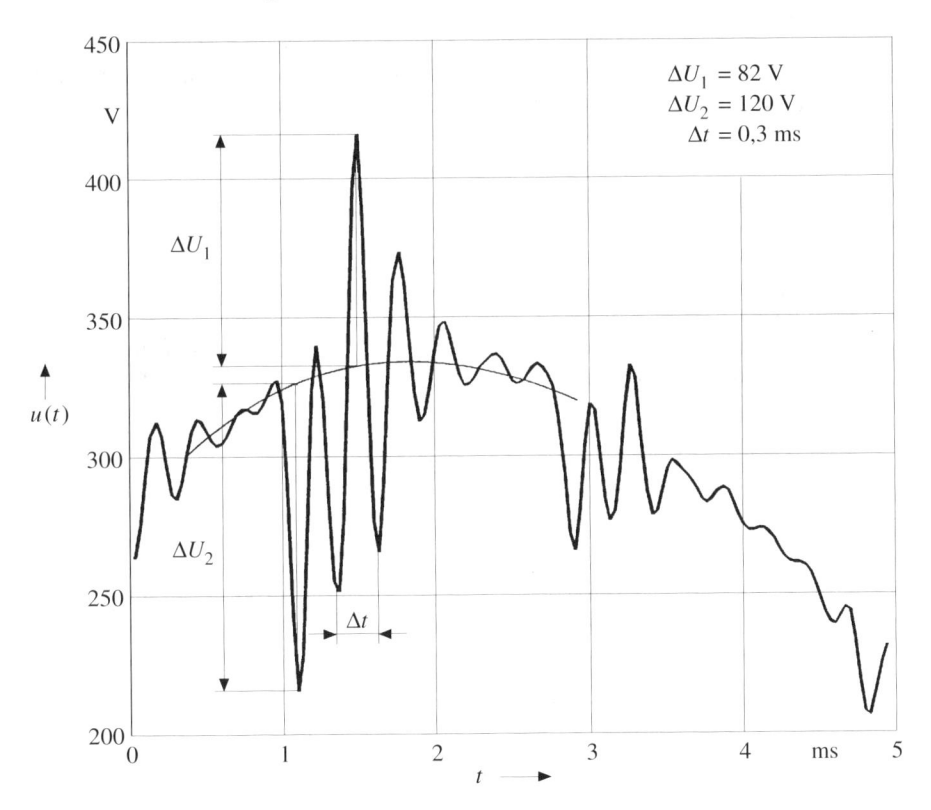

**Bild 7.16** Kommutierungseinbrüche an der 400-V-Sammelschiene (Außenleiter-Erdspannungen)

## Zusammenfassung/Schlußfolgerung

Im konkreten Fall liegt eine Resonanzanregung in einer zwischengelagerten 6-kV-Ebene vor. Die Umrichterstörmeldungen, die auf eine zu hohe Zwischenkreisspannung hinweisen, werden durch das langsame Aufladen der Zwischenkreise durch die der eigentlichen Netzspannung überlagerten Spannungsspitzen hervorgerufen.

Abhilfe kann hier unter Umständen durch eine Verlagerung der Resonanzstelle in Verbindung mit einer bedämpfenden Belastung geschaffen werden.

### 7.4.3 Netzresonanz im Niederspannungsnetz

**Aufgabenstellung**

In einem durch Flickererscheinungen gestörten Betrieb, in dem vermehrt Störungsanregungen und Aufzeichnungen einer Unterbrechungsfreien Spannungversorgung (USV) registriert wurden, war eine Untersuchung der Spannungsqualität durchzuführen. Die Spannungsqualität war zu beziffern, und die Ursachen für die Flickererscheinungen waren aufzuklären.

**Datenbeschaffung**

**Bild 7.17** zeigt das Netz bzw. die betroffenen Netzbezirke. Damit sind die wesentlichen technischen Daten vorhanden. Über die Belastung der Transformatoren konnten keine Informationen bereitgestellt werden. Die dargestellten Blindstromkompensationsanlagen werden mit automatischer Regelung betrieben. Über die 10-kV-Einspeiseseite (Stadtwerke) wurden im ersten Schritt keine weiteren Informationen hinzugezogen.

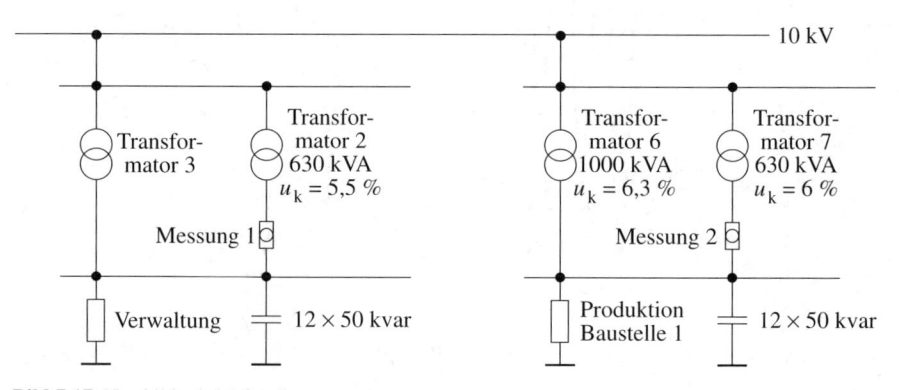

**Bild 7.17** Netzbild mit Meßstellen

## Meßtechnische Aspekte

Die Meßstellen wurden so plaziert, daß auch Informationen über den Leistungsfluß gewonnen werden konnten. An beiden Meßpunkten installierte man eine Langzeitmeßeinrichtung für Oberschwingungen, Flicker- und Transientenaufzeichnungen. Der Meßzeitraum wurde auf eine Woche angesetzt.

## Meßergebnisse/Bewertung

Die Oberschwingungsmessung im Bereich der Verwaltung ergab einen Verzerrungsgrad der Spannung von 1,5 % bis 4,7 % (**Bild 7.18**).

Die Flickermessung (**Bild 7.19**) zeigt zu bestimmten Zeitpunkten deutlich erhöhte Flickerwerte, die aber nur für relativ kurze Zeiten auftreten. Ein Vergleich der Aufzeichnung mit dem Protokoll der USV ergab deutliche Übereinstimmungen. Das Protokoll der USV enthielt nur wesentlich mehr Aufzeichnungen, die aber im Detail nicht weiter differenziert werden können, da die Aufzeichnungskriterien der USV nicht transparent sind.

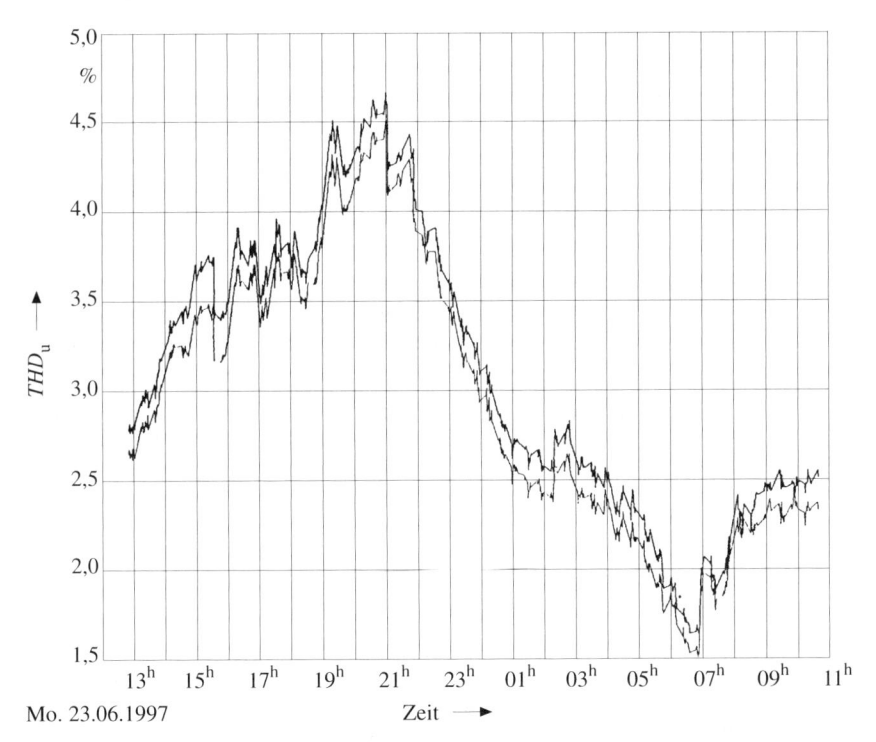

**Bild 7.18** Verzerrungsgrad ($THD_U$) der Außenleiter-Erdspannungen ($U_R$ und $U_S$)

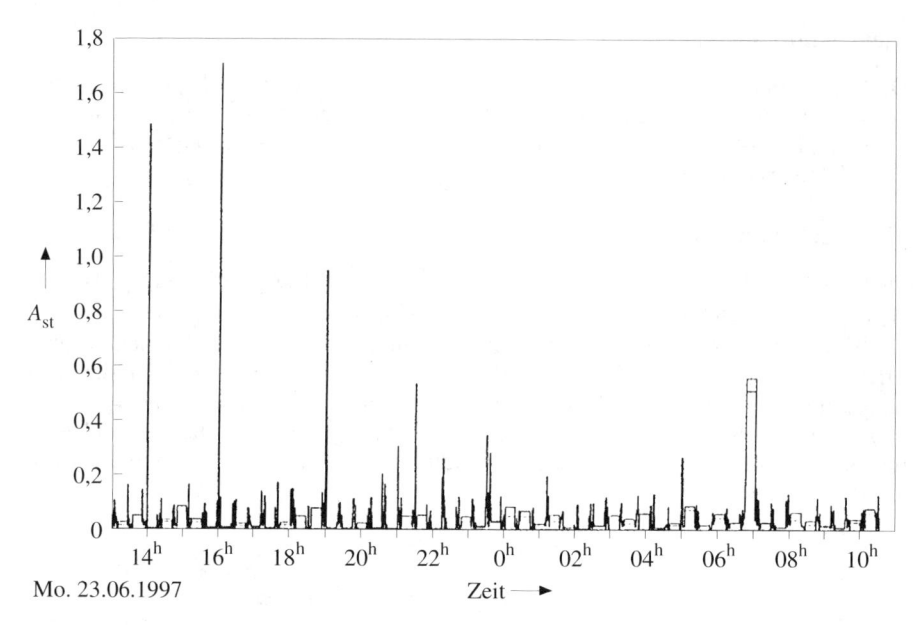

**Bild 7.19** Flickermessung der Außenleiter-Erdspannungen ($U_R$ und $U_S$)

Die Transientenaufzeichnungen, die über den Spannungstrigger ausgelöst wurden, korrespondieren zeitlich mit den Flickeraufzeichnungen. **Bild 7.20** zeigt exemplarisch den Auszug aus einer Transientenaufzeichnung.

Die genauere Analyse der Transientenaufzeichnung ergibt, daß die der Spannung und dem Strom überlagerten Signale eine Frequenz von 383 Hz aufweisen. Dieser Wert korrespondiert mit der Rundsteuerfrequenz in der 10-kV-Spannungsebene von 383,3 Hz.

Betrachtet man die Anlagenstruktur in **Bild 7.21**, kann der sich einstellende Serienresonanzkreis, bestehend aus der Transformatorinduktivität und der Kapazität der Blindstromkompensationsanlage, berechnet werden (siehe auch Abschnitt 2.3.3):

$$f_{res} = 50\,\text{Hz}\sqrt{\frac{S_r}{u_k}\frac{1}{Q_C}} \tag{7.1}$$

Es wurden nur sechs Stufen der Kondensatorbatterie berücksichtigt, da eine genauere Untersuchung der Blindstromkompensationsanlage ergab, daß bereits sechs Stufen ausgefallen waren und somit vom automatischen Regler auch nicht mehr zugeschaltet werden konnten. Mit den noch verfügbaren sechs Stufen der Blindstromkompensationsanlage ergibt sich für diese Situation eine Resonanzfrequenz von 418,3 Hz.

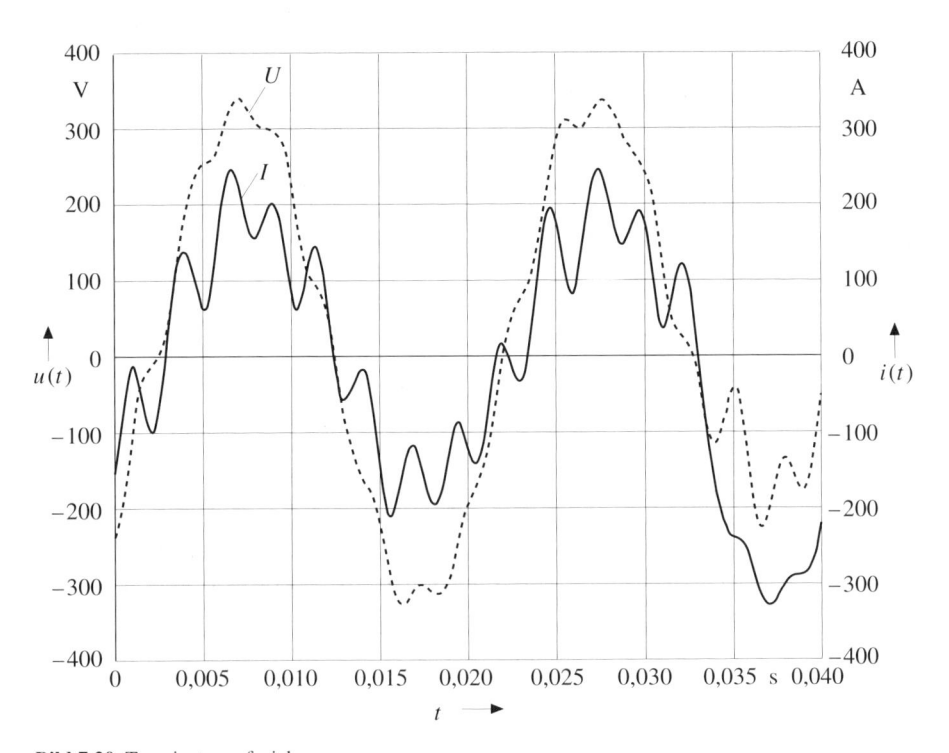

**Bild 7.20** Transientenaufzeichnung

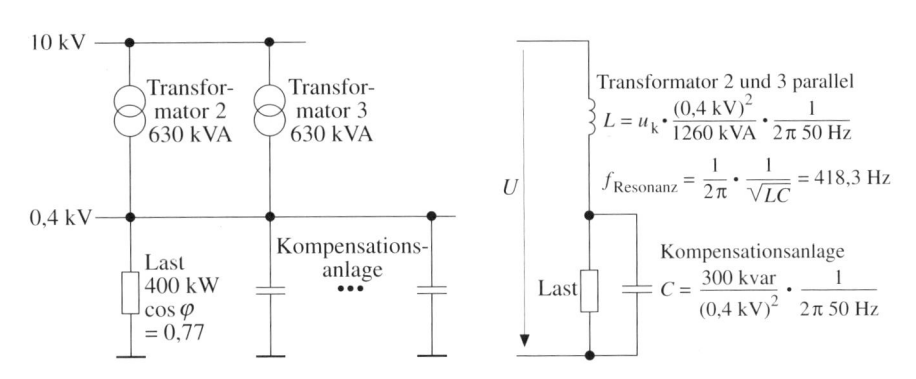

**Bild 7.21** Ersatzschaltbild zum Serienresonanzkreis

Transformator 2 und 3 parallel

$$L = u_k \cdot \frac{(0{,}4\ \text{kV})^2}{1260\ \text{kVA}} \cdot \frac{1}{2\pi\ 50\ \text{Hz}}$$

$$f_\text{Resonanz} = \frac{1}{2\pi} \cdot \frac{1}{\sqrt{LC}} = 418{,}3\ \text{Hz}$$

Kompensationsanlage

$$C = \frac{300\ \text{kvar}}{(0{,}4\ \text{kV})^2} \cdot \frac{1}{2\pi\ 50\ \text{Hz}}$$

## Zusammenfassung/Schlußfolgerungen

Die Rundsteuerfrequenz führte zu einer Anregung der Serienresonanzstelle im betroffenen Niederspannungsnetz. Über diese Serienresonanz wurde Rundsteuerenergie aus dem 10-kV-Netz abgesaugt. Die Absaugung war aber noch so gering, daß der Rundsteuerbetrieb dadurch nicht beeinflußt wurde. Dieser Pegel reichte jedoch aus, um im betroffenen Niederspannungsnetz zu den eingangs aufgeführten Störungen zu führen. Eine Abhilfe kann hier durch Verlagern der Resonanzstelle gefunden werden. In diesem Fall reichte es aus, den Kompensationsgrad der Anlage herabzusetzen. Mit den in Betrieb befindlichen vier Stufen mußte nur ein in vertretbarem Maß schlechterer Leistungsfaktor in Kauf genommen werden.

### 7.4.4 Blindstromkompensationsanlage in einem 500-V-Netz

**Aufgabenstellung**

Bei einer unverdrosselten Blindstromkompensationsanlage in einem 500-V-Netz kam es zum Ausfall einer Stufe. Mit der Messung sollte beurteilt werden, ob sich an diesem Netzknoten eine unverdrosselte Kompensationsanlage betreiben läßt. Parallel zu dieser Untersuchung war zu bewerten, ob die Anlage den Erfordernissen entsprechend dimensioniert wurde.

**Datenbeschaffung**

Die Kompensationsanlage ist in unverdrosselter Bauform ausgeführt. Ihre Bemessungsspannung beträgt 525 V. Die Anlage hat insgesamt sechs Stufen zu je 55 kvar. **Bild 7.22** zeigt die Anlagenstruktur.

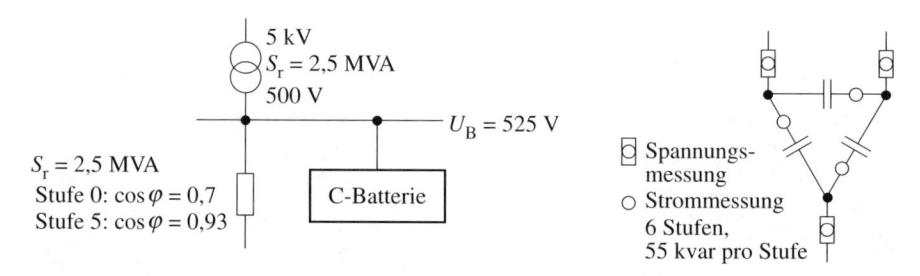

Bild 7.22 Anlagenstruktur in der Umgebung der Kompensationsanlage

**Meßtechnische Aspekte**

Zur Untersuchung der Anlage wurden die Spannungen an den Anschlußpunkten und die Ströme in den Zweigen der Kondensatorgruppen im Sekundentakt aufgezeichnet. Im Rahmen der Messung wurde die Blindstromkompensationsanlage vom ausgeschalteten Zustand bis in die Stufe 5 verfahren. Stufe 6 war zum Meßzeitpunkt nicht betriebsfähig.

**Meßergebnisse/Bewertung**

Die Kompensationsanlage hat einen Grundschwingungsbemessungsstrom im Kondensatorzweig von etwa 35 A pro Stufe. In Stufe 5 beträgt der Grundschwingungsstrom dann rund 175 A. Die in **Bild 7.23** und **Bild 7.24** dargestellten Meßergebnisse zeigen, daß die Kompensationsanlage in der fünften Stufe einen zusätzlichen Oberschwingungsstrom von etwa 60 A mit der Frequenz der elften Oberschwingung führt. Dieser Strom wird von den vorhandenen Stromrichtern in das Netz eingespeist.

Mit Auslegen der Kondensatorbatterie auf eine Bemessungsspannung von 525 V bei einer normalen Betriebsspannung von 525 V ist die Kondensatorbatterie von der Auslegung her schon unterdimensioniert. Unter Berücksichtigen der im Netz vorhandenen Oberschwingungsströme, die durch die unverdrosselten Kondensatoren abgesaugt werden, sind die Kondensatoren deutlich überlastet.

**Zusammenfassung/Schlußfolgerung**

Da die Kondensatorbatterie aufgrund des Blindleistungsbedarfs in dieser Anlage benötigt wird (siehe Angaben zum $\cos\varphi$), ist es erforderlich, eine verdrosselte Anlage einzusetzen. Die bestehende Anlage sollte aus Sicherheitsgründen so nicht weiter betrieben werden. Eine Verwendung der vorhandenen Kondensatoren verbietet sich ebenfalls, da die Kondensatoren sicher vorgeschädigt sind. Des weiteren ist in einer verdrosselten Anlage eine deutlich höhere Spannungsfestigkeit erforderlich.

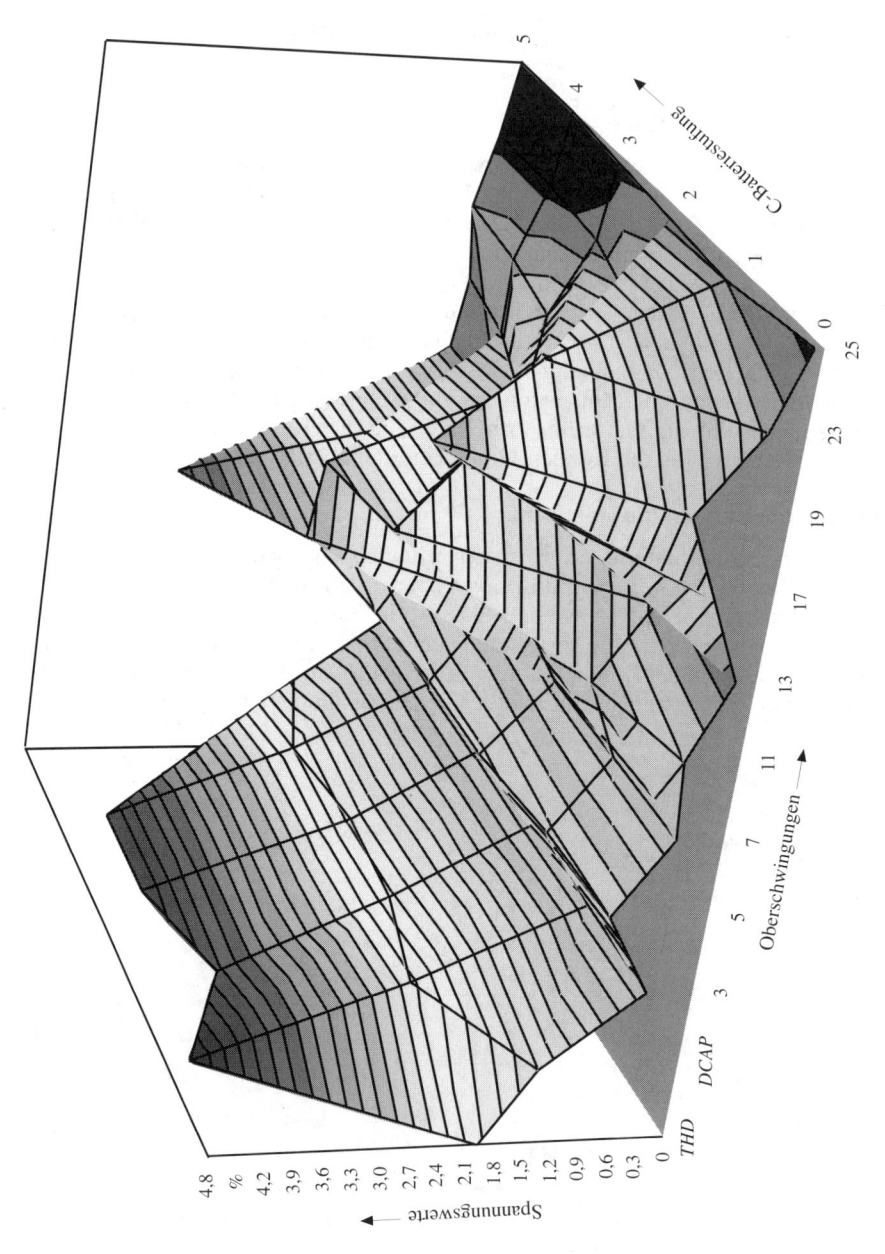

**Bild 7.23** Oberschwingungsspannungen der Außenleiterspannungen

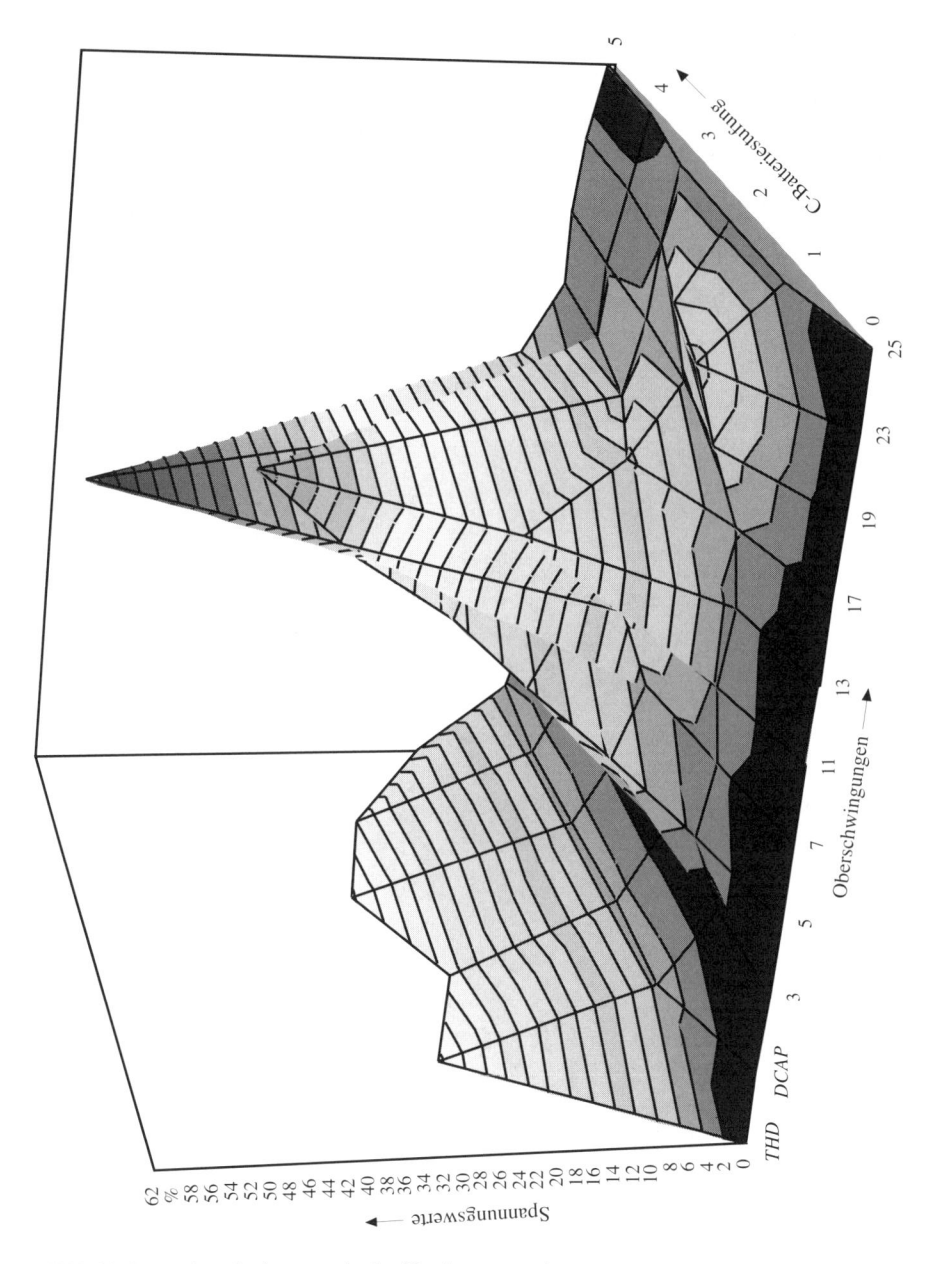

**Bild 7.24** Stromoberschwingungen in den Kondensatorzweigen

## 7.5 Literatur

[7.1] FGH: Oberschwingungsgehalt und Netzimpedanzen elektrischer Nieder- und Mittelspannungsnetze. Technischer Bericht Nr. 1-268, Mannheim 1988
[7.2] Schlabbach, J.: Netzrückwirkungen bei Anschluß eines Mittelfrequenz-Induktionsofens an ein 10-kV-Netz. ETG-Tage 95 (Workshop C), VDE-VERLAG, S. 221–226.
[7.3] Blume, D.; Goeke, Th.; Hantschel, J.; Paetzold, J.; Wellßow, W. H.: Einsatzoptimierung von Kondensatorbatterien in einem ausgedehnten 35-kV-Kabelnetz. Elektrizitätswirtschaft 95 (1996) H. 8, S. 474–482

# 8 Anhang

## 8.1 Formelzeichen und Indizes

### 8.1.1 Formelzeichen

| | |
|---|---|
| $A$ | Fläche |
| $A$ | Störwert |
| $\underline{a}, \underline{a}^2$ | Drehoperatoren |
| $a, b, c$ | Fourierkoeffizienten |
| $B$ | Suszeptanz |
| $B$ | magnetische Flußdichte |
| $B$ | Oberschwingungsstörfaktor |
| $B$ | Bandbreite |
| $C$ | Kapazität |
| $D$ | Verzerrungsleistung |
| $d$ | Verzerrungsfaktor |
| $d$ | Dämpfung |
| $d$ | Spannungsänderung |
| $d$ | Zinssatz |
| $E$ | Einheitsmatrix |
| $F$ | Übertragungsfunktion |
| $F$ | Formfaktor |
| $G$ | Konduktanz |
| $g$ | Grundschwingungsgehalt |
| $H$ | magnetische Feldstärke |
| $h$ | Oberschwingungsordnung |
| $I$ | Strom, allgemein |
| $J$ | Stromdichte |
| $k$ | Unsymmetriegrad |
| $k$ | Faktor |
| $k$ | Oberschwingungsgehalt |
| $L$ | Induktivität |
| $l$ | Faktor |
| $M$ | Drehmoment |
| $m$ | Faktor |
| $N$ | Windungszahl, Faktor |
| $n$ | Drehzahl |
| $P$ | Wirkleistung |
| $P$ | Störwert |
| $PWHD$ | Partial Weighted Harmonic Distortion |

| | |
|---|---|
| $p$ | Pulszahl |
| $Q$ | Blindleistung |
| $q$ | Wicklungszahl |
| $R$ | Resistanz |
| $r$ | Wiederholrate |
| $r$ | Reduktionsfaktor |
| $S$ | Scheinleistung |
| $s$ | Weglänge |
| $T$ | Zeit, Zeitpunkt |
| $THD$ | Total Harmonic Distortion |
| $TIF$ | Telefoninterferenzfaktor |
| $T$ | Transformationsmatrix |
| $t$ | Zeitdauer, Zeitverlauf |
| $U$ | Spannung, allgemein |
| $ü$ | Überlappungswinkel |
| $V$ | Kosten, Wert |
| $X$ | Reaktanz |
| $Y$ | Admittanz |
| $Z$ | Impedanz |
| $\alpha$ | Steuerwinkel |
| $\delta$ | Verlustwinkel |
| $\Theta$ | magnetische Durchflutung |
| $\Theta$ | Trägheitsmoment |
| $\vartheta$ | Polradwinkel |
| $\vartheta$ | Temperatur |
| $\psi$ | Impedanzwinkel |
| $\lambda$ | Leistungsfaktor |
| $\mu$ | Faktor |
| $\tau$ | Zeitkonstante |
| $\Phi$ | magnetischer Fluß |
| $\Phi$ | Lichtstrom |
| $\varphi$ | Winkel, Lastwinkel |
| $\omega$ | Winkelgeschwindigkeit |

## 8.1.2  Indizes, tiefgestellt

| | |
|---|---|
| A | Anschluß |
| A,B,C | allgemeiner Index |
| B | Bezugswert |
| b | Blindkomponente |
| C | Kondensator, kapazitiv |
| c | kritisch |
| D | Drosselspule |

| | |
|---|---|
| D, d | Dreieckswicklung |
| d | direkte Achse |
| d | Gleichspannung |
| d | dielektrisch |
| E | Erde |
| f | Funktion |
| fe | Gewichtung |
| G | Generator |
| gegen | Gegensystemgröße |
| ges | Gesamt |
| HS | Hochspannung |
| $h$ | Oberschwingungsordnung |
| I | Strom |
| $i$ | Teil |
| $j$ | Teil |
| k | Unsymmetriegrad, Kurzschluß |
| k3 | dreipoliger Kurzschluß |
| L | Induktivität, induktiv |
| L | Lampe |
| L | Leitung |
| L | lastseitig |
| lt | Langzeitwert |
| M | Motor |
| MS | Mittelspannung |
| N | netzseitig |
| NS | Niederspannung |
| max | Maximalwert |
| mit | Mitsystemgröße |
| n | Nominalwert (nominal value) |
| OS | Oberspannung |
| p | Polrad |
| ph | Phasenlage |
| Q | Netz |
| R, S, T | Drehstromkomponenten |
| R | ohmsch |
| Rest | Rest |
| r | Bemessungswert (rated value) |
| res | Resonanz |
| s | sekundär |
| s | Sender |
| St | Stromrichter |
| st | Kurzzeitwert |
| S | Schaltfrequenz |

| | |
|---|---|
| T | Transformator |
| $t$ | Zeitpunkt |
| U | Spannung |
| US | Unterspannung |
| V | Verluste |
| V | Verknüpfungspunkt |
| VT | Verträglichkeit |
| v | verboten |
| W | Wendel |
| w | Wirkkomponente |
| Y, y | Sternwicklung |
| zw | Zwischenfrequenz, Interharmonische |
| m | Magnetisierung |
| s | Streuung |
| 1 | Grundschwingung |
| 0, 1, 2 | symmetrische Komponenten |
| +, − | Grenzfrequenz |

### 8.1.3 Indizes, hochgestellt

| | |
|---|---|
| " | subtransient |
| * | konjugiert komplex |
| ' | bezogen, p. u. |

**Kennzeichnung am Beispiel $U$**

| | |
|---|---|
| $\underline{U}$ | komplexe Größe |
| $U$ | Effektivwert einer sinusförmigen zeitabhängigen Größe |
| $|\underline{U}|$ | Betrag einer komplexen Größe |
| $\mathbf{U}$ | Matrix, Vektor |
| $u$ | Momentanwert, zeitlich veränderliche Größe, bezogene Größe |
| $\underline{U}^*$ | konjugiert komplexe Größe |
| $u(t)$ | zeitlich veränderliche Größe |
| $U_h$ | Effektivwert einer Größe der Oberschwingungsordnung $h$ |

**Reihenfolge der tiefgestellten Indizes**

| | | |
|---|---|---|
| 1. Stelle: | Komponente | $U_R$ oder $U_1$ |
| nächste Stelle: | Betriebszustand | $U_{Rk}$ |
| oder | Oberschwingungsordnung | $U_{Rh}$ |
| nächste Stelle: | Typ des Betriebsmittels | $U_{RkT}$ |
| nächste Stelle: | Nummer des Betriebsmittels | $U_{RkT3}$ |
| nächste Stelle: | Zusatzbezeichnung | $U_{RkT3\max}$ |
| nächste Stelle: | Laufindex | $U_{RkT3\max i}$ |

## 8.2 Zitierte VDE-Bestimmungen, DIN- und IEC-Normen

Stand 06/98

| | |
|---|---|
| DIN VDE 0100:1973-05 | Bestimmungen für das Errichten von Starkstromanlagen mit Nennspannungen bis 1 000 V |
| DIN VDE 0100-300<br>VDE 0100 Teil 300:1996-01 | – Bestimmungen allgemeiner Merkmale<br>(IEC 364-3:1993, modifiziert);<br>Deutsche Fassung HD 384-3 S2:1995 |
| DIN EN 50160:1995-10 | Merkmale der Spannung in öffentlichen Elektrizitätsversorgungsnetzen |
| E DIN EN 50178<br>VDE 0160:1994-11 | Ausrüstung von Starkstromanlagen mit elektronischen Betriebsmitteln;<br>Deutsche Fassung prEN 50178:1994 |
| DIN EN 61037<br>VDE 0420 Teil 1:1994-01 | Elektronische Rundsteuerempfänger für Tarif- und Laststeuerung (IEC 1037:1990, modifiziert);<br>Deutsche Fassung EN 61037:1992 |
| DIN VDE 0510:1977-01 | VDE-Bestimmung für Akkumulatoren und Batterie-Anlagen |
| E DIN VDE 0510-1<br>VDE 0510 Teil 1:1996-11 | – Allgemeines |
| DIN VDE 0510 Teil 2:1986-07 | – Ortsfeste Batterieanlagen |
| DIN EN 60831-1<br>VDE 0560 Teil 46:1995-03 | Selbstheilende Leistungs-Parallelkondensatoren für Wechselstromanlagen mit einer Nennspannung bis 1 000 V; Allgemeines, Leistungsanforderungen, Prüfung und Bemessung, Sicherheitsanforderungen – Anleitung für Errichtung und Betrieb<br>(IEC 831-1:1988 + Corrigendum 1989 + A1:1991 + A2:1993, modifiziert);<br>Deutsche Fassung EN 60831-1:1993 |
| E DIN IEC 33/201/CDV<br>VDE 0560 Teil 430:1995-09 | – Anwendung von Filtern und Parallelkondensatoren in von Oberschwingungen beeinflußten industriellen Wechselstromnetzen (IEC33/201/CDV:1995) |
| DIN VDE 0838 Teil 1:1987-06 | Rückwirkungen in Stromversorgungsnetzen, die durch Haushaltgeräte und durch ähnliche elektrische Einrichtungen verursacht werden<br>– Begriffe (IEC 555-1 (1982 – 1. Ausgabe));<br>Deutsche Fassung EN 60555 Teil 1, Ausgabe 1987 |
| DIN EN 61000-3-2<br>VDE 0838 Teil 2:1996-03 | Elektromagnetische Verträglichkeit<br>– Grenzwerte; Hauptabschnitt 2: Grenzwerte für Oberschwingungsströme (Geräte-Eingangsstrom $\leq$ 16 A je Leiter) (IEC 1000-3-2:1995);<br>Deutsche Fassung EN 61000-3-2:1995 + A12:1995 |

| | |
|---|---|
| DIN EN 61000-3-3<br>VDE 0838 Teil 3:1996-03 | – Grenzwerte; Hauptabschnitt 3: Grenzwerte für Spannungsschwankungen und Flicker in Niederspannungsnetzen für Geräte mit einem Eingangsstrom ≤ 16 A je Leiter) (IEC 1000-3-3:1994); Deutsche Fassung EN 61000-3-3:1995 |
| E DIN VDE 0838-5<br>VDE 0838 Teil 5:1996-04 | Elektromagnetische Verträglichkeit<br>– Grenzwerte für Spannungsschwankungen und Flikker in Niederspannungsnetzen für Geräte und Einrichtungen mit einem Eingangsstrom kleiner 16 A (IEC 1000-3-5:1994) |
| E DIN IEC 77A/136/CDV<br>VDE 0838 Teil 7:1996-12 | Elektromagnetische Verträglichkeit<br>– Grenzwerte; Grenzwerte für Spannungsschwankungen und Flicker für Geräte und Einrichtungen, die zum Anschluß an Mittel- und Hochspannungsnetzen vorgesehen sind; Technischer Bericht Typ II (IEC 77A/136/CDV:1995) |
| Vornorm<br>DIN V ENV 61000-2-2<br>VDE 0839 Teil 2-2:1994-05 | Elektromagnetische Verträglichkeit (EMV)<br>– Umweltbedingungen; Hauptabschnitt 2: Verträglichkeitspegel für niederfrequente leitungsgeführte Störgrößen und Signalübertragung in öffentlichen Niederspannungsnetzen (IEC 1000-2-2:1990, modifiziert);<br>Deutsche Fassung EN V 61000-2-2:1993 |
| DIN EN 61000-2-4<br>VDE 0839 Teil 2-4:1995-05 | – Umgebungsbedingungen, Hauptabschnitt 4: Verträglichkeitspegel für niederfrequente leitungsgeführte Störgrößen in Industrieanlagen (IEC 1000-2-4:1994 + Corrigendum:1994); Deutsche Fassung EN 61000-2-4:1994 |
| E DIN VDE 0839 Teil 10:1991-12 | – Beurteilung der Störfestigkeit gegen leitungsgeführte Störgrößen und Felder |
| DIN EN 50081-1<br>VDE 0839 Teil 81-1:1993-03 | – Fachgrundnorm Störaussendung: Wohnbereich, Geschäfts- und Gewerbebereich sowie Kleinbetriebe; Deutsche Fassung EN 50081-1:1992 |
| DIN EN 50081-2<br>VDE 0839 Teil 81-2:1994-03 | – Fachgrundnorm Störaussendung; Industriebereich; Deutsche Fassung EN 50081-2:1993 |
| DIN EN 50082-1<br>VDE 0839 Teil 82-1:1993-03 | – Fachgrundnorm Störfestigkeit: Wohnbereich, Geschäfts- und Gewerbebereich sowie Kleinbetriebe; Deutsche Fassung EN 50082-1:1992 |
| DIN EN 50082-2<br>VDE 0839 Teil 82-2:1996-02 | – Fachgrundnorm Störfestigkeit; Industriebereich; Deutsche Fassung EN 50082-2:1995 |
| DIN EN 50160:1995-10 | Merkmale der Spannung in öffentlichen Elektrizitätsversorgungsetzen |

| | |
|---|---|
| DIN EN 60868-0<br>VDE 0846 Teil 0:1994-08 | Flickermeter<br>– Beurteilung der Flickerstärke (IEC 868-0:1991);<br>Deutsche Fassung EN 60868-0:1993 |
| DIN VDE 0846 Teil 1:1985-08 | Meßgeräte zur Beurteilung der elektromagnetischen Verträglichkeit<br>– Messung der den Netzspannungen und -strömen überlagerten Anteile mit Frequenzen bis 2500 Hz |
| DIN EN 60868<br>VDE 0846 Teil 2:1994-03 | – Flickermeter; Funktionsbeschreibung und Auslegungsspezifikation (IEC 868:1986 + A1:1990);<br>Deutsche Fassung EN 60868:1993 |
| DIN VDE 0847 Teil 1:1981-11 | Meßverfahren zur Beurteilung der elektromagnetischen Verträglichkeit<br>– Messen leitungsgeführter Störgrößen |
| E DIN VDE 0847 Teil 2:1987-10 | – Störfestigkeit gegen leitungsgeführte Störgrößen |
| DIN EN 61000-4-7<br>VDE 0847 Teil 4-7:1994-08 | – Prüf- und Meßverfahren; Hauptabschnitt 7: Allgemeiner Leitfaden für Verfahren und Geräte zur Messung von Oberschwingungen und Zwischenharmonischen in Stromversorgungsnetzen und angeschlossenen Geräten (IEC 1000-4-7:1991);<br>Deutsche Fassung EN 61000-4-7:1993 |
| E DIN IEC 77A (Sec) 113<br>VDE 0847 Teil 4-15:1996-03 | – Prüf- und Meßverfahren; Hauptabschnitt 15: Flickermeter; Funktionsbeschreibung und Auslegungsspezifikation; EMV-Grundnorm<br>(IEC 77A (Sec) 113) |
| E DIN VDE 0848-1<br>VDE 0848 Teil 1:1995-05 | Sicherheit in elektrischen. magnetischen und elektromagnetischen Feldern<br>– Meß-und Berechnungsverfahren |
| DIN VDE 0848 Teil 2:1984-07 | – Schutz von Personen im Frequenzbereich von 10 kHz bis 3000 GHz |
| DIN VDE 0848 Teil 4:1989-10 | Sicherheit bei elektromagnetischen Feldern<br>– Grenzwerte für Feldstärken zum Schutz von Personen im Frequenzbereich von 0 Hz bis 30 kHz |
| DIN VDE 0870 Teil 1:1984-07 | Elektromagnetische Beeinflussung (EMB)<br>– Begriffe |
| DIN 40110:1975-10 | Wechselstromgrößen |
| IEC 1000-3-4 Entwurf | Electromagnetic compatibility –<br>Part 3: Limits –<br>Section 4: Limits for harmonic current emissions (equipment input current < 16 A per phase) |

# Stichwortverzeichnis

**A**
Abhilfemaßnahme 99
Abtasttheorem 27
Abtastung eines Signals 25
Analyse, lineare harmonische 81
Antialiasing-Filter 145
Asynchronmotor 87

**B**
Bandbreite 37, 39, 167
Beleuchtungsregler 115
Berechnung 134
Betriebsmittel 44, 55
Bewertung 96, 108, 235
Blindleistung 34, 35, 77
Blindleistungskompensation 82
–, dynamische 178
Blindstromkompensation 106
Blindstromkompensationsanlage 250

**C**
CENELEC 17, 41
CENELEC-Kurve 120, 125
CE-Zeichen 17
CISPR 17

**D**
Dämpfung 36, 39
DFT 148
Dimmer 115
DIN 40110 21
Diskrete Fourier-Transformation 27
Diskretisierung 144
Doppelwendelglühlampe 128
Drehstrombrücke 113
Drehstrombrückenschaltung 65
d. c. component 16

**E**
Effektivwert 78
Empfehlung 18
EMV 11
EN 50160 41, 43
Entladungslampe 57
Erdschlußkompensation 91
Erzeugerzählpfeilsystem 23, 24
EU-Richtlinie 17

**F**
Fachgrundnorm 17
Fernsehgerät 75, 226
Filterkreis 173
Filter, aktives 179
Flicker 15, 117, 119
Flickeralgorithmus 128
Flickermessung 133
Flickermeter 149
Flickernachwirkungsdauer 125
Flickerpegel 119, 125
Formfaktor 120, 126
Fourier-Koeffizient 25
Freileitung 81
–, Kenndaten 48
Frequenzbereich 80

**G**
Gegensystem 32, 33, 87, 140
Generator 82
Gleichanteil 16
Gleichphasigkeitsfaktor 63, 80, 97, 109
Größe
–, physikalische 44
–, relative 44
Grundnorm 17
Grundschwingungsgehalt 78

## H
Häufigkeit, relative 153
Hochleistungsbatterie 182

## I
IEC 17
IEC 1000 18
Impedanzen elektrischer Betriebsmittel 46, 47
Induktionszähler 95

## K
Kabel 81
–, Kennwerte 49, 50, 51
Kennlinie, zentralsymmetrische 27
Kennwerte
–, Freileitungen 48
–, Kabel 49, 50, 51
–, Transformatoren 49
Kleinverbraucher 73
Klirrfaktor 78
Kommutierungsdauer 67
Kommutierungseinbruch 132, 244
Kompaktleuchtstofflampe 63, 114
Komponente, symmetrische 28, 52, 54, 81, 140
Kondensator 85, 88, 95
Konverter 115
Kopplung 14, 15
Kraftwerkseigenbedarfsnetz 240
Kuppeln von Sammelschienen 191
Kurzschlußleistung 121
Kurzschlußstrom-Begrenzung 190, 191

## L
Lampe 95
Leistungsfaktor 34, 79
Leistungsschalter 90, 92
Leitung 89
Leuchtdichteschwankung 117
lineare harmonische Analyse 81
Liniendiagramm 21

## M
mains signalling 16
Merkmale der Spannung 42
Meßgerät, digitales 145
Mitsystem 32, 33, 140
Mittelwert 96, 153
Motor 82, 87

## N
Netzanschlußfaktor 97, 109
Netzdatenbeschaffung 225
Netzebene 40
Netzebenenfaktor 97, 109
Netzeinspeisung 82
Netzimpedanz 97
Netzresonanz 97
Netzrückwirkung, Arten 15
Neutralleiter 89
Normung 99, 165
Nullsystem 31, 33, 87, 88, 140

## O
Oberschwingung 15, 148
–, Berechnung 80
–, Entstehung 57
Oberschwingungsanalysator 148
Oberschwingungsgehalt 78
Oberschwingungsstörfaktor 98, 233

## P
Parallelresonanz 110
Parallelschwingkreis 38, 82, 83, 84
$\pi$-Ersatzschaltung 81, 82
Phase Locked Loop (PLL) 145
Photovoltaik 60
Planungsrechnung 237
Produktnorm 18, 106
Pulsumrichter 72
PWHD 79

## Q
Quellenspannung 87
Quellenstrom 87

## R

Reihenresonanz 110
Reihenschwingkreis 36, 85, 86
Resonanz 84, 86, 95, 228, 233
Resonanzbedingung 107
Resonanzfrequenz 83
Resonanzkreisfrequenz 36, 38
Resonanzproblematik 174
Rogowski-Meßspule 159
Rundsteueranlage 76
Rundsteuerempfänger 92
Rundsteuerfrequenz 248
Rundsteuersignal 77

## S

Schaltnetzteil 63
Scheinleistung 34
Schutzgerät 92
Schwingungspaketsteuerung 60
Schwungmassenspeicher 186
short supply interruption 16
Signalverarbeitung, digitale 145
Skin-Effekt 89
SMES 185
Spannungsänderung 15, 117, 123
–, relative 120
Spannungsänderungsverlauf 15
Spannungsausfall 16
Spannungsfall 121
Spannungsschwankung 15, 117, 118, 147
Spannungsunsymmetrie 16, 139
–, Messung 141
Spannungswandler 91
Spannung, Merkmale 42
Sprachübertragung 95
Standardabweichung 96
Sternpunkt, künstlicher 165
Steuerung 91
Störaussendung 100
–, Beurteilung 131
–, Grenzwert 101, 102, 103

Störaussendungspegel 13
Störbewertungsverfahren 128, 129
Störfestigkeit 100
–, Beurteilung 131
Störfestigkeitsprüfpegel 13
Störungsanregung 246
Stromoberschwingungsspektrum 113
Stromrichter 228
Summenhäufigkeit 96, 155
Supraleiter
–, keramischer 184
–, metallischer 184
Symmetrierschaltung 178
Synchrongenerator 59
Synchronisiereinrichtung 91
Synchronmaschine 88

## T

Telefoninterferenzfaktor 95
THD 78
Transformator 57, 82, 90
–, Kennwerte 49
Transientenaufzeichnung 248
Transientenrecorder 147

## U

Überlagerung 41
Überlappungswinkel 67
Umrichter 70, 231
Unified Power Conditioning System (UPCS) 181
Unsymmetriemessung 141
USV 246

## V

VDE-Klassifikation 19
Verbraucherzählpfeilsystem 23, 24
Verdrosselung 174
Verschiebungsfaktor 79
Verträglichkeitspegel 13, 96, 103, 105
Verzerrungsfaktor 79
Verzerrungsleistung 35, 78

## W

Wandlerverschaltung 164
Welligkeit 67
Wiederholrate 120
Windenergie 60
Wirkleistung 34, 35, 77

## Z

Zählpfeilsystem 22
Zeigerdiagramm 21, 23

Zeitbereich 80
Zentralsymmetrie 58
Zündeinsatzsteuerung 60
Zweiweggleichrichter 62, 114
Zwischenharmonische 15, 70
Zwischenwandler 163

**Sonstiges**
%/MVA-System 44

# Die Fachzeitschriften-Jahrgänge der etz · ntz · Elektroinstallation auf CD-ROM

**VDE VERLAG**

Elektronisches Zeitschriftenarchiv 1998

**Elektronisches Zeitschriftenarchiv**
Fachzeitschriften-Jahrgänge auf CD-ROM

Die elektronischen Zeitschriftenarchive bieten Ihnen die Möglichkeit, in allen deutschsprachigen Fachzeitschriften des VDE-VERLAGs zu recherchieren.

**Einfache und zielgenaue Textsuche**
Über das mitgelieferte Jahresinhaltsverzeichnis und unter Zuhilfenahme des Acrobat® Readers gestaltet sich die **Suche** nach bestimmten Aufsätzen **einfach** und **problemlos**. Es besteht auch die Möglichkeit, nach einzelnen Worten oder Wortteilen zu forschen.

Mit der CD-ROM können Sie **jederzeit sekundenschnell** jeden einzelnen Artikel oder Fachbeitrag der jeweiligen Zeitschrift in **Originalseitendarstellung** nachschlagen. Diese Anwendung ist für die Systeme DOS/Windows und Macintosh geeignet.

Die **Elektronischen Zeitschriftenarchive** sind natürlich auch im **Abonnement** erhältlich. Sammeln Sie jährlich diese CD-ROM mit einer Fülle von kompetenten Fachbeiträgen.

Die Jahrgänge **1994** und **1995** enthalten:

**etz** – Elektrotechnische Zeitschrift
Fachmagazin für Elektrotechnik und Automation

**ntz** – Nachrichtentechnische Zeitschrift
Fachmagazin für Telekommunikation und Informationstechnik

**mikroelektronik+mikrosystemtechnik**
(erscheint seit 1996 nicht mehr im VDE-Verlag)

Die Jahrgänge **1996**, **1997** und **1998** enthalten:

**etz** – Elektrotechnik + Automation

**ntz** – Informationstechnik + Telekommunikation

**Elektroinstallation** – Die Produktschau für das Elektro-Handwerk

Die Archive sind jeweils auf einer CD-ROM zum Stückpreis von **nur 45,– DM** erhältlich (unverb. Preisempfehlung). Einen Prospekt mit ausführlichen Informationen zu den Zeitschriften senden wir Ihnen gerne zu (Bestell-Nr. 950027).

**VDE-VERLAG GMBH**
Postfach 12 01 43 · D-10591 Berlin
Telefon: (030) 34 80 01-0 · **Fax: (030) 341 70 93**
Internet: http://www.vde-verlag.de · email: vertrieb@vde-verlag.de